国家网络安全等级保护系列丛书

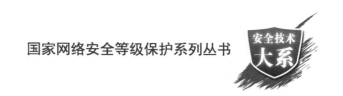

网络安全等级测评师培训教材

（初级）

2021版

公安部信息安全等级保护评估中心　编著

U0256387

电子工业出版社
Publishing House of Electronics Industry
北京·BEIJING

内 容 简 介

本书基于网络安全等级保护新标准,结合等级测评工作实践,对网络安全等级保护测评工作的主要内容和方法进行了介绍。本书根据网络安全等级测评师(初级)岗位的特点和能力要求进行编写,用于指导等级测评人员开展网络安全等级测评工作。

本书可以作为网络安全等级测评师(初级)培训的入门教材,也可以为网络运营使用单位的运维管理人员开展本单位安全运维和安全自查等工作提供帮助。

图书在版编目(CIP)数据

网络安全等级测评师培训教材. 初级:2021 版 / 公安部信息安全等级保护评估中心编著. —北京:电子工业出版社,2021.3

(国家网络安全等级保护系列丛书)

ISBN 978-7-121-40585-3

Ⅰ. ①网… Ⅱ. ①公… Ⅲ. ①互联网络—网络安全—技术培训—教材 Ⅳ. ①TP393.08

中国版本图书馆 CIP 数据核字(2021)第 029970 号

责任编辑:潘 昕
印　　刷:北京七彩京通数码快印有限公司
装　　订:北京七彩京通数码快印有限公司
出版发行:电子工业出版社
　　　　　北京市海淀区万寿路 173 信箱　　邮编 100036
开　　本:787×980　1/16　印张:25.25　字数:430 千字
版　　次:2021 年 3 月第 1 版
印　　次:2025 年 4 月第 9 次印刷
定　　价:125.00 元

凡所购买电子工业出版社图书有缺损问题,请向购买书店调换。若书店售缺,请与本社发行部联系,联系及邮购电话:(010)88254888,88258888。

质量投诉请发邮件至 zlts@phei.com.cn,盗版侵权举报请发邮件至 dbqq@phei.com.cn。

本书咨询联系方式:(010)51260888-819,faq@phei.com.cn。

编　委　会

前　言

《中华人民共和国网络安全法》于2017年6月1日正式实施，其中明确了"国家实行网络安全等级保护制度""关键信息基础设施，在网络安全等级保护制度的基础上，实行重点保护"等内容。《中华人民共和国网络安全法》为网络安全等级保护制度赋予了新的含义和内容，网络安全等级保护制度进入2.0时代。

为了配合《中华人民共和国网络安全法》的实施和落地，指导用户按照网络安全等级保护制度的新要求履行网络安全保护义务，国家陆续发布了《信息安全技术　网络安全等级保护基本要求》（GB/T 22239—2019）、《信息安全技术　网络安全等级保护测评要求》（GB/T 28448—2019）、《信息安全技术　网络安全等级保护测评过程指南》（GB/T 28449—2018）等新标准。开展网络安全等级保护测评工作的测评人员，需要研究新的网络安全等级保护标准，更新等级测评理论、知识和方法，按照新标准开展等级测评工作。

我们在公安部网络安全保卫局的指导下，基于网络安全等级保护新标准，结合近几年的等级测评工作实践，编写了本书。本书对网络安全等级保护测评工作的主要内容和方法进行了介绍，供读者参考和借鉴。本书可以作为网络安全等级测评师培训的入门教材，也可以为网络运营使用单位的运维管理人员开展本单位安全运维和安全自查等工作提供帮助。由于水平有限，书中难免有不足之处，敬请读者指正。

本书由公安部信息安全等级保护评估中心组织编写，在编写的过程中得到了公安部网络安全保卫局的大力支持和指导，在此表示由衷的感谢。参加本书编写的有黎水林、黄顺京、曲洁、马力、马晓波、胡娟、于俊杰、陈峰、赵劲涛、朱建兴、张振峰、于东升、张志文、王波、陶源、王璨、艾春迪、卜天、佟南和陈建飞（浙江国利信安科技有限公司）等。

读者可以登录网络安全等级保护网（www.djbh.net）了解网络安全等级保护方面的最新情况。

作　者

目　　录

基 本 要 求

扩 展 要 求

测 试 详 解

基本要求

第 1 章　安全物理环境

等级保护对象是由计算机或其他信息终端及相关设备组成的按照一定的规则和程序对信息进行收集、存储、传输、交换、处理的系统。保障等级保护对象设备的物理安全，包括防止设备被破坏、被盗用，保障物理环境条件，确保设备正常运行，以及减少技术故障等，是所有安全的基础。在通常情况下，等级保护对象的相关设备均集中存放在机房中，通过其他物理辅助设施（例如门禁、空调等）来保障安全。

安全物理环境针对物理机房提出了安全控制要求，主要对象为物理环境、物理设备、物理设施等，涉及的安全控制点包括物理位置选择、物理访问控制、防盗窃和防破坏、防雷击、防火、防水和防潮、防静电、温湿度控制、电力供应、电磁防护。

本章将以三级等级保护对象为例，介绍安全物理环境各个控制要求项的测评内容、测评方法、证据、案例等。

1.1　物理位置选择

等级保护对象使用的硬件设备，例如网络设备、安全设备、服务器设备、存储设备和存储介质，以及供电和通信用线缆等，需要存放在固定的机房中。为机房选择安全的物理位置和环境是等级保护对象物理安全的前提和基础。

1）L3-PES1-01

【安全要求】

机房场地应选择在具有防震、防风和防雨等能力的建筑内。

【要求解读】

机房场地所在的建筑物要具有防震、防风和防雨等能力。

【测评方法】

（1）核查是否有建筑物抗震设防审批文档。

（2）核查是否有雨水渗漏的痕迹。

（3）核查是否有可灵活开启的窗户。若有窗户，则核查是否采取了封闭、上锁等防护措施。

（4）核查屋顶、墙体、门窗和地面等是否有破损、开裂的情况。

【预期结果或主要证据】

（1）机房具有验收文档。

（2）天花板、窗台无渗漏现象。

（3）机房无窗户，或者有窗户且采取了防护措施。

（4）现场观测屋顶、墙体、门窗和地面等，无开裂现象。

2）L3-PES1-02

【安全要求】

机房场地应避免设在建筑物的顶层或地下室，否则应加强防水和防潮措施。

【要求解读】

机房场地要避免设置在建筑物的顶层或地下室。如果出于某些原因无法避免，则设置在建筑物顶层或地下室的机房需要加强防水和防潮措施。

【测评方法】

（1）核查机房是否设置在建筑物的顶层或地下室。

（2）若机房设置在建筑物的顶层或地下室，则核查机房是否采取了防水和防潮措施。

【预期结果或主要证据】

（1）机房未设置在建筑物的顶层或地下室。

（2）设置在建筑物的顶层或地下室的机房，采取了严格的防水和防潮措施。

1.2　物理访问控制

为防止非授权人员擅自进入机房，需要安装电子门禁系统控制人员进出机房的行为，保证机房内设备、存储介质和线缆的安全。

L3-PES1-03

【安全要求】

机房出入口应配置电子门禁系统，控制、鉴别和记录进入的人员。

【要求解读】

为防止非授权人员进入机房，需要安装电子门禁系统，对机房及机房内区域的出入人员实施访问控制，避免由非授权人员擅自进入造成的系统运行中断、设备丢失或损坏、数据被窃取或被篡改，并实现对人员进入情况的记录。

【测评方法】

（1）核查机房出入口是否配置了电子门禁系统。

（2）核查电子门禁系统是否开启并正常运行。

（3）核查电子门禁系统是否可以鉴别、记录进入的人员信息。

【预期结果或主要证据】

（1）机房出入口配备了电子门禁系统。

（2）电子门禁系统工作正常，可以对进出人员进行鉴别。

1.3　防盗窃和防破坏

为防止盗窃、故意破坏等行为，需要对机房采取设备固定、安装防盗报警系统等有效措施，保证机房内设备、存储介质和线缆的安全。

1）L3-PES1-04

【安全要求】

应将设备或主要部件进行固定，并设置明显的不易除去的标识。

【要求解读】

对于安放在机房内用于保障系统正常运行的设备或主要部件，需要进行固定，并设置明显的、不易除去的标识用于识别。

【测评方法】

（1）核查机房内的设备或主要部件是否进行了固定。

（2）核查机房内的设备或主要部件上是否设置了明显的、不易除去的标识。

【预期结果或主要证据】

（1）机房内的设备均放置在机柜或机架上并已固定。

（2）设备或主要部件均设置了不易除去的标识（如果使用粘贴标识，则不能有翘起现象）。

2）L3-PES1-05

【安全要求】

应将通信线缆铺设在隐蔽安全处。

【要求解读】

机房内的通信线缆需要铺设在隐蔽安全处，防止线缆受损。

【测评方法】

核查机房内的通信线缆是否铺设在隐蔽安全处。

【预期结果或主要证据】

机房通信线缆铺设在线槽或桥架里。

3）L3-PES1-06

【安全要求】

应设置机房防盗报警系统或设置有专人值守的视频监控系统。

【要求解读】

机房需要安装防盗报警系统，或者在安装视频监控系统的同时安排专人进行值守，以防止盗窃和恶意破坏行为的发生。

【测评方法】

（1）核查是否配置了防盗报警系统或有专人值守的视频监控系统。

（2）核查防盗报警系统或视频监控系统是否开启并正常运行。

【预期结果或主要证据】

（1）机房内配置了防盗报警系统或有专人值守的视频监控系统。

（2）在进行现场观测时，视频监控系统工作正常。

1.4 防雷击

为防止雷击造成的损害，需要对机房所在建筑物及机房内的设施和设备采取接地、安装防雷装置等有效措施，保证机房内设备、存储介质和线缆的安全。

1）L3-PES1-07

【安全要求】

应将各类机柜、设施和设备等通过接地系统安全接地。

【要求解读】

在机房内对各类机柜、设施和设备采取接地措施，防止雷击对电子设备造成损害。

【测评方法】

核查机房内的机柜、设施和设备等是否进行了接地处理。通常黄绿色相间的电线为接地用线。

【预期结果或主要证据】

机房内所有的机柜、设施和设备等均已采取接地的控制措施。

2）L3-PES1-08

【安全要求】

应采取措施防止感应雷，例如设置防雷保安器或过压保护装置等。

【要求解读】

在机房内安装防雷保安器或过压保护装置等，防止感应雷对电子设备造成损害。

【测评方法】

（1）核查机房内是否采取了防感应雷措施。

（2）核查防雷装置是否通过了验收或国家有关部门的技术检测。

【预期结果或主要证据】

（1）机房内采取了防感应雷措施，例如设置了防雷感应器、防浪涌插座等。

（2）防雷装置通过了国家有关部门的技术检测。

1.5　防火

为防止火灾造成的损害，机房需要使用防火建筑材料，进行合理分区，并采取安装自动消防系统等有效措施，保证机房内设备、存储介质和线缆的安全。

1）L3-PES1-09

【安全要求】

机房应设置火灾自动消防系统，能够自动检测火情、自动报警，并自动灭火。

【要求解读】

机房内需要设置火灾自动消防系统，在发生火灾时进行自动检测、报警和灭火，例如自动气体消防系统、自动喷淋消防系统等。

【测评方法】

（1）核查机房内是否设置了火灾自动消防系统。

（2）核查火灾自动消防系统是否可以自动检测火情、自动报警并自动灭火。

（3）核查火灾自动消防系统是否通过了验收或国家有关部门的技术检测。

【预期结果或主要证据】

（1）机房内设置了火灾自动消防系统。

（2）在进行现场观测时，火灾自动消防系统工作正常。

2）L3-PES1-10

【安全要求】

机房及相关的工作房间和辅助房应采用具有耐火等级的建筑材料。

【要求解读】

机房内需要采用具有耐火等级的建筑材料，以防止火灾的发生和火势的蔓延。

【测评方法】

核查机房验收文档中是否明确记录了所用建筑材料的耐火等级。

【预期结果或主要证据】

机房使用的所有材料均为耐火材料，例如使用墙体、防火玻璃等，但使用金属栅栏的情况不能算符合。

3）L3-PES1-11

【安全要求】

应对机房划分区域进行管理，区域和区域之间设置隔离防火措施。

【要求解读】

机房内需要进行区域划分并设置隔离防火措施，防止火灾发生后火势蔓延。

【测评方法】

（1）核查机房是否进行了区域划分。

（2）核查机房内各区域之间是否采取了防火隔离措施。

【预期结果或主要证据】

（1）机房进行了区域划分，例如过渡区、主机房。

（2）机房内各区域之间部署了防火隔离装置。

1.6　防水和防潮

为防止渗水、漏水、水蒸气结露等造成的损害，需要对机房采取防渗漏、防积水、安装水敏感检测报警系统等有效措施，保证机房内设备、存储介质和线缆的安全。

1）L3-PES1-12

【安全要求】

应采取措施防止雨水通过机房窗户、屋顶和墙壁渗透。

【要求解读】

机房内需要采取防渗漏措施，防止窗户、屋顶和墙壁出现渗漏的情况。

【测评方法】

核查机房的窗户、屋顶和墙壁是否采取了防渗漏措施。

【预期结果或主要证据】

机房采取了防雨水渗透的措施，例如封锁窗户并采取防水措施、屋顶和墙壁均采取防雨水渗透措施。

2）L3-PES1-13

【安全要求】

应采取措施防止机房内水蒸气结露和地下积水的转移与渗透。

【要求解读】

机房内需要采取防结露和排水措施，防止水蒸气结露和地面积水。

【测评方法】

（1）核查机房内是否采取了防止水蒸气结露的措施。

（2）核查机房内是否采取了排水措施来防止地面积水。

【预期结果或主要证据】

（1）机房内配备了专用的精密空调来防止水蒸气结露。

（2）机房内部署了漏水检测装置，可以对漏水情况进行监控和报警。

3）L3-PES1-14

【安全要求】

应安装对水敏感的检测仪表或元件，对机房进行防水检测和报警。

【要求解读】

机房内需要布设对水敏感的检测装置，对渗水、漏水的情况进行检测和报警。

【测评方法】

（1）核查机房内是否安装了对水敏感的检测装置。

（2）核查机房内的防水检测和报警装置是否开启并正常运行。

【预期结果或主要证据】

（1）机房内部署了漏水检测装置，例如漏水检测绳等。

（2）在进行现场观测时，防水检测和报警装置工作正常。

1.7　防静电

为防止静电造成的损害，需要对机房采取安装防静电地板、配置防静电装置等有效措施，保证机房内设备、存储介质和线缆的安全。

1）L3-PES1-15

【安全要求】

应采用防静电地板或地面并采用必要的接地防静电措施。

【要求解读】

机房内需要安装防静电地板或在地面采取必要的接地措施，防止静电的产生。

【测评方法】

（1）核查机房内是否安装了防静电地板。

（2）核查机房内是否采用了防静电接地措施。

【预期结果或主要证据】

（1）机房内安装了防静电地板。

（2）机房内采用了接地的防静电措施。

2）L3-PES1-16

【安全要求】

应采取措施防止静电的产生，例如采用静电消除器、佩戴防静电手环等。

【要求解读】

机房内需要配备静电消除器，工作人员可佩戴防静电手环等，以消除静电。

【测评方法】

核查机房内是否配备了静电消除设备。

【预期结果或主要证据】

机房内配备了静电消除设备。

1.8　温湿度控制

为防止温湿度变化造成的损害，需要安装温湿度自动调节装置，保证机房内设备、存储介质和线缆的安全。

L3-PES1-17

【安全要求】

应设置温湿度自动调节设施，使机房温湿度的变化在设备运行所允许的范围之内。

【要求解读】

机房内需要安装温湿度自动调节装置，例如空调、除湿机、通风机等，使机房内温湿度的变化在设备运行所允许的范围之内。通常机房内适宜的温度为 18～27℃，空气湿度范围是 35%～75%。

【测评方法】

（1）核查机房内是否配备了专用空调。

（2）核查机房内的温湿度是否在设备运行所允许的范围之内。

【预期结果或主要证据】

（1）机房内配备了专用的精密空调。

（2）机房内温度设置在 20～25℃，湿度范围是 40%～60%。

1.9　电力供应

为防止电力中断或电流变化造成的损害，需要采用铺设冗余或并行的电力电缆线路，以及安装稳压装置、防过载装置和备用供电装置等有效措施，保证机房内设备、存储介质和线缆的安全。

1）L3-PES1-18

【安全要求】

应在机房供电线路上配置稳压器和过电压防护设备。

【要求解读】

机房供电线路上需要安装电流稳压器和电压过载保护装置，防止电力波动对电子设备造成损害。

【测评方法】

核查供电线路上是否配置了稳压器和过电压防护设备。

【预期结果或主要证据】

（1）机房内的计算机系统供电线路上设置了稳压器和过电压防护设备。

（2）在进行现场观测时，稳压器和过电压防护设备工作正常。

2）L3-PES1-19

【安全要求】

应提供短期的备用电力供应，至少满足设备在断电情况下的正常运行要求。

【要求解读】

机房供电需要配备不间断电源（UPS）或备用供电系统，例如备用发电机或由第三方提供的备用供电服务，防止电力中断对设备运转和系统运行造成损害。

【测评方法】

（1）核查机房是否配备了 UPS 等备用供电系统。

（2）核查 UPS 等备用供电系统的运行切换记录和检修维护记录。

【预期结果或主要证据】

（1）机房配备了 UPS 系统。

（2）UPS 系统能够满足短期断电时的供电要求。

3）L3-PES1-20

【安全要求】

应设置冗余或并行的电力电缆线路为计算机系统供电。

【要求解读】

机房供电需要使用冗余或并行的电力电缆线路，防止电力中断对设备运转和系统运行造成损害。

【测评方法】

核查是否设置了冗余或并行的电力电缆线路为计算机系统供电。

【预期结果或主要证据】

机房配备了冗余的供电线路，例如市电双路接入。

1.10 电磁防护

为防止电磁辐射和干扰造成的损害，需要采取电源线和通信线缆隔离铺设、安装电磁屏蔽装置等有效措施，保证机房内设备、存储介质和线缆的安全。

1）L3-PES1-21

【安全要求】

电源线和通信线缆应隔离铺设，避免互相干扰。

【要求解读】

机房内的电源线和通信线缆需要隔离铺设在不同的管道或桥架内，防止电磁辐射和干扰对设备运转和系统运行产生影响。

【测评方法】

核查机房内电源线缆和通信线缆是否隔离铺设。

【预期结果或主要证据】

机房内电源线缆和通信线缆隔离铺设，例如通过线槽或桥架进行隔离。

2）L3-PES1-22

【安全要求】

应对关键设备实施电磁屏蔽。

【要求解读】

机房内的关键设备需要安放在电磁屏蔽机柜或电磁屏蔽区域中，防止电磁辐射和干扰对设备运转和系统运行产生影响。

【测评方法】

核查是否为关键设备配备了电磁屏蔽装置。

【预期结果或主要证据】

对关键设备（例如加密机）采取了电磁屏蔽措施，例如配备屏蔽机柜或屏蔽机房。

第 2 章　安全通信网络

随着现代信息化技术的不断发展，等级保护对象通常通过网络实现资源共享和数据交互。当大量的设备联成网络后，网络安全成为最受关注的问题。按照"一个中心，三重防御"的纵深防御思想，在网络边界外部通过广域网或城域网通信的安全是首先需要考虑的问题，网络边界内部的局域网网络架构设计是否合理、内部通过网络传输的数据是否安全也在考虑范围之内。

安全通信网络针对网络架构和通信传输提出了安全控制要求，主要对象为广域网、城域网、局域网的通信传输及网络架构等，涉及的安全控制点包括网络架构、通信传输、可信验证。

本章将以三级等级保护对象为例，介绍安全通信网络各个控制要求项的测评内容、测评方法、证据、案例等。

2.1　网络架构

网络架构是业务运行所需的重要部分，如何根据业务系统的特点构建网络是非常关键的。首先应关注整个网络的资源分布、架构是否合理，只有架构安全了，才能在其上实现各种技术功能，达到保护通信网络的目的。下面重点对网络设备的性能、业务系统对网络带宽的需求、网络区域的合理划分、区域间的有效防护、网络通信线路及设备的冗余等要求进行解读。

1）L3-CNS1-01

【安全要求】

应保证网络设备的业务处理能力满足业务高峰期需要。

【要求解读】

为了保证主要网络设备具备足够的处理能力，应定期检查设备的资源占用情况，确保设备的业务处理能力具备冗余空间。

【测评方法】

（1）访谈网络管理员，了解业务高峰时期为何时，核查边界设备和主要网络设备的处理能力是否满足业务高峰期需要，询问采用何种手段对主要网络设备的运行状态进行监控。

以华为交换机为例，可以输入"display cpu-usage""display memory-usage"命令查看相关配置。一般来说，业务高峰期主要网络设备的 CPU、内存的使用率不宜超过 70%。也可以通过综合网管系统查看主要网络设备的 CPU、内存的使用情况。

（2）访谈或核查是否曾因设备处理能力不足而出现宕机的情况。可核查综合网管系统的告警日志或设备运行时间等，或者访谈网络管理员，了解是否因设备处理能力不足而进行了设备升级。

以华为设备为例，可以输入"display version"命令查看设备在线时长。如果近期在设备在线时间内有重启的情况，则可询问原因。

（3）核查设备在一段时间内的性能峰值，结合设备自身的承载性能，分析设备是否能够满足业务处理要求。

【预期结果或主要证据】

（1）设备 CPU 和内存使用率的峰值不大于设备处理能力的 70%。可通过如下命令核查相关情况。

```
<Huawei>display cpu-usage
CPU Usage Stat. Cycle: 60 (Second)
CPU Usage : 3% Max: 45%
CPU Usage Stat. Time : 2018-05-26 16:58:16
CPU utilization for five seconds: 15%: one minute: 15%: five minutes: 15%
<Huawei>display memory-usage
CPU utilization for five seconds: 15%: one minute: 15%: five minutes: 15%
System Total Memory Is: 75312648 bytes
Total Memory Used Is: 45037704 bytes
Memory Using Percentage Is: 59%
```

（2）未出现宕机的情况。综合网管系统未记录宕机告警日志，设备运行时间较长，示例如下。

```
<Huawei>display version
Huawei Versatile Routing Platform Software
VRP (R) software, Version 5.130 (AR1200 V200R003C00)
Copyright (C) 2011-2012 HUAWEI TECH CO., LTD
Huawei AR1220 Router uptime is 0 week, 0 day, 0 hour, 1 minute
MPU 0(Master) : uptime is 0 week, 0 day, 0 hour, 1 minute
```

2）L3-CNS1-02

【安全要求】

应保证网络各个部分的带宽满足业务高峰期需要。

【要求解读】

为了保证业务服务的连续性，应保证网络各个部分的带宽满足业务高峰期需要。如果存在带宽无法满足业务高峰期需要的情况，则要在主要网络设备上进行带宽配置，以保证关键业务应用的带宽需求。

【测评方法】

（1）询问管理员业务高峰期的流量使用情况，核查是否部署了流量控制设备对关键业务系统的流量带宽进行控制，或者在相关设备上启用了 QoS 配置对网络各个部分进行带宽分配，以保证业务高峰期业务服务的连续性。

（2）核查综合网管系统在业务高峰期的带宽占用情况，分析是否满足业务需求。如果无法满足业务高峰期需要，则要在主要网络设备上进行带宽配置。

（3）测试验证网络各个部分的带宽是否满足业务高峰期需要。

【预期结果或主要证据】

（1）在各个关键节点处部署了流量监控系统，监测网络中的实时流量。部署了流量控制设备，在关键节点设备上配置了 QoS 策略，对关键业务系统的流量带宽进行控制。

（2）节点设备配置了流量监管和流量整形策略。

● 流量监管配置，示例如下。

```
class-map : class-1
bandwidth percent 50
bandwidth 5000 (kbps) max threshold 64 (packets)
class-map : class-2
bandwidth percent 15
bandwidth 1500 (kbps) max threshold 64 (packets)
```

● 流量整形配置，示例如下。

```
traffic classifier c1 operator or
if-match acl 3002
traffic behavior b1
remark local-precedence af3
traffic policy p1
classifier c1 behavior b1
interface gigabitethernet 3/0/0
```

```
traffic-policy p1 inbound
```

（3）各通信链路的高峰期流量均不高于其带宽的 70%。

3）L3-CNS1-03

【安全要求】

应划分不同的网络区域，并按照方便管理和控制的原则为各网络区域分配地址。

【要求解读】

应根据实际情况和区域安全防护要求，在主要网络设备上进行 VLAN 划分。VLAN 是一种通过将局域网内的设备逻辑地而不是物理地划分成不同子网从而实现虚拟工作组的技术。不同 VLAN 内的报文在传输时是相互隔离的，即一个 VLAN 内的用户不能和其他 VLAN 内的用户直接通信。如果要在不同的 VLAN 之间进行通信，则需要通过路由器或三层交换机等三层设备实现。

【测评方法】

询问网络管理员是否依据部门的工作职能、等级保护对象的重要程度、应用系统的级别等实际情况和区域安全防护要求划分了不同的 VLAN。核查相关网络设备配置信息，验证划分的网络区域是否与划分原则一致。

【预期结果或主要证据】

划分了不同的网络区域，并按照方便管理和控制的原则为各网络区域分配地址，不同网络区域之间采取了边界防护措施。

以思科互联网操作系统（Cisco IOS）为例，可以输入"show vlan brief"命令，查看相关配置。

```
10    server         active
20    user           active
30    test           active
99    management     active
```

4）L3-CNS1-04

【安全要求】

应避免将重要网络区域部署在边界处，重要网络区域与其他网络区域之间应采取可靠的技术隔离手段。

【要求解读】

为了保证等级保护对象的安全，应避免将重要网段部署在边界处且直接连接外部等级保护对象，从而防止来自外部等级保护对象的攻击。同时，应在重要网段和其他网段之间配置安全策略，进行访问控制。

【测评方法】

（1）核查网络拓扑图是否与实际网络运行环境一致。

（2）核查重要网络区域是否部署在网络边界处（应为未部署在网络边界处），以及在网络区域边界处是否部署了安全防护措施。

（3）核查重要网络区域与其他网络区域（例如应用系统区、数据库系统区等重要网络区域）之间是否采取了可靠的技术隔离手段，以及是否部署了网闸、防火墙和设备访问控制列表（ACL）等。

【预期结果或主要证据】

（1）网络拓扑图与实际网络运行环境一致。

（2）重要网络区域未部署在网络边界处。

（3）重要网络区域与其他网络区域之间部署了网闸、防火墙等安全设备，实现了技术隔离。

5）L3-CNS1-05

【安全要求】

应提供通信线路、关键网络设备和关键计算设备的硬件冗余，保证系统的可用性。

【要求解读】

本要求虽然放在"安全通信网络"分类中，但实际上是要求整个网络架构设计要有冗余。为了避免网络设备或通信线路因出现故障而引发系统中断，应采用冗余技术设计网络拓扑结构，以确保在通信线路或设备发生故障时提供备用方案，有效增强网络的可靠性。同时，关键计算设备需要采用热冗余方式部署，以保证系统的高可用性。

【测评方法】

核查系统的出口路由器、核心交换机、安全设备等关键设备是否有硬件冗余和通信线路冗余来保证系统的高可用性。

【预期结果或主要证据】

采用 HSRP、VRRP 等冗余技术设计网络架构，在通信线路或设备发生故障时网络不会中断，网络的可靠性有效增强。

2.2　通信传输

通信传输为等级保护对象在网络环境中的安全运行提供了支持。为了防止数据被篡改或泄露，应确保在网络中传输的数据的保密性、完整性、可用性等。应注意，此处的通信传输，既应关注不同安全计算环境之间的通信安全（例如，分支机构与总部之间的通信安全，不同安全保护等级对象之间的通信安全），也应关注单一计算环境内部不同区域之间的通信安全（例如，管理终端与被管设备之间的通信安全，业务终端与应用服务器之间的通信安全）。

下面重点针对网络中传输的数据是否具有完整性校验机制、是否采用加密等安全措施保障数据的完整性和保密性进行解读。

1）L3-CNS1-06

【安全要求】

应采用校验技术或密码技术保证通信过程中数据的完整性。

【要求解读】

为了防止数据在通信过程中被修改或破坏，应采用校验技术或密码技术保证通信过程中数据的完整性。这些数据包括鉴别数据、重要业务数据、重要审计数据、重要配置数据、重要视频数据和重要个人信息等。

【测评方法】

（1）核查是否在传输过程中使用校验技术或密码技术来保证数据的完整性。

（2）测试验证设备或组件是否能够保证通信过程中数据的完整性。例如，使用 File Checksum Integrity Verifier（适用于 MD5、SHA1 算法）、SigCheck（适用于数字签名）等工具对数据进行完整性校验。

【预期结果或主要证据】

（1）对鉴别数据、重要业务数据、重要审计数据、重要配置数据、重要视频数据和重要个人信息等，采用校验技术或密码技术保证通信过程中数据的完整性。

（2）使用 File Checksum Integrity Verifier 计算数据的散列值，验证数据的完整性。

2）L3-CNS1-07

【安全要求】

应采用密码技术保证通信过程中数据的保密性。

【要求解读】

根据实际情况和安全防护要求，为了防止信息被窃听，应采取技术手段对通信过程中的敏感信息字段或整个报文加密。可采用对称加密、非对称加密等方式实现数据的保密性。

【测评方法】

（1）核查是否在通信过程中采取了保密措施，了解具体采取了哪些措施。

（2）测试验证在通信过程中是否对敏感信息字段或整个报文进行了加密。可以使用通信协议分析工具，通过流量镜像等方式抓取网络中的数据，验证数据是否被加密。

【预期结果或主要证据】

（1）对鉴别数据、重要业务数据、重要审计数据、重要配置数据、重要视频数据和重要个人信息等，采用密码技术保证通信过程中数据的保密性。

（2）通信协议分析工具可监视信息的传送过程（但显示的是加密报文）。

2.3　可信验证

传统的通信设备采用缓存或其他形式来保存固件，这种方式容易遭受恶意攻击。黑客可以未经授权访问固件或篡改固件，也可以在组件的闪存中植入恶意代码（这些代码能够轻易躲过标准的系统检测过程，从而对系统造成永久性的破坏）。通信设备如果是基于硬件的可信根的，可在加电后基于可信根实现预装软件（包括系统引导程序、系统程序、相关应用程序和重要配置参数）的完整性验证或检测，确保"无篡改再执行，有篡改就报警"，从而保证设备启动和执行过程的安全。

L3-CNS1-08

【安全要求】

可基于可信根对通信设备的系统引导程序、系统程序、重要配置参数和通信应用程序等进行可信验证，并在应用程序的关键执行环节进行动态可信验证，在检测到其可信性受到破坏后进行报警，并将验证结果形成审计记录送至安全管理中心。

【要求解读】

通信设备可能包括交换机、路由器和其他通信设备等。通过在设备的启动和运行过程中对预装软件（包括系统引导程序、系统程序、相关应用程序和重要配置参数）的完整性进行验证或检测，可以确保对系统引导程序、系统程序、重要配置参数和关键应用程序的篡改行为能被发现并报警，便于进行后续处置。

【测评方法】

（1）核查是否基于可信根对设备的系统引导程序、系统程序、重要配置参数和关键应用程序等进行了可信验证。

（2）核查是否在应用程序的关键执行环节进行了动态可信验证。

（3）测试验证在检测到设备的可信性受到破坏后是否能进行报警。

（4）核查测试验证结果是否以审计记录的形式被送至安全管理中心。

【预期结果或主要证据】

（1）通信设备（交换机、路由器和其他通信设备）具有可信根芯片或硬件。

（2）启动过程基于可信根对系统引导程序、系统程序、重要配置参数和关键应用程序等进行可信验证度量。

（3）在检测到设备的可信性受到破坏后进行报警，并将验证结果形成审计记录送至安全管理中心。

（4）安全管理中心可以接收设备的验证结果记录。

第 3 章　安全区域边界

网络实现了不同系统的互联互通。然而，在现实环境中往往需要根据不同的安全需求对系统进行切割、对网络进行划分，形成不同系统的网络边界或不同等级保护对象的边界。按照"一个中心，三重防御"的纵深防御思想，网络边界防护构成了安全防御的第二道防线。在不同的网络之间实现互联互通的同时，在网络边界采取必要的授权接入、访问控制、入侵防范等措施实现对内部的保护，是安全防御的必要手段。

安全区域边界针对网络边界提出了安全控制要求，主要对象为系统边界和区域边界等，涉及的安全控制点包括边界防护、访问控制、入侵防范、恶意代码和垃圾邮件防范、安全审计、可信验证。

本章将以三级等级保护对象为例，描述安全区域边界各个控制要求项的测评内容、测评方法、证据、案例等。

3.1　边界防护

边界防护主要从三个方面考虑。首先，应考虑网络边界设备端口、链路的可靠性，通过有效的技术措施保障边界设备物理端口可信，防止非授权的网络链路接入。其次，应通过有效的技术措施对外部设备的网络接入行为及内部设备的网络外连行为进行管控，减少外部威胁的引入。最后，应对无线网络的使用进行管控，防止因无线网络的滥用而引入安全威胁。

1）L3-ABS1-01

【安全要求】

应保证跨越边界的访问和数据流通过边界设备提供的受控接口进行通信。

【要求解读】

为了保障数据通过受控边界，应明确网络边界设备，并明确边界设备的物理端口。网络外连链路仅能通过指定的设备端口进行数据通信。

【测评方法】

（1）核查网络拓扑图是否与实际的网络链路一致，是否明确了网络边界及边界设备的物理端口。

（2）通过路由配置信息及边界设备配置信息，核查是否由指定的物理端口进行跨越边界的网络通信。

（3）采用其他技术手段核查是否存在其他能够进行跨越边界的网络通信的未受控端口（应为不存在）。例如，可使用无线嗅探器、无线入侵检测/防御系统、手持式无线信号检测系统等相关工具检测无线访问情况。

【预期结果或主要证据】

（1）查看网络拓扑图并比对实际的网络链路，确认网络边界设备及链路接入端口的设置无误。

（2）执行相关命令，查看设备端口、VLAN 信息。

以 Cisco IOS 为例，可以输入"router#show running-config"命令查看相关配置。

```
interface        IP-Address    OK? Method    Status        Protocol
FastEehernet0/0  192.168.11.1  YES manual    up            up
FastEehernet0/1  192.168.12.1  YES manual    up            up
Vlan1            unassigned    YES manual administratively  down down
```

查看路由信息，示例如下。

```
IP route 0.0.0.0 0.0.0.0 192.168.12.1
```

（3）通过网络管理系统的自动拓扑发现功能，监控非授权的网络出口链路。通过无线嗅探器排查无线网络的使用情况，确认无非授权 Wi-Fi。

2）L3-ABS1-02

【安全要求】

应能够对非授权设备私自联到内部网络的行为进行检查或限制。

【要求解读】

设备的非授权接入可能会破坏原有的边界设计策略。可以采用技术手段和管理措施对非授权接入行为进行检查，技术手段包括部署内网安全管理系统、关闭网络设备未使用的端口、绑定 IP/MAC 地址等。

【测评方法】

（1）询问网络管理员采用何种技术手段或管理措施对非授权设备私自连接内部网络的行为进行管控，并在网络管理员的配合下验证其有效性。

（2）核查所有路由器和交换机等设备的闲置端口是否已经关闭。

（3）如果通过部署内网安全管理系统实现系统准入，则应核查各终端设备是否统一进行了部署，以及是否存在不可控的特殊权限接入设备。

（4）如果采用 IP/MAC 地址绑定的方式进行准入控制，则应核查接入层网络设备是否采取了 IP/MAC 地址绑定等措施。

【预期结果或主要证据】

（1）非使用的端口均已关闭。

以 Cisco IOS 为例，输入"show ip interfaces brief"命令，查看设备配置中是否存在如下类似配置。

```
Interface FastEthernet0/1  shutdown
```

（2）网络中部署的终端管理系统已经启用，各终端设备均已有效部署，无特权设备。

（3）IP/MAC 地址绑定结果。

以 Cisco IOS 为例，输入"show ip arp"命令，查看设备配置中是否存在如下类似配置。

```
arp 10.10.10.1 0000.e268.9980 arpa
```

3）L3-ABS1-03

【安全要求】

应能够对内部用户非授权联到外部网络的行为进行检查或限制。

【要求解读】

内网用户设备的外部连接端口的非授权外联行为可能会破坏原有的边界设计策略。可以通过内网安全管理系统的非授权外联管控功能或防非法外联系统实现对非授权外联行为的控制。由于内网安全管理系统可以实现包括非授权外联管控在内的众多管理功能，所以建议采用该项措施，通过对用户非授权建立网络连接访问非可信网络的行为进行管控，减少安全风险的引入。

【测评方法】

（1）核查是否采用了内网安全管理系统或其他技术手段对内部用户非授权连接外部网络的行为进行限制或检查。

（2）核查是否限制了终端设备相关端口的使用，例如是否通过禁用双网卡、USB接口、调制解调器、无线网络等来防止内部用户进行非授权外联。

【预期结果或主要证据】

（1）网络中部署了终端安全管理系统或非授权外联管控系统。

（2）网络中的各类终端设备均已正确部署了终端安全管理系统或外联管控系统并启用了相关策略，例如禁止更改网络配置，以及禁用双网卡、USB接口、调制解调器、无线网络等。

4）L3-ABS1-04

【安全要求】

应限制无线网络的使用，保证无线网络通过受控的边界设备接入内部网络。

【要求解读】

为了防止未经授权的无线网络接入行为，无线网络应单独组网并通过无线接入网关等受控的边界防护设备接入内部有线网络。同时，应部署无线网络管控措施，对非授权的无线网络进行检测、屏蔽。

【测评方法】

（1）询问网络管理员网络中是否有授权的无线网络，以及这些无线网络是否是在单独组网后接入有线网络的。

（2）核查无线网络的部署方式。核查是否部署了无线接入网关、无线网络控制器等设备。检查无线网络设备的配置是否合理，例如无线网络设备信道的使用是否合理，用户口令的强度是否足够，以及是否使用WPA2加密方式等。

（3）核查网络中是否部署了对非授权的无线设备的管控措施，以及是否能够对非授权的无线设备进行检查、屏蔽，例如是否使用无线嗅探器、无线入侵检测/防御系统、手持式无线信号检测系统等相关工具进行检测和限制。

【预期结果或主要证据】

（1）授权的无线网络通过无线方式接入网关，并通过防火墙等访问控制设备接入有线网络。无线网络使用 1 信道防止设备间的互相干扰；使用 WPA2 进行加密，且对用户密码的复杂度有要求，例如口令长度为 8 位及以上且由数字、大小写字母及特殊字符组成。

（2）使用无线嗅探器未发现非授权的无线设备。

3.2　访问控制

访问控制技术是指通过技术措施防止对网络资源进行未授权的访问，从而使计算机系统在合法的范围内使用。在基础网络层面，访问控制主要是通过在网络边界及各网络区域间部署访问控制设备（例如网闸、防火墙等）实现的。

在访问控制设备中：应启用有效的访问控制策略，并采用白名单机制，仅授权用户能够访问网络资源；应根据业务访问的需要，对源地址、目的地址、源端口、目的端口和协议等进行管控；应能够根据业务会话的状态信息，为进出网络的数据流提供明确的允许/拒绝访问的能力；应能够对进出网络的数据流所包含的内容及协议进行管控。

1）L3-ABS1-05

【安全要求】

应在网络边界或区域之间根据访问控制策略设置访问控制规则，默认情况下除允许通信外受控接口拒绝所有通信。

【要求解读】

应在网络边界或区域之间部署网闸、防火墙、路由器、交换机和无线接入网关等具有访问控制功能的设备或相关组件，根据访问控制策略设置有效的访问控制规则。访问控制规则采用白名单机制。

【测评方法】

（1）核查网络边界或区域之间是否部署了访问控制设备，是否启用了访问控制策略。

（2）核查设备的访问控制策略是否为白名单机制，是否仅允许授权的用户访问网络资源，是否禁止了其他所有网络访问行为。

（3）核查所配置的访问控制策略是否实际应用到了相应接口的进或出的方向。

【预期结果或主要证据】

设备访问控制策略的示例如下。

以 Cisco IOS 为例，可以输入"show running-config"命令，检查配置文件中的访问控制策略。

```
access-list 100 permit tcp 192.168.1.0 0.0.0.255 host 192.168.3.10 eq 3389
access-list 100 permit tcp 192.168.1.0 0.0.0.255 host 192.168.3.11 eq 3389
access-list 100 deny ip any any
interface GigabitEthernet1/1
ip access-group 100 in
```

2）L3-ABS1-06

【安全要求】

应删除多余或无效的访问控制规则，优化访问控制列表，并保证访问控制规则数量最小化。

【要求解读】

根据实际业务需求配置访问控制策略，仅开放业务运行必须使用的端口，禁止配置全通策略，保证边界访问控制设备安全策略的有效性。不同访问控制策略之间的逻辑关系应合理，访问控制策略之间不存在相互冲突、重叠或包含的情况。同时，应保证访问控制规则数量最小化。

【测评方法】

（1）访谈安全管理员，了解访问控制策略的配置情况，核查相关安全设备的访问控制策略与业务和管理需求是否一致，结合策略命中数据分析访问控制策略是否有效。

（2）检查访问控制策略中是否已经禁止全通策略或端口、地址限制范围过大的策略。

（3）核查设备的不同访问控制策略之间的逻辑关系是否合理。

【预期结果或主要证据】

（1）访问控制需求与访问控制策略一致。

（2）访问控制策略的优先级配置合理。

以 Cisco IOS 为例，可以输入"show running-config"命令，检查配置文件中的访问控制列表配置项。

```
access-list 100 permit tcp 192.168.0.0 0.0.255.255 host 192.168.3.10
access-list 100 deny tcp 192.168.1.0 0.0.0.255 host 192.168.3.10
```

上述访问控制策略排列顺序不合理，第二条策略应在前面，否则无法命中。

（3）全通策略已被禁用，示例如下。

```
access-list 100 permit tcp any host any eq any
```

（4）互相包含的策略已被合并，示例如下。

```
access-list 100 permit tcp 192.168.0.0 0.0.255.255 host 192.168.3.10
access-list 100 permit tcp 192.168.1.0 0.0.0.255 host 192.168.3.10
```

上述第二条策略是没有作用的，可直接删除。

3）L3-ABS1-07

【安全要求】

应对源地址、目的地址、源端口、目的端口和协议等进行检查，以允许/拒绝数据包进出。

【要求解读】

应对网络中的网闸、防火墙、路由器、交换机和无线接入网关等能够提供访问控制功能的设备或相关组件进行检查。访问控制策略应明确源地址、目的地址、源端口、目的端口和协议，以允许/拒绝数据包进出。

【测评方法】

核查设备中的访问控制策略是否明确设定了源地址、目的地址、源端口、目的端口和协议等相关参数。

【预期结果或主要证据】

配置文件中应存在如下类似配置项。

以 Cisco IOS 为例，希望拒绝 172.16.4.0～172.16.3.0 的所有 FTP 通信流量通过 F0/0 接口。输入"show running-config"命令，可以检查配置文件中的访问控制列表配置项。

```
access-list101 deny tcp 172.16.4.0 0.0.0.255 172.16.3.0 0.0.0.255 eq 21
access-list101 permit ip any any
interface fastethernet0/0
ip access-group101 out
```

4）L3-ABS1-08

【安全要求】

应能根据会话状态信息为进出数据流提供明确的允许/拒绝访问的能力。

【要求解读】

防火墙不仅能够根据数据包的源地址、目标地址、协议类型、源端口、目标端口等对数据包进行控制，而且能够记录通过防火墙的连接的状态，直接对数据包里的数据进行处理。防火墙还应具有完备的状态检测表以追踪连接会话的状态，并能结合前后数据包的关系进行综合判断，从而决定是否允许该数据包通过，通过连接的状态进行更快、更安全的过滤。

【测评方法】

核查状态检测防火墙的访问控制策略中是否明确设定了源地址、目的地址、源端口、目的端口和协议。

【预期结果或主要证据】

配置文件中应存在如下类似配置项。

以 Cisco IOS 为例，输入 "show running-config" 命令可以查看相关配置。

```
access-list 101 permit tcp 192.168.2.0 0.0.0.255 host 192.168.3.100 eq 21
access-list 101 permit tcp 192.168.1.0 0.0.0.255 host 192.168.3.10 eq 80
access-list 101 deny ip any any
```

5）L3-ABS1-09

【安全要求】

应对进出网络的数据流实现基于应用协议和应用内容的访问控制。

【要求解读】

在网络边界处采用下一代防火墙或相关安全组件，实现基于应用协议和应用内容的访问控制。

【测评方法】

（1）核查关键网络节点处是否部署了访问控制设备。

（2）检查访问控制设备是否配置了相关策略，是否已对应用协议、应用内容进行访问控制并对策略的有效性进行测试。

【预期结果或主要证据】

通过防火墙配置应用访问控制策略，根据应用协议、应用内容进行访问控制，对即时聊天工具、视频软件及 Web 服务、FTP 服务等进行管控。

3.3　入侵防范

随着网络入侵事件数量的增加和黑客攻击水平的提高：一方面，企业网络感染病毒、遭受攻击的速度加快，新技术不断涌现，等级保护对象与外部网络的互联具有连接形式多样性、终端分布不均匀性，以及网络的开放性、互联性等特征，使网络较之从前更易遭受恶意入侵和攻击，网络信息安全受到威胁；另一方面，网络遭受攻击后做出响应的时间越来越长。因此，要维护系统安全，必须进行主动监视，以检查网络是否发生了入侵和遭受了攻击。基于网络的入侵检测，被认为是网络访问控制之后网络安全的第二道安全闸门。入侵检测系统主要监视所在网段内的各种数据包，对每个数据包或可疑数据包进行分析。如果数据包与内置的规则吻合，入侵检测系统就会记录事件的各种信息并发出警报。

入侵防范需要从外部网络发起的攻击、内部网络发起的攻击、对新型攻击的防范、检测到入侵和攻击时及时告警四个方面综合考虑，以抵御各种来源、各种形式的入侵行为。

1）L3-ABS1-10

【安全要求】

应在关键网络节点处检测、防止或限制从外部发起的网络攻击行为。

【要求解读】

要维护系统安全，必须进行主动监视，以检查网络是否发生了入侵和遭受了攻击。监视入侵和安全事件，既包括被动任务，也包括主动任务。很多入侵事件都是在攻击发生之后通过检查日志文件发现的。这种在攻击之后进行的检测通常称为被动入侵检测，只有检查日志文件，才能根据日志信息对攻击进行复查和再现。其他入侵尝试可以在攻击发生的同时被检测到，这种方法称为主动入侵检测。主动入侵检测会查找已知的攻击模式或命令并阻止它们的执行。

完整的入侵防范应首先实现事件特征分析功能，以发现潜在的攻击行为；应能发现各种主流的攻击行为，例如端口扫描、强力攻击、木马后门攻击、拒绝服务攻击、缓冲区溢出攻击、IP 碎片攻击和网络蠕虫攻击等。目前，入侵防范主要是通过在网络边界部署具有入侵防范功能的安全设备实现的，例如抗 APT 攻击系统、网络回溯系统、威胁情报检测系统、抗 DDoS 攻击系统、入侵检测系统（IDS）、入侵防御系统（IPS）、包含入侵防范模块的多功能安全网关（UTM）等。

为了有效检测、防止或限制从外部发起的网络攻击行为，应在网络边界、核心等关键网络节点处部署 IPS 等系统，或者在防火墙、UTM 中启用入侵防护功能。

【测评方法】

（1）核查相关系统或设备是否能够检测到从外部发起的网络攻击行为。

（2）核查相关系统或设备的规则库是否已经更新到最新版本。

（3）核查相关系统、设备配置信息或安全策略是否能够覆盖网络中的所有关键节点。

（4）测试验证相关系统或设备的安全策略是否有效。

【预期结果或主要证据】

（1）相关系统或设备中有检测到从外部发起的攻击行为的信息。

（2）相关系统或设备的规则库已经更新，更新时间与测评时间较为接近。

（3）配置信息、安全策略中制定的规则覆盖了系统关键节点的 IP 地址等。

（4）监测到的攻击日志信息与安全策略相符。

2）L3-ABS1-11

【安全要求】

应在关键网络节点处检测、防止或限制从内部发起的网络攻击行为。

【要求解读】

为了有效检测、防止或限制从内部发起的网络攻击行为，应在网络边界、核心等关键网络节点处部署 IPS 等系统，或者在防火墙、UTM 中启用入侵防护功能。

【测评方法】

（1）核查相关系统或设备是否能够检测到从内部发起的网络攻击行为。

（2）核查相关系统或设备的规则库是否已经更新到最新版本。

（3）核查相关系统、设备配置信息或安全策略是否能够覆盖网络中的所有关键节点。

（4）测试验证相关系统或设备的安全策略是否有效。

【预期结果或主要证据】

（1）相关系统或设备中有检测到从内部发起的攻击行为的信息。

（2）相关系统或设备的规则库已经更新，更新时间与测评时间较为接近。

（3）配置信息、安全策略中制定的规则覆盖了系统关键节点的 IP 地址等。

（4）监测到的攻击日志信息与安全策略相符。

3）L3-ABS1-12

【安全要求】

应采取技术措施对网络行为进行分析，实现对网络攻击特别是新型网络攻击行为的分析。

【要求解读】

部署网络回溯系统或抗 APT 攻击系统等，实现对新型网络攻击行为的检测和分析。

【测评方法】

（1）核查是否部署了网络回溯系统或抗 APT 攻击系统等对新型网络攻击行为进行检测和分析。

（2）核查相关系统或设备的规则库是否已经更新到最新版本。

（3）测试验证是否能够对网络行为进行分析，是否能够对网络攻击行为特别是未知的新型网络攻击行为进行检测和分析。

【预期结果或主要证据】

（1）系统内部署了网络回溯系统或抗 APT 攻击系统，系统具备对新型网络攻击行为进行检测和分析的功能。

（2）网络回溯系统或抗 APT 攻击系统的规则库已经更新，更新时间与测评时间较为接近。

（3）经测试验证，系统可以对网络行为进行分析，并且能够对未知的新型网络攻击行为进行检测和分析。

4）L3-ABS1-13

【安全要求】

当检测到攻击行为时，记录攻击源 IP、攻击类型、攻击目标、攻击时间，在发生严重入侵事件时应提供报警。

【要求解读】

为了保证系统在遭受攻击时能够及时、准确地记录攻击行为并进行安全应急响应，当检测到攻击行为时，应将攻击源 IP 地址、攻击类型、攻击目标、攻击时间等信息记录在日志中。通过这些日志记录，可以对攻击行为进行审计和分析。在发生严重入侵事件时，应及时向有关人员报警，报警方式包括短信、电子邮件等。

【测评方法】

（1）访谈网络管理员和查看网络拓扑结构，核查在网络边界处是否部署了具有入侵防范功能的设备。如果部署了相应的设备，则检查设备的日志记录，查看其中是否记录了攻击源 IP 地址、攻击类型、攻击目的、攻击时间等信息，了解设备采用何种方式进行报警。

（2）测试验证相关系统或设备的报警策略是否有效。

【预期结果或主要证据】

（1）具有入侵防范功能的设备的日志记录了攻击源 IP 地址、攻击类型、攻击目标、攻击时间等信息。

（2）设备的报警功能已开启且处于正常使用状态。

3.4　恶意代码和垃圾邮件防范

恶意代码是指怀有恶意目的的可执行程序。计算机病毒、木马和蠕虫的泛滥使防范恶意代码的破坏显得尤为重要，恶意代码的传播方式正在迅速演化。目前，恶意代码主要通过网页、电子邮件等网络载体传播，恶意代码防范的形势越来越严峻。另外，随着电子邮件的广泛使用，垃圾邮件也成为备受关注的安全问题。垃圾邮件是指电子邮件使用者事先未提出要求或同意接收的电子邮件。垃圾邮件既可能造成邮件服务不可用，也可能用于传播恶意代码、进行网络诈骗、散布非法信息等，严重影响业务的正常运行。因此，需要采取技术手段对恶意代码和垃圾邮件进行重点防范。

1）L3-ABS1-14

【安全要求】

应在关键网络节点处对恶意代码进行检测和清除，并维护恶意代码防护机制的升级和更新。

【要求解读】

计算机病毒、木马和蠕虫的泛滥使防范恶意代码的破坏显得尤为重要，通过在网络边界处部署防恶意代码产品进行恶意代码防范是最为直接和高效的办法。

目前，防恶意代码产品主要包括防病毒网关、包含防病毒模块的多功能安全网关等，其至少应具备的功能包括：对恶意代码的分析和检查能力；对恶意代码的清除或阻断能力；在发现恶意代码后记录日志和进行审计的能力；对恶意代码特征库进行升级的能力；对检测系统的更新能力。

恶意代码具有特征变化快的特点，因此，恶意代码特征库和监测系统自身的更新都是非常重要的。防恶意代码产品应具备通过多种方式实现恶意代码特征库和检测系统更新的能力，例如自动远程更新、手动远程更新、手动本地更新等。

【测评方法】

（1）访谈网络管理员和检查网络拓扑结构，核查在网络边界处是否部署了防恶意代码产品。如果部署了相关产品，则查看是否启用了恶意代码检测及阻断功能，并查看日志记录中是否有相关信息。

（2）访谈网络管理员，了解是否已对防恶意代码产品的特征库进行升级及具体的升级方式，登录相应的防恶意代码产品，核查其特征库的升级情况（当前是否为最新版本）。

（3）测试验证相关系统或设备的安全策略是否有效。

【预期结果或主要证据】

（1）网络边界处部署了防恶意代码产品或组件，防恶意代码功能正常开启且具备对恶意代码的检测和清除功能。

（2）恶意代码特征库已经升级，升级时间与测评时间较为接近。

2）L3-ABS1-15

【安全要求】

应在关键网络节点处对垃圾邮件进行检测和防护，并维护垃圾邮件防护机制的升级和更新。

【要求解读】

应部署相应的设备或系统对垃圾邮件进行识别和处理，包括部署透明的防垃圾邮件网关、部署基于转发的防垃圾邮件系统、安装基于邮件服务器的防垃圾邮件软件及与邮件服务器一体的用于防范垃圾邮件的邮件服务器等，并保证规则库已经更新到最新版本。

【测评方法】

（1）核查在关键网络节点处是否部署了防垃圾邮件设备或系统。

（2）核查防垃圾邮件产品的运行是否正常，以及防垃圾邮件规则库是否已经更新到最新版本。

（3）测试验证相关设备或系统的安全策略是否有效。

【预期结果或主要证据】

（1）网络关键节点处部署了防垃圾邮件设备或系统，防垃圾邮件功能正常开启。

（2）垃圾邮件防护机制已经升级，升级时间与测评时间较为接近。

（3）测试结果显示防垃圾邮件设备或系统能够阻断垃圾邮件。

3.5　安全审计

如果仅将安全审计理解为日志记录功能，那么目前大多数的操作系统、网络设备都有不同粒度的日志功能。但实际上，仅靠这些日志，既不能保障系统的安全，也无法满足事后的追踪取证需要。安全审计并非日志功能的简单改进，也不等同于入侵检测。

网络安全审计的重点包括对网络流量的监测、对异常流量的识别和报警、对网络设备运行情况的监测等。通过对以上方面的日志记录进行分析，可以形成报表，并在一定情况下采取报警、阻断等操作。同时，对安全审计记录的管理也是其中的一个方面。由于不同的网络产品产生的安全事件记录格式不统一，难以进行综合分析，因此，集中审计成为网络安全审计发展的必然趋势。

1）L3-ABS1-16

【安全要求】

应在网络边界、重要网络节点进行安全审计，审计覆盖到每个用户，对重要的用户行为和重要安全事件进行审计。

【要求解读】

为了对重要的用户行为和重要安全事件进行审计，需要在网络边界处部署相关系统，启用重要网络节点的日志功能，将系统日志信息输出至各种管理端口、内部缓存或日志服务器。

【测评方法】

（1）核查是否部署了综合安全审计系统或具有类似功能的系统平台。

（2）核查安全审计范围是否覆盖每个用户，是否对重要的用户行为和重要安全事件进行了审计。

【预期结果或主要证据】

（1）在网络边界、重要网络节点处部署了审计设备。

（2）审计范围覆盖每个用户，且审计记录包含重要的用户行为和重要安全事件。

2）L3-ABS1-17

【安全要求】

审计记录应包括事件的日期和时间、用户、事件类型、事件是否成功及其他与审计相关的信息。

【要求解读】

审计记录内容是否全面将直接影响审计的有效性。网络边界和重要网络节点的日志审计内容应包括事件的时间、类型、用户、事件类型、事件是否成功等必要信息。

【测评方法】

核查审计记录是否包括事件的日期和时间、用户、事件的类型、事件是否成功及其他与审计相关的信息。

【预期结果或主要证据】

审计记录包括事件的日期和事件、用户、事件类型、事件是否成功等信息。

3）L3-ABS1-18

【安全要求】

应对审计记录进行保护，定期备份，避免受到未预期的删除、修改或覆盖等。

【要求解读】

审计记录能够帮助管理人员及时发现系统运行过程中发生的状况和网络攻击行为，因此，需要对审计记录实施技术和管理上的保护，防止未授权的修改、删除和破坏。可以设置专门的日志服务器来接收设备发出的报警信息。非授权用户（审计员除外）无权删除本地和日志服务器上的审计记录。

【测评方法】

（1）核查是否已采取技术措施对审计记录进行保护。

（2）核查审计记录的备份机制和备份策略是否合理。

【预期结果或主要证据】

（1）审计系统开启了日志外发功能，日志被转发至日志服务器。

（2）审计记录的存储时间超过 6 个月。

4）L3-ABS1-19

【安全要求】

应能对远程访问的用户行为、访问互联网的用户行为等单独进行行为审计和数据分析。

【要求解读】

对远程访问用户，应在相关设备上提供用户认证功能。通过配置用户、用户组并结合访问控制规则，可以实现允许认证成功的用户访问受控资源。此外，需对内部用户访问互联网的行为进行审计和分析。

【测评方法】

核查是否已对远程访问用户、互联网访问用户的行为单独进行审计和分析，并核查审计和分析记录是否包含用于管理远程访问的用户行为、访问互联网的用户行为的必要信息。

【预期结果或主要证据】

设在网络边界处的审计系统能够对远程访问的用户行为进行审计,并能够对访问互联网的用户行为进行单独审计。

3.6 可信验证

对可信验证的说明参见 2.3 节。这里的设备对象是指用于实现边界防护的设备,可能包括网闸、防火墙、交换机、路由器等。

L3-ABS1-20

【安全要求】

可基于可信根对边界设备的系统引导程序、系统程序、重要配置参数和边界防护应用程序等进行可信验证,并在应用程序的关键执行环节进行动态可信验证,在检测到其可信性受到破坏后进行报警,并将验证结果形成审计记录送至安全管理中心。

【要求解读】

边界设备可能包括网闸、防火墙、交换机、路由器和其他边界防护设备等。通过在设备的启动和运行过程中对预装软件(包括系统引导程序、系统程序、相关应用程序和重要配置参数)的完整性进行验证或检测,可以确保对系统引导程序、系统程序、重要配置参数和关键应用程序的篡改行为能被发现并报警,便于进行后续的处置。

【测评方法】

(1)核查是否基于可信根对设备的系统引导程序、系统程序、重要配置参数和关键应用程序等进行了可信验证。

(2)核查是否在应用程序的关键执行环节进行了动态可信验证。

(3)测试验证在检测到设备的可信性受到破坏后是否能进行报警。

(4)核查测试验证结果是否以审计记录的形式被送至安全管理中心。

【预期结果或主要证据】

(1)边界设备(网闸、防火墙、交换机、路由器和其他边界防护设备)具有可信根芯片或硬件。

（2）启动过程基于可信根对系统引导程序、系统程序、重要配置参数和关键应用程序等进行可信验证度量。

（3）在检测到设备的可信性受到破坏后进行报警，并将验证结果形成审计记录送至安全管理中心。

（4）安全管理中心可以接收设备的验证结果记录。

第 4 章　安全计算环境

边界内部称为安全计算环境，通常通过局域网将各种设备节点连接起来，构成复杂的计算环境。构成节点的设备包括网络设备、安全设备、服务器设备、终端设备、应用系统和其他设备等，涉及的对象包括各类操作系统、数据库系统、中间件系统及其他各类系统软件、应用软件和数据对象等。对这些节点和系统的安全防护构成了"一个中心，三重防御"纵深防御体系的最后一道防线。

安全计算环境针对边界内部提出了安全控制要求，主要对象为边界内部的所有对象，包括网络设备、安全设备、服务器设备、终端设备、应用系统、数据对象和其他设备等，涉及的安全控制点包括身份鉴别、访问控制、安全审计、入侵防范、恶意代码防范、可信验证、数据完整性、数据保密性、数据备份与恢复、剩余信息保护和个人信息保护。

本章将以三级等级保护对象为例，介绍安全计算环境各个控制要求项的测评内容、测评方法、证据、案例等。

4.1　网络设备

4.1.1　路由器

路由器是沟通外部网络和内部网络的桥梁，是整个系统对外安全防护的前沿岗哨。根据《信息安全技术　网络安全等级保护测评要求》（以下简称为《测评要求》），身份鉴别、访问控制、安全审计、入侵防范、可信验证的相关要求应当具体落实到路由器的检查项中。本节将从身份鉴别、访问控制、安全审计、入侵防范、可信验证五个方面描述检查过程中对路由器的关注点。

1. 身份鉴别

为确保路由器的安全，必须对路由器的每个运维用户或与之相连的路由器进行有效的标识与鉴别。只有通过鉴别的用户，才能被赋予相应的权限，进入路由器，并在规定的权限范围内进行操作。

1）L3-CES1-01

【安全要求】

应对登录的用户进行身份标识和鉴别，身份标识具有唯一性，身份鉴别信息具有复杂度要求并定期更换。

【要求解读】

一般来说，用户登录路由器的方式包括利用控制台端口通过串口进行本地连接登录、利用辅助端口（AUX）通过调制解调器进行远程拨号连接登录、利用虚拟终端（VTY）通过 TCP/IP 网络进行远程 Telnet 登录等。无论采用哪种登录方式，都需要对用户身份进行鉴别。口令是路由器用来防止非授权访问的常用手段，是路由器自身安全的一部分，因此需要加强对路由器口令的管理，包括口令的设置和存储（最好的口令存储方法是保存在 TACACS+ 或 RADIUS 认证服务器上）。管理员应当依据需要，为路由器的相应端口添加身份鉴别所需的最基本的安全控制机制。

在一台路由器中，不允许配置用户名相同的用户。同时，要防止多人共用一个账户。应实行分账户管理，为每名管理员设置单独的账户，避免出现问题后无法及时追查的情况发生。

为避免身份鉴别信息被冒用，可以通过令牌、认证服务器等加强对身份鉴别信息的保护。如果仅基于口令进行身份鉴别，则应保证口令复杂度，满足定期更改口令的要求。

可以使用"service password-encryption"命令对存储在配置文件中的所有口令和类似数据进行加密，以避免攻击者通过读取配置文件获取口令的明文。

【测评方法】

（1）核查是否在用户登录时采用了身份鉴别措施。

（2）核查用户列表，测试用户身份标识是否具有唯一性。

（3）查看用户配置信息或访谈系统管理员，核查是否存在空口令用户（应为不存在）。

（4）核查用户鉴别信息是否满足复杂度要求并定期更换。

【预期结果或主要证据】

（1）情况如下。

- 路由器使用口令鉴别机制对登录用户进行身份标识和鉴别。

- 在用户登录时提示输入用户名和口令。以错误口令或空口令登录时提示登录失败，证明了登录控制功能的有效性。

- 路由器中不存在密码为空的用户。

（2）身份认证，示例如下。

- Cisco 路由器：输入 "show run" 命令，存在如下类似用户列表配置。

```
username admin privilege 15 password 0 xxxxxxxx
username audit privilege 10 password 0 xxxxxxxx
```

也可以启用 AAA 服务器进行身份认证。

```
aaa new-model
aaa authentication login default group tacacs+ local enable
aaa authentication enable default group tacacs+ enable
```

- 华为/H3C 路由器：输入 "display current-configuration" 命令，存在如下类似用户列表配置。

```
local-user netadmin password irreversible-cipher xxxxxx
```

也可以启用 AAA 服务器进行身份认证。

```
hwtacacs scheme xxxxx
primary authentication xxxxx
primary authorization xxxxx
primary accounting xxxxx
key authentication cipher xxxxxx
key authorization cipher xxxxxx
key accounting cipher xxxxxx
```

（3）用户口令情况，示例如下。

- Cisco 路由器：输入 "show run" 命令，存在如下类似配置。

```
username admin privilege 15 password 0 xxxxxxxx
username audit privilege 10 password 0 xxxxxxxx
```

- 华为/H3C 路由器：输入 "display current-configuration" 命令，存在如下类似配置。

```
local-user netadmin password irreversible-cipher xxxxxx
```

（4）口令由数字、字母、特殊字符组成。口令长度大于 8 位。口令更换周期一般为 3 个月。

- H3C 路由器：输入 "display password-control" 命令，存在如下类似配置。

```
password-control aging              90
password-control length             8
password-control history            10
password-control composition type-number 3 type-length 4
```

2）L3-CES1-02

【安全要求】

应具有登录失败处理功能，应配置并启用结束会话、限制非法登录次数和当登录连接超时自动退出等相关措施。

【要求解读】

对路由器，可以通过配置结束会话、限制管理员的最大登录失败次数、设置网络连接超时自动退出等多种措施实现登录失败处理功能。例如，可以利用 exec-timeout 命令配置虚拟终端的超时参数，防止空闲任务占用虚拟终端，从而避免恶意攻击或远端系统意外崩溃导致的资源独占。再如，设置管理员最大登录失败次数，一旦该管理员的登录失败次数超过设定的数值，系统将对其进行登录锁定，从而防止非法用户通过暴力破解的方式登录路由器。

【测评方法】

（1）核查是否配置并启用了登录失败处理功能。如果网络中部署了堡垒机，则先核查堡垒机是否具有登录失败处理功能。如果网络中没有部署堡垒机，则核查设备是否默认启用了登录失败处理功能，例如登录失败 3 次即退出登录界面。

（2）核查是否配置并启用了非法登录达到一定次数后锁定账户的功能。

（3）核查是否配置并启用了远程登录连接超时自动退出的功能。

以华为路由器为例，设置超时时间为 5 分钟。输入"display current-configuration"命令，在虚拟终端中查看是否存在如下类似配置。

```
line vty 0 4
access-list 101 in
transport input ssh
idle-timeout 5
```

【预期结果或主要证据】

（1）网络设备默认启用登录失败处理功能。

（2）堡垒机限制非法登录（达到一定次数后进行账户锁定），或者有如下情况。

● H3C 路由器：输入"display password-control"命令，存在如下类似配置。

```
password-control login-attempt 3 exceed locktime 360
```

● Cisco 路由器、华为路由器连续登录 5 次即锁定 10 分钟。

（3）堡垒机启用了远程登录连接超时自动退出的功能，或者有如下情况。

● Cisco 路由器：输入"show run"命令，存在如下类似配置。

```
exec-timeout 20
```

● 华为/H3C 路由器：输入"diplay current-configuration"命令，存在如下类似配置。

```
idle-timeout 20
```

3）L3-CES1-03

【安全要求】

当进行远程管理时，应采取必要措施防止鉴别信息在网络传输过程中被窃听。

【要求解读】

在对网络设备进行远程管理时，为避免口令在传输过程中被窃取，不应使用明文传送的 Telnet 服务，而应采用 SSH、HTTPS 加密协议等进行交互式管理。

【测评方法】

核查是否采用了加密等安全方式对系统进行远程管理，以防止鉴别信息在网络传输过程中被窃听。如果网络中部署了堡垒机，则先核查堡垒机在进行远程连接时采用何种措施防止鉴别信息在网络传输过程中被窃听（例如 SSH 等方式）。

【预期结果或主要证据】

● Cisco 路由器：输入"show run"命令，存在如下类似配置。

```
Router1#configure terminal
Router1(config)#hostname Router1
Router1(config)#ip domain-name neoshi.net
Router1(config)#crypto key generate rsa
...
How many bits in the modulus [512]: 1024
...
Router1(config)#ip ssh time-out 120
Router1(config)#ip ssh authentication-retries 4
Router1(config)#line vty 0 4
Router1(config)#transport input ssh
```

● 华为/H3C 路由器：输入"display current-configuration"命令，存在如下类似配置。

```
local-user test password cipher 456%^&FT
service-type ssh level 3
ssh user test authentication-type password
User-interface vty 0 4
Protocol inbound ssh
```

4）L3-CES1-04

【安全要求】

应采用口令、密码技术、生物技术等两种或两种以上组合的鉴别技术对用户进行身份鉴别，且其中一种鉴别技术至少应使用密码技术来实现。

【要求解读】

采用组合的鉴别技术对用户进行身份鉴别是防止身份欺骗的有效方法。在这里，两种或两种以上组合的鉴别技术是指同时使用不同种类的（至少两种）鉴别技术对用户进行身份鉴别，且其中至少一种鉴别技术应使用密码技术来实现。

【测评方法】

询问系统管理员，了解系统是否采用由口令、数字证书、生物技术等中的两种或两种以上组合的鉴别技术对用户身份进行鉴别，并核查其中一种鉴别技术是否使用密码技术来实现。

【预期结果或主要证据】

至少采用了两种鉴别技术，其中之一为口令或生物技术，另外一种为基于密码技术的鉴别技术（例如使用基于国密算法的数字证书或数字令牌）。

2. 访问控制

在路由器中实施访问控制的目的是保证系统资源受控、合法地被使用。用户只能根据自己的权限来访问系统资源，不得越权访问。

1）L3-CES1-05

【安全要求】

应对登录的用户分配账户和权限。

【要求解读】

为了确保路由器的安全，需要为登录的用户分配账户并合理配置账户权限。例如，相关管理人员具有与其职位相对应的账户和权限。

【测评方法】

（1）访谈网络管理员、安全管理员、系统管理员或核查用户账户和权限设置情况。

（2）核查是否已禁用或限制匿名、默认账户的访问权限。

【预期结果或主要证据】

（1）相关管理人员具有与其职位相对应的账户和权限。

（2）网络设备已禁用或限制匿名、默认账户的访问权限。

2）L3-CES1-06

【安全要求】

应重命名或删除默认账户，修改默认账户的默认口令。

【要求解读】

路由器默认账户的某些权限与实际要求可能存在差异，从而造成安全隐患，因此，这些默认账户应被禁用，且应不存在默认账户（例如 admin、huawei）及默认口令。

【测评方法】

（1）核查默认账户是否已经重命名或默认账户是否已被删除。

（2）核查默认账户的默认口令是否已经修改。登录路由器，使用路由器的默认账户和默认口令进行登录测试，核查能否登录（应为不能登录）。

- Cisco 路由器：账户为 cisco、Cisco，口令为 cisco。
- 华为路由器：账户为 admin、huawei，口令为 admin、admin@huawei.com。

【预期结果或主要证据】

（1）使用默认账户和默认口令无法登录路由器。

（2）Cisco 路由器中不存在默认账户 cisco、Cisco。华为/H3C 路由器中不存在默认账户 admin、huawei。

3）L3-CES1-07

【安全要求】

应及时删除或停用多余的、过期的账户，避免共享账户的存在。

【要求解读】

路由器中如果存在多余的、过期的账户，就可能被攻击者利用进行非法操作，因此，应及时清理路由器中的账户，删除或停用多余的、过期的账户，避免共享账户的存在。

【测评方法】

（1）核查是否存在多余的或过期的账户（应为不存在），以及管理员用户与账户之间是否一一对应。

（2）核查并测试多余的、过期的账户是否已被删除或停用。

- Cisco 路由器：输入"show run"命令，查看每条类似如下命令所配置的用户名是否确实、必要。

```
username xxxxxxx privilege xx password x xxxxxxxx
```

- 华为/H3C 路由器：输入"display current-configuration"命令，查看每条类似如下命令所配置的用户名是否确实、必要。

```
local-user xxxxx privilege level x
```

【预期结果或主要证据】

（1）配置的用户名都是确实和必要的。

- Cisco 路由器：输入"show run"命令，每条类似如下命令所配置的用户名都是确实和必要的。

```
username xxxxxxx privilege xx password x xxxxxxxx
```

- 华为/H3C 路由器：输入"display current-configuration"命令，每条类似如下命令所配置的用户名都是确实和必要的。

```
local-user xxxxx privilege level x
```

或者

```
local-user xxxxx
password cipher xxxxxxx
service-type t xxxxx
level x
```

（2）网络管理员、安全管理员和系统管理员等不同的用户使用不同的账户登录系统。

4）L3-CES1-08

【安全要求】

应授予管理用户所需的最小权限，实现管理用户的权限分离。

【要求解读】

根据管理用户的角色对权限进行细致的划分，有利于各岗位精准协调工作。同时，仅授予管理用户所需的最小权限，可以避免因出现权限漏洞而使一些高级用户拥有过高的权限。例如，应进行角色划分，分为网络管理员、安全管理员、系统管理员三个角色，并设置对应的权限。

【测评方法】

（1）访谈管理员，核查是否进行了角色划分，例如划分为网络管理员、安全管理员、系统管理员等角色。

（2）核查管理用户的权限是否已经分离。

（3）核查管理用户的权限是否为其工作任务所需的最小权限。

【预期结果或主要证据】

（1）进行了角色划分，分为网络管理员、安全管理员、系统管理员三个角色，并设置了对应的权限。

（2）访问控制策略，示例如下。

● Cisco 路由器：输入"show run"命令，存在如下类似配置。

```
username admin privilege 15 password 0 xxxxxxxx
username audit privilege 10 password 0 xxxxxxxx
username operator privilege 7 password 0 xxxxxxxx
```

● 华为/H3C 路由器：输入"display current-configuration"命令，存在如下类似配置。

```
local-user user1
service-type telnet
user privilede level 2
#
local-user user2
service-type ftp
user privilede level 3
```

（3）网络管理员、安全管理员、系统管理员所对应的账户权限为其工作任务所需的最小权限。

5）L3-CES1-09

【安全要求】

应由授权主体配置访问控制策略，访问控制策略规定主体对客体的访问规则。

【要求解读】

路由器的访问控制策略由授权主体进行配置，规定了主体可以对客体进行的操作。访问控制粒度要求主体为用户级或进程级，客体为文件、数据库表级。

【测评方法】

此项不适用。此项主要针对主机和数据库的测评，网络设备的主要用户为运维管理人员，无其他用户。

【预期结果或主要证据】

此项不适用。此项主要针对主机和数据库的测评，网络设备的主要用户为运维管理人员，无其他用户。

6）L3-CES1-10

【安全要求】

访问控制的粒度应达到主体为用户级或进程级，客体为文件、数据库表级。

【要求解读】

防火墙的访问控制策略由授权主体进行配置，规定了主体可以对客体进行的操作。访问控制粒度要求主体为用户级或进程级，客体为文件、数据库表级。

【测评方法】

此项不适用。此项主要针对主机和数据库的测评，网络设备的主要用户为运维管理人员，无其他用户。

【预期结果或主要证据】

此项不适用。此项主要针对主机和数据库的测评，网络设备的主要用户为运维管理人员，无其他用户。

7）L3-CES1-11

【安全要求】

应对重要主体和客体设置安全标记，并控制主体对有安全标记信息资源的访问。

【要求解读】

敏感标记是强制访问控制的依据，主体和客体都有，存在形式多样，既可能是整型数字，也可能是字母，总之，它表示主体和客体的安全级别。敏感标记由安全管理员设置。安全管理员通过为重要信息资源设置敏感标记来决定主体以何种权限对客体进行操作，实现强制访问控制。

【测评方法】

此项不适用。

【预期结果或主要证据】

此项不适用。

3. 安全审计

安全审计是指对等级保护对象中与安全活动相关的信息进行识别、记录、存储和分析的整个过程。安全审计功能可以确保用户对其行为负责，证实安全政策得以实施，并可以作为调查工具使用。通过检查审计记录结果，可以判断等级保护对象中进行了哪些与安全相关的活动及哪个用户要对这些活动负责。另外，安全审计可以协助安全管理员及时发现网络系统中的入侵行为及潜在的系统漏洞及隐患。安全审计主要关注是否对重要事件进行了审计、审计的内容、审计记录的保护及审计进程保护。

1）L3-CES1-12

【安全要求】

应启用安全审计功能，审计覆盖到每个用户，对重要的用户行为和重要安全事件进行审计。

【要求解读】

为了对网络设备的运行状况、网络流量、管理记录等进行检测和记录，需要启用系统日志功能。系统日志中的每条信息都被分配了一个严重级别，并伴随一些指示性问题或事件描述信息。

路由器的系统日志信息通常被输出至各种管理端口、内部缓存或日志服务器。在默认情况下，控制台端口的日志功能处于启用状态。

【测评方法】

（1）核查是否开启了安全审计功能，以及网络设备是否设置了日志服务器的 IP 地址，并使用 syslog 或 SNMP 方式将日志发送到日志服务器。

（2）核查安全审计范围是否覆盖每个用户。

（3）核查是否已对重要的用户行为和重要安全事件进行审计。

【预期结果或主要证据】

● Cisco 路由器：网络设备设置了日志服务器，并使用 syslog 或 SNMP 方式将日志发送到日志服务器。输入"show run"命令，存在如下类似配置。

```
logging on
logging trap debugging
logging facility local 6
logging x.x.x.x
Service timestamps log datetime
```

● 华为/H3C 路由器：网络设备设置了日志服务器，并使用 syslog 或 SNMP 方式将日志发送到日志服务器。输入"display current-configuration"命令，存在如下类似配置。

```
Info-center enable
Info-center loghost source vlan-interface 3
Info-center loghost 192.10.12.1 facility local 1
Info-center source default channel 2 log level warnings
Snmp-agent
snmp-agent trap enable standard authentication
snmp-agent target-host trap address udp-domain 10.1.1.1 params
securityname public
```

2）L3-CES1-13

【安全要求】

审计记录应包括事件的日期和时间、用户、事件类型、事件是否成功及其他与审计相关的信息。

【要求解读】

路由器的日志审计内容包括日期和时间、用户、事件类型、事件是否成功等信息。

一般来说，对主流的路由器和交换机，可以实现对系统错误、网络和接口变化、登录失败、ACL 匹配等的审计，审计内容包括时间、类型、用户等相关信息。因此，只要启用这些路由器和交换机的审计功能，就能符合此项要求。但对防火墙等安全设备来说，由于其访问控制策略命中日志功能需要手动启用，所以应重点核查其访问控制策略命中日志功能是否已启用。

【测评方法】

核查审计记录是否包含事件的日期和时间、用户、事件类型、事件是否成功及其他与审计相关的信息。

【预期结果或主要证据】

日志信息包含事件的日期和时间、用户、事件类型、事件是否成功及其他与审计相关的信息。

3）L3-CES1-14

【安全要求】

应对审计记录进行保护，定期备份，避免受到未预期的删除、修改或覆盖等。

【要求解读】

审计记录能够帮助管理人员及时发现系统运行问题和网络攻击行为，因此，需要对审计记录实施技术和管理上的保护，防止未授权的修改、删除和破坏。

【测评方法】

（1）访谈系统管理员，了解审计记录的存储、备份和保护措施。

（2）核查是否定时将路由器日志发送到日志服务器等，以及是否使用 syslog 或 SNMP 方式将路由器日志发送到日志服务器。如果部署了日志服务器，则登录日志服务器，核查被测路由器的日志是否在收集范围内。

【预期结果或主要证据】

网络设备的日志信息被定期转发至日志服务器。在日志服务器上可以查看半年前的审计记录。

4）L3-CES1-15

【安全要求】

应对审计进程进行保护，防止未经授权的中断。

【要求解读】

保护审计进程，确保当安全事件发生时能够及时记录事件的详细信息。非审计员账户不能中断审计进程。

【测评方法】

通过非审计员账户中断审计进程，以验证审计进程是否受到了保护（应为无法中断审计进程）。

【预期结果或主要证据】

非审计员账户不能中断审计进程。

4. 入侵防范

网络访问控制在网络安全中起大门警卫的作用，负责对进出网络的数据进行规则匹配，是网络安全的第一道闸门。然而，网络访问控制有一定的局限性，它只能对进出网络的数据进行分析，对网络内部发生的事件则无能为力。如果设备自身存在多余的组件和应用程序、默认共享、高危端口、安全漏洞等，就会为病毒、黑客入侵提供机会，因此，还需要加强设备自身的安全防护。

1）L3-CES1-17

【安全要求】

应遵循最小安装的原则，仅安装需要的组件和应用程序。

【要求解读】

遵循最小安装的原则，仅安装需要的组件和应用程序，能够大大降低路由器遭受攻击的可能性。及时更新系统补丁，以避免系统漏洞给路由器带来的风险。

【测评方法】

此项不适用。此项一般在服务器上实现。

【预期结果或主要证据】

此项不适用。此项一般在服务器上实现。

2）L3-CES1-18

【安全要求】

应关闭不需要的系统服务、默认共享和高危端口。

【要求解读】

关闭不需要的系统服务、默认共享和高危端口，可以有效降低系统遭受攻击的可能性。

【测评方法】

（1）访谈系统管理员，了解是否定期对系统服务进行梳理并关闭了非必要的系统服务和默认共享。

（2）核查是否开启了非必要的高危端口（应为未开启）。

【预期结果或主要证据】

- Cisco 路由器：输入 "sh running" 命令，可看到已经根据实际网络环境关闭了不需要的服务。

```
no service tcp-small-servers
no service udp-small-servers
no cdp run
no cdp enable
no ip finger
no service finger
no ip bootp server
no ip source-route
no ip proxy-arp
no ip directed-broadcast
no ip domain-lookup
```

- 华为/H3C 路由器：输入 "display current-configuration" 命令，可看到已经根据实际网络环境关闭了不需要的服务。

```
ip http shutdown
```

3）L3-CES1-19

【安全要求】

应通过设定终端接入方式或网络地址范围对通过网络进行管理的管理终端进行限制。

【要求解读】

为了保证安全，需要对通过虚拟终端访问网络设备的登录地址进行限制来避免未授权的访问（可以利用 "ip access-class" 命令限制访问虚拟终端的 IP 地址范围）。由于虚拟终端的数量有限，当虚拟终端用完就不能再建立远程网络连接了，这时，设备有可能被利用进行拒绝服务攻击。

【测评方法】

核查配置文件是否对终端接入范围进行了限制。如果网络中部署了堡垒机，则应先核查堡垒机是否限制了管理终端的地址范围，同时核查网络设备上是否仅配置了堡垒机的远程管理地址；否则，应登录设备进行核查。

【预期结果或主要证据】

堡垒机限制了终端的接入范围。

- Cisco 路由器：输入 "show run" 命令，存在如下类似配置。

```
access-list 3 permit 192.168.1.10
access-list 3 deny any log
line vty 0 4
access-class3 in
```

或者

```
ip http auth local
no access-list 10
access-list 10 permit 192.168.0.1
access-list 10 deny any
ip http access-class 10
ip http server
```

- 华为/H3C 路由器：输入 "display current-configuration" 命令，存在如下类似配置。

```
acl number 2001
rule 10 permit source 10.1.100.0 0.0.0.255
user-interface vty 0 4
acl 2001 inbound
authentication-mode scheme
user privilege level 1
```

4）L3-CES1-20

【安全要求】

应提供数据有效性检验功能，保证通过人机接口输入或通过通信接口输入的内容符合系统设定要求。

【要求解读】

应用系统应对数据的有效性进行验证,主要验证那些通过人机接口(例如程序界面)或通信接口输入的数据的格式或长度是否符合系统设定,以防止个别用户输入畸形的数据导致系统出错(例如 SQL 注入攻击等),进而影响系统的正常使用甚至危害系统的安全。

【测评方法】

此项不适用。此项一般在应用层面进行核查。

【预期结果或主要证据】

此项不适用。此项一般在应用层面进行核查。

5)L3-CES1-21

【安全要求】

应能发现可能存在的已知漏洞,并在经过充分测试评估后,及时修补漏洞。

【要求解读】

应核查漏洞扫描修补报告。管理员应定期进行漏洞扫描,如果发现漏洞,则应在经过充分的测试和评估后及时修补漏洞。

【测评方法】

(1)进行漏洞扫描,核查是否存在高风险漏洞(应为不存在)。

(2)访谈系统管理员,核查是否在经过充分的测试和评估后及时修补了漏洞。

【预期结果或主要证据】

管理员定期进行漏洞扫描。如果发现漏洞,则已在经过充分的测试和评估后及时修补漏洞。

6)L3-CES1-22

【安全要求】

应能够检测到对重要节点进行入侵的行为,并在发生严重入侵事件时提供报警。

【要求解读】

要想维护系统安全,必须进行主动监视。通常可以在网络边界、核心等重要节点处部署 IDS、IPS 等系统，或者在防火墙、UTM 处启用入侵检测功能，以检查是否发生了入侵和攻击。

【测评方法】

此项不适用。此项一般在入侵防护系统中实现。

【预期结果或主要证据】

此项不适用。此项一般在入侵防护系统中实现。

5. 可信验证

L3-CES1-24

【安全要求】

可基于可信根对计算设备的系统引导程序、系统程序、重要配置参数和应用程序等进行可信验证，并在应用程序的关键执行环节进行动态可信验证，在检测到其可信性受到破坏后进行报警，并将验证结果形成审计记录送至安全管理中心。

【要求解读】

应将设备作为通信设备或边界设备对待。

【测评方法】

参见 2.3 节和 3.6 节。

【预期结果或主要证据】

参见 2.3 节和 3.6 节。

4.1.2　交换机

交换机是组成网络架构的主要设备。交换机安全防护的优劣将直接影响整个网络的安全。应将《测评要求》中有关身份鉴别、访问控制、安全审计、入侵防范、可信验证的要求具体落实到交换机的检查项中。本节将从身份鉴别、访问控制、安全审计、入侵防范、可信验证五个方面描述检查过程中对交换机的关注点。

1. 身份鉴别

为确保交换机的安全，必须对交换机的每个运维用户或与之相连的交换机进行有效的标识与鉴别。只有通过鉴别的用户，才能被赋予相应的权限，进入交换机，并在规定的权限范围内进行操作。

1）L3-CES1-01

【安全要求】

应对登录的用户进行身份标识和鉴别，身份标识具有唯一性，身份鉴别信息具有复杂度要求并定期更换。

【要求解读】

一般来说，用户登录交换机的方式包括利用控制台端口通过串口进行本地连接登录、利用辅助端口通过调制解调器进行远程拨号连接登录、利用虚拟终端通过 TCP/IP 网络进行远程 Telnet 登录等。无论采用哪种登录方式，都需要对用户身份进行鉴别。口令是交换机用来防止非授权访问的常用手段，是交换机自身安全的一部分，因此，需要加强对交换机口令的管理，包括口令的设置和存储（最好的口令存储方法是将其保存在 TACACS+ 或 RADIUS 认证服务器上）。管理员应根据需要为交换机的相应端口添加身份鉴别机制，实现最基本的安全控制。

在一台交换机上，不允许配置用户名相同的用户。同时，要防止多人共用一个账户。应实行分账户管理，为每名管理员设置单独的账户，以避免在出现问题后无法及时追查的情况发生。

为了避免身份鉴别信息被冒用，可以通过令牌、认证服务器等加强对身份鉴别信息的保护。如果仅采用基于口令的身份鉴别机制，则应保证口令复杂度、满足定期更改口令的要求。

可以使用 "service password-encryption" 命令对存储在配置文件中的所有口令和类似数据进行加密，以避免攻击者通过读取配置文件获取口令的明文。

【测评方法】

（1）核查是否在用户登录时采用了身份鉴别措施。

（2）核查用户列表，测试用户身份标识是否具有唯一性。

以华为交换机为例，输入 "display current-configuration" 命令，查看是否存在如下类似用户列表配置。

```
local-user netadmin password irreversible-cipher xxxxxx
```

（3）查看用户配置信息或访谈系统管理员，核查是否存在空口令用户（应为不存在）。

（4）核查用户鉴别信息是否满足复杂度要求并定期更换。

【预期结果或主要证据】

（1）情况如下。

● 交换机使用口令鉴别机制对登录用户进行身份标识和鉴别。

● 在用户登录时提示输入用户名和口令。以错误口令或空口令登录时提示登录失败，证明了登录控制功能的有效性。

● 交换机中不存在密码为空的用户。

（2）身份认证，示例如下。

● Cisco 交换机：输入 "show run" 命令，存在如下类似用户列表配置。

```
username admin privilege 15 password 0 xxxxxxxx
username audit privilege 10 password 0 xxxxxxxx
```

或者启用 AAA 服务器进行身份认证。

```
aaa new-model
aaa authentication login default group tacacs+ local enable
aaa authentication enable default group tacacs+ enable
```

● 华为/H3C 交换机：输入 "display current-configuration" 命令，存在如下类似用户列表配置。

```
local-user netadmin password irreversible-cipher xxxxxx
```

或者启用 AAA 服务器进行身份认证。

```
hwtacacs scheme xxxxx
primary authentication xxxxx
primary authorization xxxxx
primary accounting xxxxx
key authentication cipher xxxxxx
key authorization cipher xxxxxx
key accounting cipher xxxxxx
```

（3）用户口令情况，示例如下。

● Cisco 交换机：输入 "show run" 命令，存在如下类似配置。

```
username admin privilege 15 password 0 xxxxxxxx
username audit privilege 10 password 0 xxxxxxxx
```

- 华为/H3C 交换机：输入 "display current-configuration" 命令，存在如下类似配置。

```
local-user netadmin password irreversible-cipher xxxxxx
```

（4）口令由数字、字母、特殊字符组成。口令长度大于 8 位。口令更换周期一般为 3 个月。

- H3C 交换机：输入 "display password-control" 命令，查看是否存在如下类似配置。

```
password-control aging              90
password-control length              8
password-control history            10
password-control composition type-number 3 type-length 4
```

2）L3-CES1-02

【安全要求】

应具有登录失败处理功能，应配置并启用结束会话、限制非法登录次数和当登录连接超时自动退出等相关措施。

【要求解读】

对交换机，可以通过配置结束会话、限制管理员的最大登录失败次数、设置网络连接超时自动退出等多种措施实现登录失败处理功能。例如，可以利用 exec-timeout 命令配置虚拟终端的超时参数，防止空闲任务占用虚拟终端，从而避免恶意攻击或远端系统意外崩溃导致的资源独占。再如，设置管理员最大登录失败次数，一旦该管理员的登录失败次数超过设定的数值，系统将对其进行登录锁定，从而防止非法用户通过暴力破解的方式登录交换机。

【测评方法】

（1）核查是否配置并启用了登录失败处理功能。如果网络中部署了堡垒机，则先核查堡垒机是否具有登录失败处理功能。如果网络中没有部署堡垒机，则核查设备是否默认启用了登录失败处理功能，例如登录失败 3 次即退出登录界面。

（2）核查是否配置并启用了非法登录达到一定次数后锁定账户的功能。

（3）核查是否配置并启用了远程登录连接超时自动退出的功能。

【预期结果或主要证据】

（1）网络设备默认启用登录失败处理功能。

（2）堡垒机限制非法登录（达到一定次数后进行账户锁定），或者有如下情况。

- H3C 交换机：输入"display password-control"命令，存在如下类似配置。

```
password-control login-attempt 3 exceed locktime 360
```

- Cisco 交换机、华为交换机连续登录 5 次即锁定 10 分钟。

（3）堡垒机启用了远程登录连接超时自动退出的功能，或者有如下情况。

- Cisco 交换机：输入"show run"命令，存在如下类似配置。

```
exec-timeout 20
```

- 华为/H3C 交换机：输入"display current-configuration"命令，存在如下类似配置。

```
idle-timeout 20
```

3）L3-CES1-03

【安全要求】

当进行远程管理时，应采取必要措施防止鉴别信息在网络传输过程中被窃听。

【要求解读】

在对网络设备进行远程管理时，为避免口令在传输过程中被窃取，不应使用明文传送的 Telnet 服务，而应采用 SSH、HTTPS 加密协议等进行交互式管理。

【测评方法】

核查是否采用了加密等安全方式对系统进行远程管理，以防止鉴别信息在网络传输过程中被窃听。如果网络中部署了堡垒机，则先核查堡垒机在进行远程连接时采用何种措施防止鉴别信息在网络传输过程中被窃听（例如 SSH 等方式）。

【预期结果或主要证据】

- Cisco 交换机：输入"show run"命令，存在如下类似配置。

```
Router1#configure terminal
Router1(config)#hostname Router1
Router1(config)#ip domain-name neoshi.net
Router1(config)#crypto key generate rsa
...
How many bits in the modulus [512]: 1024
...
Router1(config)#ip ssh time-out 120
Router1(config)#ip ssh authentication-retries 4
Router1(config)#line vty 0 4
Router1(config)#transport input ssh
```

● 华为/H3C 交换机：输入 "display current-configuration" 命令，存在如下类似配置。

```
local-user test password cipher 456%^&FT
service-type ssh level 3
ssh user test authentication-type password
User-interface vty 0 4
Protocol inbound ssh
```

4）L3-CES1-04

【安全要求】

应采用口令、密码技术、生物技术等两种或两种以上组合的鉴别技术对用户进行身份鉴别，且其中一种鉴别技术至少应使用密码技术来实现。

【要求解读】

采用组合的鉴别技术对用户进行身份鉴别是防止身份欺骗的有效方法。在这里，两种或两种以上组合的鉴别技术是指同时使用不同种类的（至少两种）鉴别技术对用户进行身份鉴别，且其中至少一种鉴别技术应使用密码技术来实现。

【测评方法】

询问系统管理员，了解系统是否采用由口令、数字证书、生物技术等中的两种或两种以上组合的鉴别技术对用户身份进行鉴别，并核查其中一种鉴别技术是否使用密码技术来实现。

【预期结果或主要证据】

至少采用了两种鉴别技术，其中之一为口令或生物技术，另外一种为基于密码技术的鉴别技术（例如使用基于国密算法的数字证书或数字令牌）。

2．访问控制

在交换机中实施访问控制的目的是保证系统资源受控、合法地被使用。用户只能根据自己的权限来访问系统资源，不得越权访问。

1）L3-CES1-05

【安全要求】

应对登录的用户分配账户和权限。

【要求解读】

为了确保交换机的安全，需要为登录的用户分配账户并合理配置账户权限。例如，相关管理人员具有与其职位相对应的账户和权限。

【测评方法】

（1）访谈网络管理员、安全管理员、系统管理员或核查用户账户和权限设置情况。

（2）核查是否已禁用或限制匿名、默认账户的访问权限。

【预期结果或主要证据】

（1）相关管理人员具有与其职位相对应的账户和权限。

（2）网络设备已禁用或限制匿名、默认账户的访问权限。

2）L3-CES1-06

【安全要求】

应重命名或删除默认账户，修改默认账户的默认口令。

【要求解读】

交换机默认账户的某些权限与实际要求可能存在差异，从而造成安全隐患，因此，这些默认账户应被禁用，且应不存在默认账户（例如 admin、huawei）及默认口令。

【测评方法】

（1）核查默认账户是否已经重命名或默认账户是否已被删除。

（2）核查默认账户的默认口令是否已经修改。登录交换机，使用交换机的默认账户和默认口令进行登录测试，核查是否能登录（应为不能登录）。

- Cisco 交换机：账户为 cisco、Cisco，口令为 cisco。
- 华为交换机：账户为 admin、huawei，口令为 admin、admin@huawei.com。

【预期结果或主要证据】

（1）使用默认账户和默认口令无法登录交换机。

（2）Cisco 交换机中不存在默认账户 cisco、Cisco。华为/H3C 交换机中不存在默认账户 admin、huawei。

3）L3-CES1-07

【安全要求】

应及时删除或停用多余的、过期的账户，避免共享账户的存在。

【要求解读】

交换机中如果存在多余的、过期的账户，就可能被攻击者利用进行非法操作，因此，应及时清理交换机中的账户，删除或停用多余的、过期的账户，避免共享账户的存在。

【测评方法】

（1）核查是否存在多余的或过期的账户（应为不存在），以及管理员用户与账户之间是否一一对应。

（2）核查并测试多余的、过期的账户是否已被删除或停用。

● Cisco 交换机：输入"show run"命令，查看每条类似如下命令所配置的用户名是否确实、必要。

```
username xxxxxxx privilege xx password x xxxxxxxx
```

● 华为/H3C 交换机：输入"display current-configuration"命令，查看每条类似如下命令所配置的用户名是否确实、必要。

```
local-user xxxxx privilege level x
```

【预期结果或主要证据】

（1）配置的用户名都是确实和必要的。

● Cisco 交换机：输入"show run"命令，每条如下类似命令所配置的用户名都是确实和必要的。

```
username xxxxxxx privilege xx password x xxxxxxxx
```

● 华为/H3C 交换机：输入"display current-configuration"命令，每条类似如下命令所配置的用户名都是确实和必要的。

```
local-user xxxxx privilege level x
```

或者

```
local-user xxxxx
password cipher xxxxxxx
service-type t xxxxx
```

```
level x
```

（2）网络管理员、安全管理员和系统管理员等不同的用户使用不同的账户登录系统。

4）L3-CES1-08

【安全要求】

应授予管理用户所需的最小权限，实现管理用户的权限分离。

【要求解读】

根据管理用户的角色对权限进行细致的划分，有利于各岗位精准协调工作。同时，仅授予管理用户所需的最小权限，可以避免因出现权限漏洞而使一些高级用户拥有过高的权限。例如，应进行角色划分，分为网络管理员、安全管理员、系统管理员三个角色，并设置对应的权限。

【测评方法】

（1）访谈管理员，核查是否进行了角色划分，例如划分为网络管理员、安全管理员、系统管理员等角色。

（2）核查访问控制策略，查看管理用户的权限是否已经分离。

（3）核查管理用户的权限是否为其工作任务所需的最小权限。

【预期结果或主要证据】

（1）进行了角色划分，分为网络管理员、安全管理员、系统管理员三个角色，并设置了对应的权限。

（2）访问控制策略，示例如下。

● Cisco 交换机：输入"show run"命令，存在如下类似配置。

```
username admin privilege 15 password 0 xxxxxxxx
username audit privilege 10 password 0 xxxxxxxx
username operator privilege 7 password 0 xxxxxxxx
```

● 华为/H3C 交换机：输入"display current-configuration"命令，存在如下类似配置。

```
local-user user1
service-type telnet
user privilede level 2
#
local-user user2
service-type ftp
user privilede level 3
```

（3）网络管理员、安全管理员、系统管理员所对应的账户权限为其工作任务所需的最小权限。

5）L3-CES1-09

【安全要求】

应由授权主体配置访问控制策略，访问控制策略规定主体对客体的访问规则。

【要求解读】

交换机的访问控制策略由授权主体进行配置，规定了主体可以对客体进行的操作。访问控制粒度要求主体为用户级或进程级，客体为文件、数据库表级。

【测评方法】

此项不适用。此项主要针对主机和数据库的测评，网络设备的主要用户为运维管理人员，无其他用户。

【预期结果或主要证据】

此项不适用。此项主要针对主机和数据库的测评，网络设备的主要用户为运维管理人员，无其他用户。

6）L3-CES1-10

【安全要求】

访问控制的粒度应达到主体为用户级或进程级，客体为文件、数据库表级。

【要求解读】

交换机的访问控制策略由授权主体进行配置，规定了主体可以对客体进行的操作。访问控制粒度要求主体为用户级或进程级，客体为文件、数据库表级。

【测评方法】

此项不适用。此项主要针对主机和数据库的测评，网络设备的主要用户为运维管理人员，无其他用户。

【预期结果或主要证据】

此项不适用。此项主要针对主机和数据库的测评，网络设备的主要用户为运维管理人员，无其他用户。

7）L3-CES1-11

【安全要求】

应对重要主体和客体设置安全标记，并控制主体对有安全标记信息资源的访问。

【要求解读】

敏感标记是强制访问控制的依据，主体和客体都有，存在形式多样，既可能是整型数字，也可能是字母，总之，它表示主体和客体的安全级别。敏感标记由安全管理员设置。安全管理员通过为重要信息资源设置敏感标记来决定主体以何种权限对客体进行操作，实现强制访问控制。

【测评方法】

此项不适用。

【预期结果或主要证据】

此项不适用。

3. 安全审计

（说明见 4.1.1 节"安全审计"部分。）

1）L3-CES1-12

【安全要求】

应启用安全审计功能，审计覆盖到每个用户，对重要的用户行为和重要安全事件进行审计。

【要求解读】

为了对网络设备的运行状况、网络流量、管理记录等进行检测和记录，需要启用系统日志功能。系统日志中的每条信息都被分配了一个严重级别，并伴随一些指示性问题或事件描述信息。

交换机的系统日志信息通常被输出至各种管理端口、内部缓存或日志服务器。在默认情况下，控制台端口的日志功能处于启用状态。

【测评方法】

（1）核查是否开启了安全审计功能，以及网络设备是否设置了日志服务器的 IP 地址，并使用 syslog 或 SNMP 方式将日志发送到日志服务器。

（2）核查安全审计范围是否覆盖每个用户。

（3）核查是否已对重要的用户行为和重要安全事件进行审计。

【预期结果或主要证据】

● Cisco 交换机：网络设备设置了日志服务器，并使用 syslog 或 SNMP 方式将日志发送到日志服务器。输入"show run"命令，存在如下类似配置。

```
logging on
logging trap debugging
logging facility local 6
logging x.x.x.x
Service timestamps log datetime
```

● 华为/H3C 交换机：网络设备设置了日志服务器，并使用 syslog 或 SNMP 方式将日志发送到日志服务器。输入"display current-configuration"命令，存在如下类似配置。

```
Info-center enable
Info-center loghost source vlan-interface 3
Info-center loghost 192.10.12.1 facility local 1
Info-center source default channel 2 log level warnings
Snmp-agent
snmp-agent trap enable standard authentication
snmp-agent target-host trap address udp-domain 10.1.1.1 params
securityname public
```

2）L3-CES1-13

【安全要求】

审计记录应包括事件的日期和时间、用户、事件类型、事件是否成功及其他与审计相关的信息。

【要求解读】

交换机的日志审计内容包括日期和时间、用户、事件类型、事件是否成功等信息。

一般来说，对主流的路由器和交换机，可以实现对系统错误、网络和接口变化、登录失败、ACL 匹配等的审计，审计内容包括时间、类型、用户等相关信息。因此，只要启用这些路由器和交换机的审计功能，就能符合此项要求。但对防火墙等安全设备来说，由于其访问控制策略命中日志功能需要手动启用，所以应重点核查其访问控制策略命中日志功能是否已启用。

【测评方法】

核查审计记录是否包含事件的日期和时间、用户、事件类型、事件是否成功及其他与审计相关的信息。

【预期结果或主要证据】

审计记录包含事件的日期和时间、用户、事件类型、事件是否成功及其他与审计相关的信息。

3）L3-CES1-14

【安全要求】

应对审计记录进行保护，定期备份，避免受到未预期的删除、修改或覆盖等。

【要求解读】

审计记录能够帮助管理人员及时发现系统运行问题和网络攻击行为，因此，需要对审计记录实施技术和管理上的保护，防止未授权的修改、删除和破坏。

【测评方法】

（1）访谈系统管理员，了解审计记录的存储、备份和保护措施。

（2）核查是否定时将交换机日志发送到日志服务器等，以及是否使用 syslog 或 SNMP 方式将交换机日志发送到日志服务器。如果部署了日志服务器，则登录日志服务器，核查被测交换机的日志是否在收集范围内。

【预期结果或主要证据】

网络设备的日志信息被定期转发至日志服务器。在日志服务器上可以查看半年前的审计记录。

4）L3-CES1-15

【安全要求】

应对审计进程进行保护，防止未经授权的中断。

【要求解读】

保护审计进程，确保当安全事件发生时能够及时记录事件的详细信息。非审计员账户不能中断审计进程。

【测评方法】

通过非审计员账户中断审计进程，以验证审计进程是否受到了保护（应为无法中断审计进程）。

【预期结果或主要证据】

非审计员账户不能中断审计进程。

4. 入侵防范

（说明见 4.1.1 节 "入侵防范" 部分。）

1）L3-CES1-17

【安全要求】

应遵循最小安装的原则，仅安装需要的组件和应用程序。

【要求解读】

遵循最小安装的原则，仅安装需要的组件和应用程序，能够大大降低交换机遭受攻击的可能性。及时更新系统补丁，以避免系统漏洞给交换机带来的风险。

【测评方法】

此项不适用。此项一般在服务器上实现。

【预期结果或主要证据】

此项不适用。此项一般在服务器上实现。

2）L3-CES1-18

【安全要求】

应关闭不需要的系统服务、默认共享和高危端口。

【要求解读】

关闭不需要的系统服务、默认共享和高危端口，可以有效降低系统遭受攻击的可能性。

【测评方法】

（1）访谈系统管理员，了解是否定期对系统服务进行梳理并关闭了非必要的系统服务和默认共享。

（2）核查是否开启了非必要的高危端口（应为未开启）。

【预期结果或主要证据】

● Cisco 交换机：输入"sh running"命令，看到已经根据实际网络环境关闭了不需要的服务。

```
no service tcp-small-servers
no service udp-small-servers
no cdp run
no cdp enable
no ip finger
no service finger
no ip bootp server
no ip source-route
no ip proxy-arp
no ip directed-broadcast
no ip domain-lookup
```

● 华为/H3C 交换机：输入"display current-configuration"命令，看到已经根据实际网络环境关闭了不需要的服务。

```
ip http shutdown
```

3）L3-CES1-19

【安全要求】

应通过设定终端接入方式或网络地址范围对通过网络进行管理的管理终端进行限制。

【要求解读】

为了保证安全，需要对通过虚拟终端访问网络设备的登录地址进行限制来避免未授权的访问（可以利用"ip access-class"命令限制访问虚拟终端的 IP 地址范围）。由于虚拟终端的数量有限，当虚拟终端用完就不能再建立远程网络连接了，这时，设备有可能被利用进行拒绝服务攻击。

【测评方法】

核查配置文件是否对终端接入范围进行了限制。如果网络中部署了堡垒机，则应先核查堡垒机是否限制了管理终端的地址范围，同时核查网络设备上是否仅配置了堡垒机的远程管理地址；否则，应登录设备，输入"display current-configuration"命令核查是否存在如下类似配置。

```
acl number 2001
rule 10 permit source 10.1.100.0 0.0.0.255
user-interface vty 0 4
```

```
acl 2001 inbound
authentication-mode scheme
user privilege level 1
```

【预期结果或主要证据】

堡垒机限制了终端的接入范围。

● Cisco 交换机：输入"show run"命令，存在如下类似配置。

```
access-list 3 permit 192.168.1.10
access-list 3 deny any log
line vty 0 4
access-class3 in
```

或者

```
ip http auth local
no access-list 10
access-list 10 permit 192.168.0.1
access-list 10 deny any
ip http access-class 10
ip http server
```

● 华为/H3C 交换机：配置信息中存在如下类似信息。

```
acl number 2001
rule 10 permit source 10.1.100.0 0.0.0.255
user-interface vty 0 4
acl 2001 inbound
authentication-mode scheme
user privilege level 1
```

4）L3-CES1-20

【安全要求】

应提供数据有效性检验功能，保证通过人机接口输入或通过通信接口输入的内容符合系统设定要求。

【要求解读】

应用系统应对数据的有效性进行验证，主要验证那些通过人机接口（例如程序界面）或通信接口输入的数据的格式或长度是否符合系统设定，以防止个别用户输入畸形的数据导致系统出错（例如 SQL 注入攻击等），进而影响系统的正常使用甚至危害系统的安全。

【测评方法】

此项不适用。此项一般在应用层面进行核查。

【预期结果或主要证据】

此项不适用。此项一般在应用层面进行核查。

5）L3-CES1-21

【安全要求】

应能发现可能存在的已知漏洞，并在经过充分测试评估后，及时修补漏洞。

【要求解读】

应核查漏洞扫描修补报告。管理员应定期进行漏洞扫描，如果发现漏洞，则应在经过充分的测试和评估后及时修补漏洞。

【测评方法】

（1）进行漏洞扫描，核查是否存在高风险漏洞（应为不存在）。

（2）访谈系统管理员，核查是否在经过充分的测试和评估后及时修补了漏洞。

【预期结果或主要证据】

管理员定期进行漏洞扫描。如果发现漏洞，则已在经过充分的测试和评估后及时修补漏洞。

6）L3-CES1-22

【安全要求】

应能够检测到对重要节点进行入侵的行为，并在发生严重入侵事件时提供报警。

【要求解读】

要想维护系统安全，必须进行主动监视。通常可以在网络边界、核心等重要节点处部署 IDS、IPS 等系统，或者在防火墙、UTM 处启用入侵检测功能，以检查是否发生了入侵和攻击。

【测评方法】

此项不适用。此项一般在入侵防护系统中实现。

【预期结果或主要证据】

此项不适用。此项一般在入侵防护系统中实现。

5. 可信验证

L3-CES1-24

【安全要求】

可基于可信根对计算设备的系统引导程序、系统程序、重要配置参数和应用程序等进行可信验证，并在应用程序的关键执行环节进行动态可信验证，在检测到其可信性受到破坏后进行报警，并将验证结果形成审计记录送至安全管理中心。

【要求解读】

应将设备作为通信设备或边界设备对待。

【测评方法】

参见 2.3 节和 3.6 节。

【预期结果或主要证据】

参见 2.3 节和 3.6 节。

4.2　安全设备

防火墙

防火墙是用来进行网络访问控制的主要手段。根据《测评要求》，身份鉴别、访问控制、安全审计、入侵防范、可信验证的相关要求应当具体落实到防火墙的检查项中。本节将从身份鉴别、访问控制、安全审计、入侵防范、可信验证五个方面描述检查过程中对防火墙的关注点。

1. 身份鉴别

为确保防火墙的安全，必须对防火墙的每个运维用户或与之相连的防火墙进行有效的标识与鉴别。只有通过鉴别的用户，才能被赋予相应的权限，进入防火墙，并在规定的权限范围内进行操作。

1）L3-CES1-01

【安全要求】

应对登录的用户进行身份标识和鉴别，身份标识具有唯一性，身份鉴别信息具有复杂度要求并定期更换。

【要求解读】

安全起见，只有经过授权的合法用户才能访问防火墙。一般来说，用户登录防火墙的方式包括通过浏览器以 Web 方式登录、通过控制台端口以命令行方式登录、以 SSH 方式登录。为了方便用户，防火墙还提供了图形界面管理工具用于对设备进行维护和管理。无论采用哪种登录方式，都需要对用户身份进行鉴别。

在防火墙中，不允许配置用户名相同的用户。同时，要防止多人共用一个账户。应实行分账户管理，为每名管理员设置单独的账户，以避免出现问题后无法及时追查的情况发生。为避免身份鉴别信息被冒用，应保证口令满足复杂度要求及定期更换要求。

【测评方法】

（1）以天融信防火墙为例，核查在用户登录时是否采用了身份鉴别措施。

● 通过浏览器以 Web 方式登录。

打开 IE 浏览器，在地址栏中输入网络卫士防火墙的 URL。按"Enter"键，进入网络卫士防火墙的登录界面，如图 4-1 所示，提示用户输入用户名和密码。

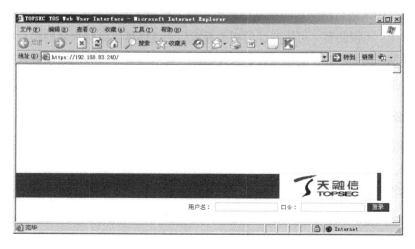

图 4-1

输入用户名和密码后，单击"登录"按钮，即可登录网络卫士防火墙。登录后，可以通过 Web 界面对网络卫士防火墙进行配置和管理。

● 通过控制台端口以命令行方式登录。

在通过控制台端口成功连接防火墙后，超级终端界面上会出现输入用户名的提示，如图 4-2 所示。

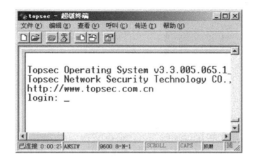

图 4-2

输入用户名后按"Enter"键，提示输入密码，如图 4-3 所示。

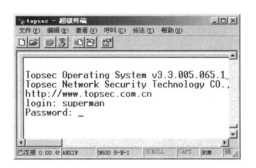

图 4-3

输入密码后按"Enter"键，即可登录网络卫士防火墙。登录后，可以使用命令行方式对网络卫士防火墙进行配置和管理。

● 以 SSH 方式登录。

要想以 SSH 方式登录，需要安装 SSH 软件。下面以 PuTTY 为例介绍操作步骤。

双击 putty.exe 程序，弹出的界面如图 4-4 所示。

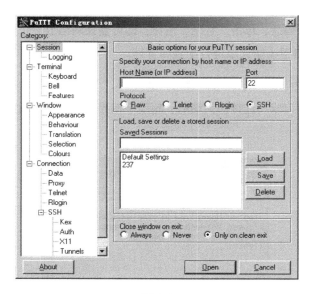

图 4-4

在"Host Name (or IP address)"文本框中输入网络卫士防火墙的 IP 地址，然后单击"Open"按钮，进入登录界面，如图 4-5 所示。

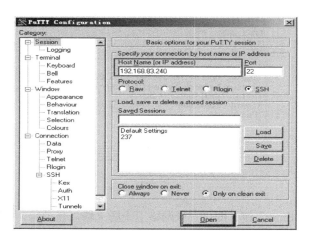

图 4-5

在用户登录窗口根据提示输入用户名，如图 4-6 所示。

图 4-6

输入用户名后按 "Enter" 键, 提示输入密码, 如图 4-7 所示。

图 4-7

输入密码后按 "Enter" 键, 即可登录网络卫士防火墙。登录后, 可以使用命令行方式对网络卫士防火墙进行配置和管理。

（2）核查防火墙管理员账户列表, 测试验证用户身份标识是否具有唯一性。核查是否存在多人共用账户的情况。核查是否存在空口令用户。

（3）询问管理员对身份鉴别采取的具体措施, 包括口令长度是否为 8 位及以上, 口令是否由数字、大小写字母和特殊字符中的两种及以上组成, 口令是否每季度至少更改一次。

【预期结果或主要证据】

（1）防火墙使用口令鉴别机制对登录用户进行身份标识和鉴别。

（2）用户身份标识具有唯一性，不存在多人共用账户的情况，不存在空口令用户。

（3）口令长度为 8 位及以上，由数字、大小写字母和特殊字符中的两种及以上组成，口令每季度至少更改一次。

2）L3-CES1-02

【安全要求】

应具有登录失败处理功能，应配置并启用结束会话、限制非法登录次数和当登录连接超时自动退出等相关措施。

【要求解读】

对防火墙，可以通过配置结束会话、限制管理员的最大登录失败次数、设置网络连接超时自动退出等多种措施实现登录失败处理功能。例如，设置管理员最大登录失败次数，一旦该管理员的登录失败次数超过设定的数值，系统将对其进行登录锁定，从而防止非法用户通过暴力破解的方式登录防火墙。

【测评方法】

（1）应核查是否配置并启用了登录失败处理功能，以及是否配置并启用了非法登录达到一定次数后锁定账户的功能。

（2）核查是否配置并启用了远程登录连接超时自动退出的功能。

【预期结果或主要证据】

以天融信防火墙为例，通过浏览器以 Web 方式登录。

（1）配置并启用了登录失败处理功能，以及非法登录达到一定次数后锁定账户的功能。

在登录界面输入防火墙管理员的用户名和口令，单击"登录"按钮，进入管理界面。在左侧导航栏中选择"系统管理"下的"配置"选项，激活"系统参数"标签页，如图 4-8 所示。

图 4-8

选中"高级属性"复选框，可以看到"最大登录失败次数"设置框，如图 4-9 所示。

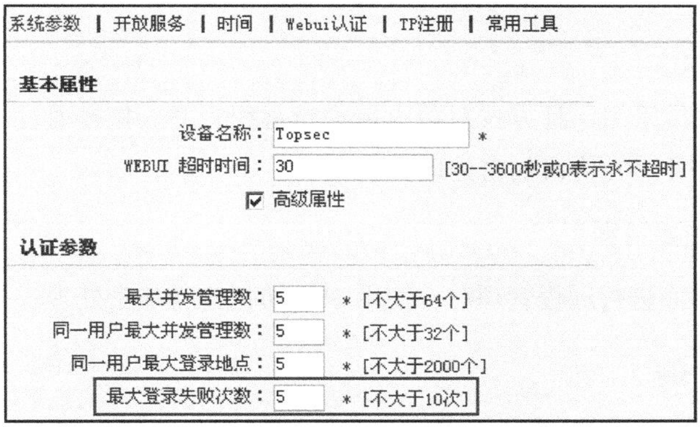

图 4-9

（2）配置并启用了远程登录连接超时自动退出功能。

在登录界面输入防火墙管理员的用户名和口令，单击"登录"按钮，进入管理界面。在左侧导航栏中选择"系统管理"下的"配置"选项，激活"系统参数"标签页（如图 4-8 所示）。

选中"高级属性"复选框，查看"WEBUI 超时时间"的配置，如图 4-10 所示。

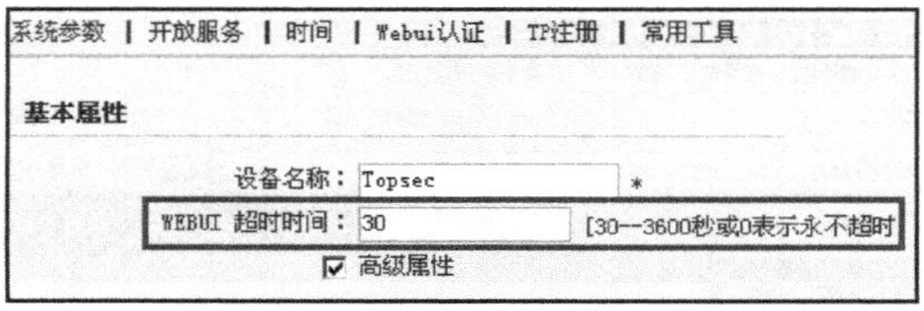

图 4-10

3）L3-CES1-03

【安全要求】

当进行远程管理时，应采取必要措施防止鉴别信息在网络传输过程中被窃听。

【要求解读】

为避免口令在传输过程中被窃取，不应使用明文传送的 Telnet、HTTP 服务，而应采用 SSH、HTTPS 加密协议等进行交互式管理。

【测评方法】

询问系统管理员采用何种方式对防火墙进行远程管理。核查通过 Web 界面进行的管理操作是否都已使用 SSL 协议加密处理。

【预期结果或主要证据】

在通过 Web 界面进行远程管理时，使用 SSL 协议进行加密处理。

4）L3-CES1-04

【安全要求】

应采用口令、密码技术、生物技术等两种或两种以上组合的鉴别技术对用户进行身份鉴别，且其中一种鉴别技术至少应使用密码技术来实现。

【要求解读】

采用组合的鉴别技术对用户进行身份鉴别是防止身份欺骗的有效方法。在这里，两种或两种以上组合的鉴别技术是指同时使用不同种类的（至少两种）鉴别技术对用户进行身份鉴别，且其中至少一种鉴别技术应使用密码技术来实现。

【测评方法】

以天融信防火墙为例，通过浏览器以 Web 方式登录。

　　在登录界面输入防火墙管理员的用户名和口令，单击"登录"按钮，进入管理界面。在左侧导航栏中选择"用户认证"下的"用户管理"选项，激活"用户管理"标签页，如图 4-11 所示。

图 4-11

　　在界面右侧将显示用户列表信息，如图 4-12 所示。

用户管理 ｜ 在线用户				
用户管理		[添加用户][查找用户][清空用户]		
[1]			每页 全部 ▼	
用户名	所属角色	修改	删除	状态
topsec_a		✎	↻	❚❚
doc	doc_role	✎	↻	❚❚

图 4-12

　　如果需要对用户进行组合鉴别，可单击该用户条目右侧的"修改"按钮，查看该用户的认证方式（应为"本地口令+证书认证"或"外部口令+证书认证"）。例如，管理员希望对用户"doc"同时进行证书认证和外部服务器口令认证，可单击用户"doc"条目右侧的"修改"按钮，此时看到该用户的认证方式为"外部口令+证书认证"，如图 4-13 所示。

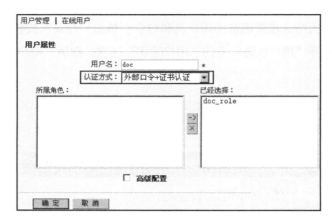

图 4-13

【预期结果或主要证据】

用户的认证方式为"本地口令+证书认证"或"外部口令+证书认证"。

2．访问控制

在防火墙中实施访问控制的目的是保证系统资源受控、合法地被使用。用户只能根据自己的权限来访问系统资源，不得越权访问。

1）L3-CES1-05

【安全要求】

应对登录的用户分配账户和权限。

【要求解读】

为了确保防火墙的安全，需要为登录的用户分配账户并合理配置账户权限。

【测评方法】

以天融信防火墙为例，在登录界面输入防火墙管理员的用户名和口令，单击"登录"按钮，进入管理界面。在左侧导航栏中选择"用户认证"下的"用户管理"选项，激活"用户管理"标签页（如图 4-11 所示），在界面右侧将显示用户列表信息，如图 4-14 所示。

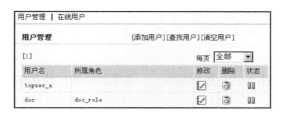

图 4-14

（1）针对每个用户账户，核查用户账户和权限设置是否合理（例如，账户管理员和配置管理员不应具有审计员的权限）。

（2）核查是否已禁用或限制匿名、默认账户的访问权限。

【预期结果或主要证据】

（1）相关管理人员具有与职位相对应的账户和权限。

（2）禁用或限制匿名、默认账户的访问权限。

2）L3-CES1-06

【安全要求】

应重命名或删除默认账户，修改默认账户的默认口令。

【要求解读】

防火墙默认账户的某些权限与实际要求可能存在差异，从而造成安全隐患，因此，这些默认账户应被禁用。

【测评方法】

以天融信防火墙为例，在登录界面输入防火墙管理员的用户名和口令，单击"登录"按钮，进入管理界面。在左侧导航栏中选择"用户认证"下的"用户管理"选项，激活"用户管理"标签页（如图 4-11 所示），在界面右侧将显示用户列表信息（如图 4-14 所示）。

（1）核查默认账户是否已经重命名或默认账户是否已被删除。

（2）核查默认账户的默认口令是否已经修改。

【预期结果或主要证据】

防火墙已重命名默认账户或删除默认账户，已修改默认账户的默认口令。

3）L3-CES1-07

【安全要求】

应及时删除或停用多余的、过期的账户，避免共享账户的存在。

【要求解读】

防火墙中如果存在多余的、过期的账户，就可能被攻击者利用进行非法操作，因此，应及时清理防火墙中的账户，删除或停用多余的、过期的账户，避免共享账户的存在。

【测评方法】

以天融信防火墙为例，在登录界面输入防火墙管理员的用户名和口令，单击"登录"按钮，进入管理界面。在左侧导航栏中选择"用户认证"下的"用户管理"选项，激活"用户管理"标签页（如图 4-11 所示），在界面右侧将显示用户列表信息（如图 4-14 所示）。

（1）核查防火墙用户账户列表，询问管理员各账户的具体用途，核查是否存在多余的或过期的账户（应为不存在），以及管理员用户与账户之间是否一一对应。

（2）如果某些多余的或过期的账户无法被删除，则应测试这些多余的、过期的账户是否已经停用。

【预期结果或主要证据】

防火墙用户账户列表中不存在多余的或过期的账户，不存在共享用户。

4）L3-CES1-08

【安全要求】

应授予管理用户所需的最小权限，实现管理用户的权限分离。

【要求解读】

根据管理用户的角色对权限进行细致的划分，有利于各岗位精准协调工作。同时，仅授予管理用户所需的最小权限，可避免因出现权限漏洞而使一些高级用户拥有过高的权限。

【测评方法】

以天融信防火墙为例，在登录界面输入防火墙管理员的用户名和口令，单击"登录"按钮，进入管理界面。在左侧导航栏中选择"用户认证"下的"用户管理"选项，激活"用户管理"标签页（如图 4-11 所示），在界面右侧将显示用户列表信息（如图 4-14 所示）。

（1）核查是否进行了角色划分。例如，将系统中的账户分为系统管理员、安全管理员和审计管理员三类，其中，安全管理员可以制定安全策略，系统管理员可以配置安全策略，审计管理员可以查看日志。

（2）查看管理用户的权限是否已经分离，是否为其工作任务所需的最小权限。例如，禁止为管理用户同时赋予配置管理员和审计管理员的权限。

【预期结果或主要证据】

（1）系统用户进行了角色划分。例如，系统中的账户分为系统管理员、安全管理员和审计管理员三类，其中，安全管理员可以制定安全策略，系统管理员可以配置安全策略，审计管理员可以查看日志。

（2）管理用户的权限已经分离，并为其工作任务所需的最小权限。例如，管理用户无法同时获得配置管理员和审计管理员的权限。

5）L3-CES1-09

【安全要求】

应由授权主体配置访问控制策略，访问控制策略规定主体对客体的访问规则。

【要求解读】

防火墙的访问控制策略由授权主体进行配置，规定了主体可以对客体进行的操作。访问控制粒度要求主体为用户级或进程级，客体为文件、数据库表级。

【测评方法】

此项不适用。此项主要针对主机和数据库的测评，网络设备的主要用户为运维管理人员，无其他用户。

【预期结果或主要证据】

此项不适用。此项主要针对主机和数据库的测评，网络设备的主要用户为运维管理人员，无其他用户。

6）L3-CES1-10

【安全要求】

访问控制的粒度应达到主体为用户级或进程级，客体为文件、数据库表级。

【要求解读】

防火墙的访问控制策略由授权主体进行配置，规定了主体可以对客体进行的操作。访问控制粒度要求主体为用户级或进程级，客体为文件、数据库表级。

【测评方法】

此项不适用。此项主要针对主机和数据库的测评，网络设备的主要用户为运维管理人员，无其他用户。

【预期结果或主要证据】

此项不适用。此项主要针对主机和数据库的测评，网络设备的主要用户为运维管理人员，无其他用户。

7）L3-CES1-11

【安全要求】

应对重要主体和客体设置安全标记，并控制主体对有安全标记信息资源的访问。

【要求解读】

安全标记是强制访问控制的依据，主体和客体都有，存在形式多样，既可能是整型数字，也可能是字母，总之，它表示主体和客体的安全级别。敏感标记由安全管理员设置。安全管理员通过为重要信息资源设置敏感标记来决定主体以何种权限对客体进行操作，实现强制访问控制。

【测评方法】

此项不适用。

【预期结果或主要证据】

此项不适用。

3. 安全审计

（说明见 4.1.1 节"安全审计"部分。）

1）L3-CES1-12

【安全要求】

应启用安全审计功能，审计覆盖到每个用户，对重要的用户行为和重要安全事件进行审计。

【要求解读】

为了对网络设备的运行状况、网络流量、管理记录等进行检测和记录，需要启用系统日志功能。系统日志中的每条信息都被分配了一个严重级别，并伴随一些指示性问题或事件描述信息。

防火墙的系统日志信息通常被输出至各种管理端口（例如控制台端口）、内部缓存或日志服务器。在默认情况下，控制台端口的日志功能处于启用状态。

【测评方法】

以天融信防火墙为例，在登录界面输入防火墙管理员的用户名和密码，单击"登录"按钮，进入管理界面。在左侧导航栏中选择"日志与报警"下的"日志设置"选项，如图4-15 所示。

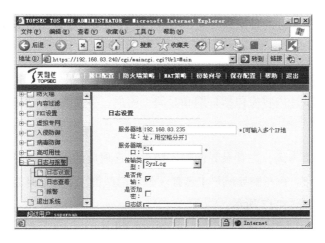

图 4-15

在界面右侧将显示"日志设置"界面，用于设置服务器地址、服务器端口、日志级别和日志类型等。例如，如果希望记录 0～3 级的阻断策略日志，则将日志级别设置为"3"，同时勾选"阻断策略"复选框，如图 4-16 所示。

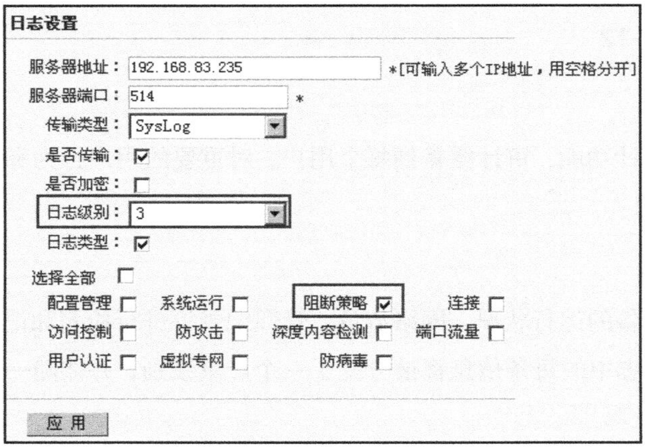

图 4-16

【预期结果或主要证据】

防火墙设置了正确的服务器地址、服务器端口、日志级别和日志类型等。

2）L3-CES1-13

【安全要求】

审计记录应包括事件的日期和时间、用户、事件类型、事件是否成功及其他与审计相关的信息。

【要求解读】

防火墙的日志审计内容应包括日期和时间、用户、事件类型、事件是否成功等信息。

【测评方法】

以天融信防火墙为例，在登录界面输入防火墙管理员的用户名和密码，单击"登录"按钮，进入管理界面。在左侧导航栏中选择"日志与报警"下的"日志设置"选项，查看日志服务器地址，如图 4-17 所示。

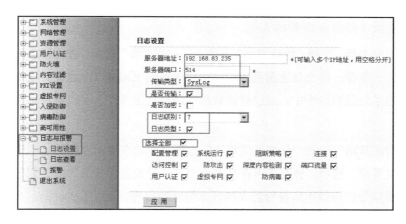

图 4-17

登录日志服务器，选择"管理策略"下的"日志收集源"选项，进入日志源配置界面，查看所有日志收集源。核查日志源列表中是否包含该防火墙的 IP 地址。

选择"功能"下的"日志查询"选项，选择"审计域"标签页。根据 IP 地址选择防火墙，对该防火墙的日志进行核查，确认是否包括日期和时间、用户、事件类型、事件是否成功等信息。

【预期结果或主要证据】

审计记录包含事件的日期和时间、用户、事件类型、事件是否成功及其他与审计相关的信息。

3）L3-CES1-14

【安全要求】

应对审计记录进行保护，定期备份，避免受到未预期的删除、修改或覆盖等。

【要求解读】

审计记录能够帮助管理人员及时发现系统运行问题和网络攻击行为，因此，需要对审计记录实施技术和管理上的保护，防止未授权的修改、删除和破坏。

【测评方法】

以天融信防火墙为例，在登录界面输入防火墙管理员的用户名和密码，单击"登录"按钮，进入管理界面。在左侧导航栏中选择"日志与报警"下的"日志设置"选项，查看日志服务器地址（如图 4-17 所示）。

登录日志服务器，选择"管理策略"下的"日志收集源"选项，进入日志源配置界面，查看所有日志收集源。核查日志源列表中是否包含该防火墙的 IP 地址。收集的日志数据会保存在日志系统的数据库中。通过对该数据库进行备份操作，可以实现对防火墙数据的备份和保护。

选择"管理策略"下的"任务调度策略"选项，然后在界面左侧的"本地配置"中单击"任务调度策略"选项，核查是否存在类型为"备份数据库任务"的计划任务。定时执行数据库备份任务，可以达到备份防火墙日志信息的目的。

【预期结果或主要证据】

防火墙的日志信息被定期转发至日志服务器。在日志服务器上可以查看半年前的审计记录。

4）L3-CES1-15

【安全要求】

应对审计进程进行保护，防止未经授权的中断。

【要求解读】

保护审计进程，确保当安全事件发生时能够及时记录事件的详细信息。

【测评方法】

通过非审计员账户中断审计进程，以验证审计进程是否受到了保护（应为无法中断审计进程）。

【预期结果或主要证据】

非审计员账户不能中断审计进程。

4. 入侵防范

（说明见 4.1.1 节"入侵防范"部分。）

1）L3-CES1-17

【安全要求】

应遵循最小安装的原则，仅安装需要的组件和应用程序。

【要求解读】

遵循最小安装的原则，仅安装需要的组件和应用程序，能够大大降低防火墙遭受攻击的可能性。及时更新系统补丁，以避免系统漏洞给防火墙带来的风险。

【测评方法】

此项不适用。此项一般在服务器上实现。

【预期结果或主要证据】

此项不适用。此项一般在服务器上实现。

2）L3-CES1-18

【安全要求】

应关闭不需要的系统服务、默认共享和高危端口。

【要求解读】

关闭不需要的系统服务、默认共享和高危端口，可以有效降低系统遭受攻击的可能性。

【测评方法】

此项不适用。

【预期结果或主要证据】

此项不适用。

3）L3-CES1-19

【安全要求】

应通过设定终端接入方式或网络地址范围对通过网络进行管理的管理终端进行限制。

【要求解读】

为了保证安全，避免未授权的访问，需要对远程管理防火墙的登录地址进行限制（可以是特定的 IP 地址，也可以是子网地址、地址范围或地址组）。

【测评方法】

如果网络中部署了堡垒机，则应先核查堡垒机是否限制了终端的接入范围。如果网络中没有部署堡垒机，则应登录设备进行核查。

以天融信防火墙为例，在登录界面输入防火墙管理员的用户名和密码，单击"登录"按钮，进入管理界面。在左侧导航栏中选择"系统管理"下的"配置"选项，激活"开放服务"标签页，如图 4-18 所示。

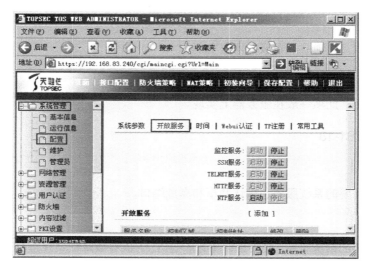

图 4-18

在页面右侧，应存在名称为"webui"、"ssh"或"telnet"的服务规则。例如，只允许管理员使用 IP 地址为 192.168.83.234 的主机登录防火墙，且该主机连接在 area_eth0 区域内，应该配置的服务规则如图 4-19 所示。

开放服务			〔 添加 〕	
服务名称	控制区域	控制地址	修改	删除
webui	area_eth0	doc_server		

图 4-19

"控制地址"一列显示为"doc_server"，这是配置完成的主机地址资源名称，定义了主机 IP 地址 192.168.83.234。可以通过单击左侧导航栏中"资源管理"下的"地址"选项来激活"主机"标签页，查看主机资源名称和实际地址的对应关系，如图 4-20 所示。

图 4-20

【预期结果或主要证据】

堡垒机限制了终端的接入范围，或者在设备本地设置了访问控制列表以限制终端的接入范围。

4）L3-CES1-20

【安全要求】

应提供数据有效性检验功能，保证通过人机接口输入或通过通信接口输入的内容符合系统设定要求。

【要求解读】

应用系统应对数据的有效性进行验证，主要验证那些通过人机接口（例如程序界面）或通信接口输入的数据的格式或长度是否符合系统设定，以防止个别用户输入畸形的数据导致系统出错（例如 SQL 注入攻击等），进而影响系统的正常使用甚至危害系统的安全。

【测评方法】

此项不适用。此项一般在应用层面进行核查。

【预期结果或主要证据】

此项不适用。此项一般在应用层面进行核查。

5）L3-CES1-21

【安全要求】

应能发现可能存在的已知漏洞，并在经过充分测试评估后，及时修补漏洞。

【要求解读】

应对系统进行漏洞扫描，及时发现系统中存在的已知漏洞，并在经过充分的测试和评估后更新系统补丁，避免由系统漏洞带来的风险。

【测评方法】

（1）进行漏洞扫描，核查是否存在高风险漏洞（应为不存在）。

（2）访谈系统管理员，核查是否在经过充分的测试和评估后及时修补了漏洞（查看系统版本及补丁升级日期）。

【预期结果或主要证据】

管理员定期进行漏洞扫描。如果发现漏洞，则已在经过充分的测试和评估后及时修补漏洞。

6）L3-CES1-22

【安全要求】

应能够检测到对重要节点进行入侵的行为，并在发生严重入侵事件时提供报警。

【要求解读】

要想维护系统安全，必须进行主动监视。通常可以在网络边界、核心等重要节点处部署 IDS、IPS 等系统，或者在防火墙、UTM 处启用入侵检测功能，以检查是否发生了入侵和攻击。

【测评方法】

（1）核查防火墙是否具有入侵检测功能，查看入侵检测功能是否已正确启用。

（2）核查在发生严重入侵事件时是否能进行报警，报警方式一般包括短信、邮件等。

【预期结果或主要证据】

（1）防火墙已启用入侵检测功能。

（2）在发生严重入侵事件时能通过短信、邮件等方式报警。

5. 可信验证

L3-CES1-24

【安全要求】

可基于可信根对计算设备的系统引导程序、系统程序、重要配置参数和应用程序等进行可信验证，并在应用程序的关键执行环节进行动态可信验证，在检测到其可信性受到破坏后进行报警，并将验证结果形成审计记录送至安全管理中心。

【要求解读】

应将设备作为通信设备或边界设备对待。

【测评方法】

参见 2.3 节和 3.6 节。

【预期结果或主要证据】

参见 2.3 节和 3.6 节。

4.3　服务器

4.3.1　Linux 服务器

Linux 是指 UNIX 克隆或类 UNIX 风格的操作系统，在源代码级别兼容绝大部分 UNIX 标准（IEEE POSIX，System V，BSD），是一种支持多用户、多进程、多线程的实时性较好且功能强大而稳定的操作系统。

Linux 服务器的等级测评主要涉及六个方面的内容，分别是身份鉴别、访问控制、安全审计、入侵防范、恶意代码防范、可信验证。

1. 身份鉴别

为确保服务器的安全，必须对服务器的每个用户或与之相连的服务器设备进行有效的标识与鉴别。只有通过鉴别的用户，才能被赋予相应的权限，进入服务器操作系统，并在规定的权限范围内进行操作。

1）L3-CES1-01

【安全要求】

应对登录的用户进行身份标识和鉴别，身份标识具有唯一性，身份鉴别信息具有复杂度要求并定期更换。

【要求解读】

Linux 操作系统的用户鉴别过程与其他 UNIX 操作系统相同：系统管理员为用户建立一个账户并为其指定一个口令，用户使用指定的口令登录后重新配置自己的口令，这样用户就获得了一个私有口令。/etc/passwd 文件中记录的用户属性信息包括用户名、密码、用户标识、组标识等。目前，Linux 操作系统中的口令不再直接保存在 /etc/passwd 文件中，通常使用一个 "x" 代替 /etc/passwd 文件中的口令字段，将 /etc/shadow 作为真正的口令文件来保存包括个人口令在内的数据。当然，普通用户不能读取 /etc/shadow 文件，只有超级用户才有权读取。

Linux 操作系统中的 /etc/login.defs 是登录程序的配置文件，在该文件中可以配置密码的过期天数、密码的长度约束等参数。如果 /etc/pam.d/system-auth 文件中有与该文件相同的选项，则以 /etc/pam.d/system-auth 文件的设置为准。也就是说，/etc/pam.d/system-auth 文件的配置优先级高于 /etc/login.defs 文件。

Linux 文件系统具有调用 PAM 的应用程序认证用户、登录服务、屏保等功能，其中重要的文件是 /etc/pam.d/system-auth（在 Redhat、CentOS 和 Fedora 系统中）或 /etc/pam.d/common-passwd（在 Debian、Ubuntu 和 Linux Mint 系统中）。这两个文件的配置优先级高于其他文件。

【测评方法】

（1）访谈系统管理员，了解系统用户是否已设置密码，核查登录过程中系统账户是否使用密码进行验证登录。

（2）以具有相应权限的账户身份登录操作系统，使用 more 命令查看 /etc/shadow 文件，核查系统中是否存在空口令账户。

（3）使用 more 命令查看 /etc/login.defs 文件，核查是否设置了密码长度和密码定期更换规则。使用 more 命令查看 /etc/pam.d/system-auth 文件，核查是否设置了密码长度和密码复杂度规则。

（4）核查是否存在旁路或身份鉴别措施可绕过的安全风险（应为不存在）。

【预期结果或主要证据】

（1）登录时需要密码。

（2）不存在空口令账户。

（3）得到类似如下反馈信息。

```
PASS_MAX_DAYS 90    #登录密码有效期为 90 天
PASS_MIN_DAYS 0     #登录密码最短修改时间，增加可防止非法用户短期内多次修改登录密码
PASS_MIN_LEN 7      #登录密码最小长度为 7 位
PASS_WARN_AGE 7     #登录密码过期前 7 天提示修改
```

（4）不存在可绕过的安全风险。

2）L3-CES1-02

【安全要求】

应具有登录失败处理功能，应配置并启用结束会话、限制非法登录次数和当登录连接超时自动退出等相关措施。

【要求解读】

Linux 操作系统具有调用 PAM 的应用程序认证用户、登录服务、屏保等功能。在 Redhat5 以后的版本中，使用 pam_tally2.so 模块控制用户密码认证失败的次数，可以实现对登录次数、超时时间、解锁时间等的控制。如果认证规则只针对某个程序，则可以在 PAM 目录（/etc/pam.d）下形如 sshd、login、system-auth 等对应于各程序的认证规则文件中修改。

本地登录失败处理功能在 /etc/pam.d/system-auth 或 /etc/pam.d/login 文件中进行配置。SSH 远程登录失败处理功能在 /etc/pam.d/sshd 文件中进行配置。

【测评方法】

（1）核查系统是否配置并启用了登录失败处理功能。

（2）以 root 身份登录 Linux 操作系统，核查 /etc/pam.d/system-auth 或 /etc/pam.d/login 文件中本地登录失败处理功能的配置情况，以及 /etc/pam.d/sshd 文件中 SSH 远程登录失败处理功能的配置情况。

（3）核查 /etc/profile 文件中的 TIMEOUT 环境变量是否配置了超时锁定参数。

【预期结果或主要证据】

得到类似如下反馈信息。

- 查看本地登录失败处理功能相关参数，/etc/pam.d/system-auth 或 /etc/pam.d/login 文件中存在 "auth required pam_tally2.so onerr=fail deny=5 unlock_time=300 even_ deny_root root_unlock_time=10"。

- 查看远程登录失败处理功能相关参数，/etc/pam.d/sshd 文件中存在 "auth required pam_tally2.so onerr=fail deny=5 unlock_time=300 even_deny_root root_unlock_ time=10"。

- /etc/profile 文件中设置了超时锁定参数，例如在该文件中设置了 TMOUT=300s。

3）L3-CES1-03

【安全要求】

当进行远程管理时，应采取必要措施防止鉴别信息在网络传输过程中被窃听。

【要求解读】

Linux 操作系统提供了远程访问与管理接口，以便管理员进行管理操作，网络登录方式也是多种多样的，可以使用 Telnet 协议登录，也可以使用 SSH 协议登录。但是，Telnet 协议是不安全的，因为其在数据传输过程中账户与密码均为明文。由于黑客通过一些网络嗅探工具能够很容易地窃取网络中明文传输的账户与密码，所以不建议通过 Telnet 协议对服务器进行远程管理。针对 Telnet 协议不安全的问题，可以在远程登录时使用 SSH 协议。SSH 协议的原理与 Telnet 协议类似，且具有更高的安全性。SSH 是一个运行于传输控制层的应用程序。与 Telnet 协议相比，SSH 协议提供了强大的认证和加密功能，可以保证远程连接过程中传输的数据是经过加密处理的（保证了账户与密码的安全）。

【测评方法】

（1）询问系统管理员，了解采取的远程管理方式。以 root 身份登录 Linux 操作系统。

- 查看是否运行了 sshd 服务。

```
service -status-all | grep sshd
```

- 查看相关端口是否已经打开。

```
netstat -an|grep 22
```

- 若未使用 SSH 协议进行远程管理，则查看是否使用 Telnet 协议进行远程管理。

```
service --status-all | grep running
```

（2）使用抓包工具查看协议是否是加密的。

（3）本地化管理，此项不适用。

【预期结果或主要证据】

（1）使用 SSH 协议进行远程管理（防止鉴别信息在传输过程中被窃听）。Telnet 协议默认不符合此项。

（2）抓包工具截获的信息为密文，无法读取，协议为加密协议。

（3）本地化管理，此项不适用。

4）L3-CES1-04

【安全要求】

应采用口令、密码技术、生物技术等两种或两种以上组合的鉴别技术对用户进行身份鉴别，且其中一种鉴别技术至少应使用密码技术来实现。

【要求解读】

采用组合的鉴别技术对用户进行身份鉴别是防止身份欺骗的有效方法。在这里，两种或两种以上组合的鉴别技术是指同时使用不同种类的（至少两种）鉴别技术对用户进行身份鉴别，且其中至少一种鉴别技术应使用密码技术来实现。

【测评方法】

询问系统管理员，了解系统是否采用由口令、数字证书、生物技术等中的两种或两种以上组合的鉴别技术对用户身份进行鉴别，并核查其中一种鉴别技术是否使用密码技术来实现。

【预期结果或主要证据】

至少采用了两种鉴别技术，其中之一为口令或生物技术，另外一种为基于密码技术的鉴别技术（例如使用基于国密算法的数字证书或数字令牌）。

2. 访问控制

在操作系统中实施访问控制的目的是保证系统资源（操作系统和数据库管理系统）受控、合法地被使用。用户只能根据自己的权限来访问系统资源，不得越权访问。

1）L3-CES1-05

【安全要求】

应对登录的用户分配账户和权限。

【要求解读】

对于 Linux 操作系统中的一些重要文件，应检查系统主要目录的权限设置情况。

Linux 操作系统的文件操作权限有四种，分别为读（r，4）、写（w，2）、执行（x，1）、空（-，0），文件的权限分别为属主（拥有者）、属组、其他用户、用户组。

【测评方法】

以具有相应权限的账户身份登录 Linux 操作系统，使用"ls -l 文件名"命令查看重要文件和目录的权限设置是否合理，例如"# ls -l /etc/passwd #744"。

重点查看以下文件和目录的权限设置是否合理。

- -rwx------：数字表示为 700。
- -rwxr--r--：数字表示为 744。
- -rw-rw-r-x：数字表示为 665。
- drwx--x--x：数字表示为 711。
- drwx------：数字表示为 700。

【预期结果或主要证据】

配置文件的权限值不大于 644。可执行文件的权限值不大于 755。

2）L3-CES1-06

【安全要求】

应重命名或删除默认账户，修改默认账户的默认口令。

【要求解读】

Linux 操作系统本身提供了各种账户,例如 adm、lp、sync、shutdown、halt、mail、uucp、operator、games、gopher、ftp 等,但这些账户并不会被使用,而且账户越多,系统就越容易受到攻击,因此,应禁用或删除这些账户。root 是重要的默认账户,一般应禁止其远程登录。

【测评方法】

(1)以具有相应权限的账户身份登录 Linux 操作系统,执行 more 命令,查看 /etc/shadow 文件中是否存在 adm、lp、sync、shutdown、halt、mail、uucp、operator、games、gopher、ftp 等默认无用的账户。

(2)查看 root 账户是否能进行远程登录(通常为不能)。

【预期结果或主要证据】

(1)不存在默认无用的账号。

(2)已将 /etc/ssh/sshd_config 文件中的 PermitRootLogin 参数设置为 no,也就是 PermitRootLoginno,表示不允许 root 账户远程登录系统。

3)L3-CES1-07

【安全要求】

应及时删除或停用多余的、过期的账户,避免共享账户的存在。

【要求解读】

操作系统运行一段时间后,会因业务应用或管理员岗位的调整而出现一些多余的、过期的账户,也会出现多个系统管理员或用户使用同一账户登录的情况,导致无法通过审计追踪定位自然人。多余的、过期的账户可能会被攻击者利用进行非法操作。因此,应及时清理系统中的账户,删除或停用多余的、过期的账户,同时避免共享账户的存在。

【测评方法】

(1)核查是否存在多余的或过期的账户(应为不存在)。例如,查看 games、news、ftp、lp 等系统默认账户是否已被禁用,特权账户 halt、shutdown 是否已被删除。

(2)访谈网络管理员、安全管理员、系统管理员,核查不同的用户是否使用不同的账户登录系统。

【预期结果或主要证据】

（1）已禁用或删除不需要的系统默认账户。

（2）各类管理员均使用自己的特定权限账户登录，不存在多余的、过期的账户。

4）L3-CES1-08

【安全要求】

应授予管理用户所需的最小权限，实现管理用户的权限分离。

【要求解读】

根据管理用户的角色对权限进行细致的划分，有利于各岗位精准协调工作。同时，仅授予管理用户所需的最小权限，可以避免因出现权限漏洞而使一些高级用户拥有过高的权限。例如，Linux 操作系统的 root 账户拥有所有权限，使用 sudo 命令可授予普通用户 root 权限（在 sudoer.conf 中进行配置）。

【测评方法】

（1）以具有相应权限的账户身份登录 Linux 操作系统，执行 more 命令，查看 /etc/passwd 文件中的非默认用户，了解各用户的权限，核查是否实现了管理用户的权限分离。

（2）以具有相应权限的账户身份登录 Linux 操作系统，执行 more 命令，查看 /etc/sudoers 文件，核查哪些用户拥有 root 权限。

【预期结果或主要证据】

（1）各用户均仅具备最小权限，且不与其他用户的权限交叉。设备支持新建多用户角色功能。

（2）管理员权限仅分配给 root 用户。

5）L3-CES1-09

【安全要求】

应由授权主体配置访问控制策略，访问控制策略规定主体对客体的访问规则。

【要求解读】

操作系统的访问控制策略应由授权主体（例如安全管理员）进行配置，非授权主体不得更改访问控制策略。访问控制策略规定了操作系统用户对操作系统资源（例如文件和目录）具有哪些权限、能进行哪些操作。通过在操作系统中配置访问控制策略，可以实现对操作系统各用户权限的限制。

【测评方法】

（1）询问系统管理员，核查是否由指定授权人对操作系统的访问控制权限进行配置。

（2）核查账户权限配置，了解是否依据安全策略配置各账户的访问规则。

【预期结果或主要证据】

（1）由专门的安全员负责访问控制权限的授权工作。

（2）各账户权限均基于安全员的安全策略配置进行访问控制。

6）L3-CES1-10

【安全要求】

访问控制的粒度应达到主体为用户级或进程级，客体为文件、数据库表级。

【要求解读】

此项明确提出了访问控制粒度方面的要求。重点目录的访问控制主体可能为某个用户或某个进程，应能够控制用户或进程对文件、数据库表等客体的访问。

【测评方法】

使用"ls -l 文件名"命令查看重要文件和目录权限的设置是否合理（例如"# ls -l /etc/passwd #744"）。应重点核查文件和目录权限是否被修改过。

【预期结果或主要证据】

由管理用户进行用户访问权限的分配，用户依据访问控制策略对各类文件和数据库表进行访问。重要文件和目录的权限均在合理范围内，用户可根据自身拥有的对文件的不同权限进行操作。

7）L3-CES1-11

【安全要求】

应对重要主体和客体设置安全标记，并控制主体对有安全标记信息资源的访问。

【要求解读】

敏感标记是由强认证的安全管理员设置的。通过对重要信息资源设置敏感标记，可以决定主体以何种权限对客体进行操作，实现强制访问控制。

安全增强型 Linux（Security-Enhanced Linux，SELinux）是一个 Linux 内核模块，也是 Linux 的一个安全子系统，2.6 及以上版本的 Linux 内核都已集成 SELinux 模块。在使用 SELinux 的 Linux 操作系统中，决定资源是否能够被访问的因素，除了用户的权限（读、写、执行），还有每一类进程对某一类资源的访问权限。这种权限管理机制的主体是进程，也称为强制访问控制。在 SELinux 中，主体等同于进程，客体是主体访问的资源（可以是文件、目录、端口、设备等）。

SELinux 有三种工作模式。

- enforcing：强制模式。违反 SELinux 规则的行为将被阻止并记录到日志中，表示使用 SELinux。

- permissive：宽容模式。违反 SELinux 规则的行为只会被记录到日志中，一般在调试时使用，表示使用 SELinux。

- disabled：关闭 SELinux，表示不使用 SELinux。

【测评方法】

（1）核查系统中是否有敏感信息。

（2）核查是否为主体用户或进程划分了级别并设置了敏感标记，以及是否在客体文件中设置了敏感标记。

（3）测试验证是否依据主体和客体的安全标记来控制主体对客体访问的强制访问控制策略。

（4）以具有相应权限的账户身份登录 Linux 操作系统，使用 more 命令，查看 /etc/selinux/config 文件中 SELinux 的参数。

【预期结果或主要证据】

Linux 服务器默认关闭 SELinux 服务，或者已使用第三方主机加固系统或对系统内核进行了二次开发加固（需要实际查看系统可视化界面）。

3. 安全审计

对服务器进行安全审计的目的是保持对操作系统和数据库系统的运行情况及用户行为的跟踪，以便事后进行追踪和分析。

1）L3-CES1-12

【安全要求】

应启用安全审计功能，审计覆盖到每个用户，对重要的用户行为和重要安全事件进行审计。

【要求解读】

Redhat Enterprise Linux 3 Update 2 以后的版本都使用 LASU（Linux Audit Subsystem）进行审计。日志系统可以记录系统中的各种信息，例如安全信息、调试信息、运行信息。审计子系统专门用于记录安全信息，以便对系统安全事件进行追溯。如果审计子系统没有运行，Linux 内核就会将安全审计信息传递给日志系统。

Linux 操作系统的 auditd 进程主要用于记录安全信息及对系统安全事件进行追溯，rsyslog 进程用于记录系统中的各种信息（例如硬件报警信息和软件日志）。Linux 操作系统在安全审计配置文件 /etc/audit/audit.rules 中配置安全事件审计规则。

【测评方法】

（1）以 root 身份登录 Linux 操作系统，查看服务进程。

（2）若开启了安全审计服务，则核查安全审计的守护进程是否正常。

```
# ps -ef |grep auditd
```

（3）若未开启系统安全审计功能，则核查是否部署了第三方安全审计工具。

（4）以 root 身份登录 Linux 操作系统，查看安全事件的配置。

```
#grep "@priv-ops" /etc/audit/filter.conf
...
 more/etc/audit/audit.rules
...
```

【预期结果或主要证据】

（1）开启了审计进程，如图 4-21 所示。

```
[root@localhost april]# service auditd status
auditd (pid  1656) is running...
[root@localhost april]# service rsyslog status
rsyslogd (pid  1681) is running...
[root@localhost april]# █
```

图 4-21

（2）Linux 服务器默认开启守护进程。

（3）audit.rules 文件记录了文件和底层调用信息，记录的安全事件较为全面。

2）L3-CES1-13

【安全要求】

审计记录应包括事件的日期和时间、用户、事件类型、事件是否成功及其他与审计相关的信息。

【要求解读】

详细的审计记录是实现有效审计的保证。审计记录应包括事件的日期、时间、类型、主体标识、客体标识和结果等。审计记录中的详细信息能够帮助管理员或其他相关检查人员准确地分析和定位事件。Linux 用户空间审计系统由 auditd、ausearch、aureport 等应用程序组成。其中，ausearch 是用于查找审计事件的工具，可以用来查看系统日志。

【测评方法】

以具有相应权限的账户身份登录 Linux 操作系统，执行"ausearch -ts today"命令。其中，-ts 表示查看指定时间后的日志。也可以执行"tail -20 /var/log/audit/audit.log"命令来查看审计日志。

【预期结果或主要证据】

审计记录包括事件的日期、时间、类型、主体标识、客体标识和结果。

3）L3-CES1-14

【安全要求】

应对审计记录进行保护，定期备份，避免受到未预期的删除、修改或覆盖等。

【要求解读】

非法用户进入系统后的第一件事情就是清理系统日志和审计日志，而发现入侵行为最简单、最直接的方法就是查看系统日志和安全审计文件。因此，必须对审计记录进行安全保护，避免其受到未预期的删除、修改或覆盖等。

【测评方法】

（1）访谈系统管理员，了解审计记录的存储、备份和保护措施。

（2）核查是否定时将操作系统日志发送到日志服务器等，以及是否使用 syslog 或 SNMP 方式将操作系统日志发送到日志服务器。如果部署了日志服务器，则登录日志服务器，核查被测操作系统的日志是否在收集范围内。

【预期结果或主要证据】

操作系统日志已定期备份。已定期将本地存储的日志转发至日志服务器。

4）L3-CES1-15

【安全要求】

应对审计进程进行保护，防止未经授权的中断。

【要求解读】

保护审计进程，确保当安全事件发生时能够及时记录事件的详细信息。在 Linux 操作系统中，auditd 是审计守护进程，syslogd 是日志守护进程。

【测评方法】

（1）访谈系统管理员，了解对审计进程采取的监控和保护措施。

（2）以非安全审计人员身份中断审计进程，验证审计进程的访问权限设置是否合理（应为无法中断审计过程）。

（3）核查是否通过第三方系统对被测操作系统的审计进程进行了监控和保护。

【预期结果或主要证据】

（1）审计进程不能被具有非安全审计人员权限的用户修改。

（2）部署了第三方审计工具，可以实时记录审计日志，管理员不可以对日志进行删除操作。

4．入侵防范

由于基于网络的入侵检测只是在被监测的网段内对非授权的访问、使用等情况进行防范，所以其无法防范网络内单台服务器等被攻击的情况。基于服务器的入侵检测可以说是对基于网络的入侵检测的补充——补充检测那些出现在"授权"的数据流或其他遗漏的数据流中的入侵行为。

1）L3-CES1-17

【安全要求】

应遵循最小安装的原则，仅安装需要的组件和应用程序。

【要求解读】

在安装 Linux 操作系统时，应遵循最小安装的原则，即"不需要的包不安装"。安装的包越多，系统面临的风险就越大，因此，"瘦身"有利于提高系统的安全性。在使用操作系统的过程中，为了避免多余的组件和应用程序带来的安全风险，通常会遵循最小安装的原则，仅安装需要的组件和应用程序等。

【测评方法】

（1）查看安装操作手册，核查安装操作系统时是否遵循最小安装的原则。

（2）使用"yum list installed"命令查看操作系统中已安装的程序包，询问管理员其中是否有目前不需要使用的组件和应用程序（应为否）。

【预期结果或主要证据】

（1）操作系统的安装遵循最小安装的原则。

（2）操作系统中没有安装业务不需要的组件和应用程序。

2）L3-CES1-18

【安全要求】

应关闭不需要的系统服务、默认共享和高危端口。

【要求解读】

安装 Linux 操作系统时默认会开启许多非必要的系统服务。为了避免多余的系统服务带来的安全风险，通常可以将其关闭。通过查看监听端口，可以直观地发现并对比系统中运行的服务和程序。关闭高危端口是操作系统中常用的安全加固方式。

【测评方法】

（1）以具有相应权限的账户身份登录 Linux 操作系统，使用"service -status-all | grep running"命令查看危险的网络服务是否已经关闭。

（2）以具有相应权限的账户身份登录 Linux 操作系统，使用"netstat -ntlp"命令查看并确认开放的端口是否都为业务需要的端口，是否已经关闭非必需的端口。

（3）Linux 操作系统中不存在共享问题。

【预期结果或主要证据】

（1）已关闭操作系统中多余的、危险的服务和进程。

（2）已关闭非必需的端口。

3）L3-CES1-19

【安全要求】

应通过设定终端接入方式或网络地址范围对通过网络进行管理的管理终端进行限制。

【要求解读】

Linux 操作系统中有 /etc/hosts.allow 和 /etc/hosts.deny 两个文件，它们是 tcpd 服务器的配置文件（tcpd 服务器可以控制外部 IP 地址对本机服务的访问）。其中，/etc/hosts.allow 文件用于控制可以访问本机的 IP 地址，/etc/hosts.deny 文件用于控制禁止访问本机的 IP 地址。如果这两个文件的配置有冲突，以 /etc/hosts.deny 文件中的配置为准。

【测评方法】

（1）查看 /etc/hosts.deny 文件中是否有"ALL: ALL"（禁止所有请求）字样、/etc/hosts.allow 文件中是否有类似如下配置。

```
sshd:192.168.1.10/255.255.255.0
```

（2）核查是否已通过防火墙对接入终端进行限制。

【预期结果或主要证据】

（1）/etc/hosts.allow 文件中有如下类似配置，以限制 IP 地址及其访问方式。

```
sshd:192.168.1.10/255.255.255.0
```

（2）对终端接入方式、网络地址范围等条件进行限制。通过 RADUS、堡垒机、安全域、防火墙等运维方式实现了对终端接入方式的限制。

4）L3-CES1-21

【安全要求】

应能发现可能存在的已知漏洞，并在经过充分测试评估后，及时修补漏洞。

【要求解读】

攻击者可能利用操作系统中的安全漏洞对操作系统进行攻击。因此，应对操作系统进行漏洞扫描，及时发现操作系统中的已知漏洞，并在经过充分的测试和评估后更新系统补丁，避免由系统漏洞带来的风险。

【测评方法】

（1）查看自查漏洞扫描报告或由第三方提供的漏洞报告中是否存在高风险漏洞（应为不存在）。

（2）核查操作系统中是否有漏洞测试环境及补丁更新机制和流程。

（3）访谈系统管理员，了解补丁升级机制，查看补丁安装情况（使用命令"# rpm -qa | grep patch"）。

【预期结果或主要证据】

（1）运维团队定期进行漏洞扫描，在发现安全风险后及时进行修补。

（2）补丁更新时间为最近。已对补丁进行控制和管理。

5）L3-CES1-22

【安全要求】

应能够检测到对重要节点进行入侵的行为，并在发生严重入侵事件时提供报警。

【要求解读】

要想维护真正安全的环境，只有安全的系统是远远不够的。假设系统自身不会受到攻击，或者认为防护措施足以保护系统自身，都是非常危险的。维护系统安全，必须进行主动监视，以检查系统中是否发生了入侵和攻击。

在一般意义上，入侵威胁分为外部渗透、内部渗透、不法行为三种，入侵行为分为物理入侵、系统入侵、远程入侵三种。此项关注的操作系统所面对的入侵威胁包含以上三种，造成入侵威胁的入侵行为主要是系统入侵和远程入侵两种。

系统入侵是指入侵者在拥有系统低级别权限账号的情况下进行的破坏活动。在通常情况下，如果没有及时更新系统补丁，拥有低级别权限的用户就可能利用系统漏洞获取更高的管理特权。

远程入侵是指入侵者通过网络来渗透系统。在这种情况下，入侵者通常不具有特殊权限，需要先通过漏洞扫描或端口扫描等技术发现攻击目标，再利用相关技术进行破坏活动。

【测评方法】

（1）访谈系统管理员并查看入侵检测措施。例如，通过"#more /var/log/secure | grep refused"命令查看入侵的重要线索（试图进行 Telnet、FTP 操作等）。

（2）核查是否启用了主机防火墙、TCP SYN 保护机制等。

（3）访谈系统管理员，了解是否安装了主机入侵检测软件，查看已安装的主机入侵检测软件是否具备报警功能。可以执行"find / -name <daemon name> -print"命令，核查是否安装了主机入侵检测软件，例如 Dragon Squire by Enterasys Networks、ITA by Symantec、Hostsentry by Psionic Software、LogCheck by Psionic Software、RealSecure agent by ISS。

（4）查看网络拓扑图，核查网络中是否部署了网络入侵检测系统。

【预期结果或主要证据】

（1）入侵的重要路径均被切断，不存在系统级入侵的可能。

（2）开启了主机防火墙的相关配置。

（3）安装了基于主机的 IDS 设备。若主机上未部署 IDS 设备，则可以在网络链路上查看主机本身是否为 IDS 或 IPS 设备。

（4）在发生入侵事件时有记录和报警措施等。

5. 恶意代码防范

恶意代码一般通过两种方式造成破坏：一是通过网络；二是通过主机。网络边界处的恶意代码防范可以说是防范工作的第一道门槛。然而，如果恶意代码通过网络传播，直接后果就是网络内的主机感染。所以，网关处的恶意代码防范并不是一劳永逸的。另外，各种移动存储设备接入主机，也可能使主机感染病毒，然后通过网络感染其他主机。这两种方式是交叉发生的，必须在两处同时进行防范，才能尽可能保证安全。

L3-CES1-23

【安全要求】

应采用免受恶意代码攻击的技术措施或主动免疫可信验证机制及时识别入侵和病毒行为，并将其有效阻断。

【要求解读】

Linux 操作系统面临木马和蠕虫的破坏。可以采用免受恶意代码攻击的技术措施或可信验证机制对恶意代码进行检测。

【测评方法】

（1）核查操作系统中安装的防病毒软件。访谈系统管理员，了解病毒库是否经常更新。核查病毒库是否为最新版本（更新日期是否超过一个星期，应为否）。

（2）核查操作系统是否实现了可信验证机制，是否能够对系统程序、应用程序和重要配置文件/参数进行可信验证。

【预期结果或主要证据】

（1）部署了网络版防病毒软件，病毒库为最新版本，支持防恶意代码统一管理。

（2）部署了主动免疫可信验证机制，可及时阻断病毒入侵行为。

6. 可信验证

L3-CES1-24

【安全要求】

可基于可信根对计算设备的系统引导程序、系统程序、重要配置参数和应用程序等进行可信验证，并在应用程序的关键执行环节进行动态可信验证，在检测到其可信性受到破坏后进行报警，并将验证结果形成审计记录送至安全管理中心。

【要求解读】

对服务器设备，需要在启动过程中对预装软件（包括系统引导程序、系统程序、相关应用程序和重要配置参数）进行完整性验证或检测，确保系统引导程序、系统程序、重要配置参数和关键应用程序的篡改行为能被发现并报警，以便进行后续的处置。

【测评方法】

（1）核查服务器启动时是否进行了可信验证，查看对哪些系统引导程序、系统程序或重要配置参数进行了可信验证。

（2）通过修改重要系统程序之一和应用程序之一，核查是否能够检测到修改行为并进行报警。

（3）核查是否已将验证结果形成审计记录送至安全管理中心。

【预期结果或主要证据】

（1）服务器具有可信根芯片或硬件。

（2）在启动过程中，已基于可信根对系统引导程序、系统程序、重要配置参数和关键应用程序等进行可信验证度量。

（3）在检测到可信性受到破坏后能够进行报警，并将验证结果形成审计记录送至安全管理中心。

（4）安全管理中心可以接收设备的验证结果记录。

4.3.2 Windows 服务器

Windows 是目前世界上用户数量最多、兼容性最强的操作系统之一。Windows 操作系统的等级测评主要涉及六个方面的内容，分别是身份鉴别、访问控制、安全审计、入侵防范、恶意代码防范、可信验证。

1．身份鉴别

（说明见 4.3.1 节"身份鉴别"部分。）

1）L3-CES1-01

【安全要求】

应对登录的用户进行身份标识和鉴别，身份标识具有唯一性，身份鉴别信息具有复杂度要求并定期更换。

【要求解读】

用户的身份标识和鉴别是指用户以一种安全的方式向操作系统提交自己的身份证明，

然后由操作系统确认用户的身份是否属实的过程。身份标识应具有唯一性。在用户进入Windows前，系统会弹出一个用户登录界面，要求用户输入用户名和密码，用户通过系统对用户名和密码的验证后即可登录。

猜测密码是操作系统遇到最多的攻击方法之一。等级测评对操作系统的密码策略提出了要求。在Windows操作系统中，对密码历史记录、密码更换时间间隔、密码长度、密码复杂度等都有要求。

【测评方法】

（1）核查用户是否需要输入用户名和密码才能登录。

（2）核查Windows的默认用户名是否具有唯一性。

（3）选择"控制面板"→"管理工具"→"计算机管理"→"本地用户和组"选项，检查有哪些用户，并尝试使用空口令登录。

（4）选择"控制面板"→"管理工具"→"本地安全策略"→"账户策略"→"密码策略"选项，核查密码策略设置是否合理。

【预期结果或主要证据】

（1）用户登录时需要输入用户名和密码。

（2）Windows用户名具有唯一性。

（3）无法使用空口令登录。

（4）结果如下，如图4-22所示。

● 密码复杂性要求：已启用。

● 密码长度：至少为8位。

● 密码最长使用期限：不为0。

● 密码最短使用期限：不为0。

● 强制密码历史：至少记住5个密码。

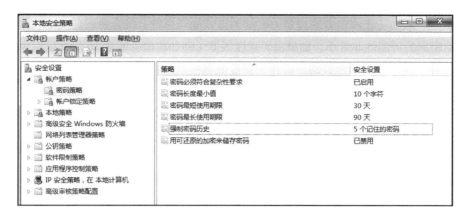

图 4-22

2）L3-CES1-02

【安全要求】

应具有登录失败处理功能，应配置并启用结束会话、限制非法登录次数和当登录连接超时自动退出等相关措施。

【要求解读】

由于非法用户能够通过反复输入密码达到猜测用户密码的目的，因此，应限制用户登录过程中连续输入错误密码的次数。在用户多次输入错误的密码后，操作系统应自动锁定该用户或在一段时间内禁止该用户登录，从而提高非法用户猜测密码的难度。

Windows 操作系统具有登录失败处理功能，可以通过适当配置账户锁定策略对用户的登录行为进行限制。

【测评方法】

（1）选择"控制面板"→"管理工具"→"本地安全策略"→"账户策略"→"密码锁定策略"选项，查看账户锁定时间和账户锁定阈值。

（2）在桌面上单击右键，在弹出的快捷菜单中选择"个性化"→"屏幕保护程序"选项，查看"等待时间"，以及"在恢复时显示登录屏幕"复选框是否被勾选。

需要说明的是，如果已经按照前面介绍的方法合理设置密码策略，此项要求就不是很重要了，因为在这种情况下，任何攻击者都不可能在一段合理的时间内猜出密码。例如，设置用户最大登录失败次数，一旦攻击者的登录失败次数超过设定的数值，系统将对其进行登录锁定，从而防止攻击者通过暴力破解的方式登录系统；结合密码定期更改策略，攻击者猜出密码的可能性非常小。如果密码强度很低（例如攻击者能在10次尝试以内猜出），那么问题并不在于账户锁定策略，而在于强度低到极点的密码。

【预期结果或主要证据】

（1）结果如下。

● 账户锁定时间：不为不适用。

● 账户锁定阈值：不为不适用。

（2）已启用远程登录连接超时自动退出的功能。

3）L3-CES1-03

【安全要求】

当进行远程管理时，应采取必要措施防止鉴别信息在网络传输过程中被窃听。

【要求解读】

为方便管理员进行管理操作，许多服务器都采用了网络登录的方式。Windows操作系统一般使用远程桌面（Remote Desktop）进行远程管理。《信息安全技术 网络安全等级保护基本要求》（以下简称为《基本要求》）规定，对传输的数据需要进行加密处理，目的是保障账户和口令的安全。

Windows Server 2003 SP1针对远程桌面提供了SSL加密功能，它可以基于SSL对RDP客户端提供终端服务器的服务器身份验证、加密和RDP客户端通信。要想使用远程桌面的SSL加密功能，远程桌面必须为RDP 5.2或以上版本，即所运行的操作系统必须为Windows Server 2003 SP1或以上版本。

【测评方法】

（1）如果采用本地管理或KVM等硬件管理方式，则此项要求默认满足。

（2）如果采用远程管理，则需采用带有加密管理的远程管理方式。在命令行窗口输入gpedit.msc命令，在弹出的"本地组策略编辑器"窗口查看"本地计算机 策略"→"计算机配置"→"管理模板"→"Windows组件"→"远程桌面服务"→"远程桌面会话主机"→"安全"中的相关项目。

【预期结果或主要证据】

（1）本地或 KVM 默认符合此项。

（2）远程运维采用加密的 RDP 协议。

4）L3-CES1-04

【安全要求】

应采用口令、密码技术、生物技术等两种或两种以上组合的鉴别技术对用户进行身份鉴别，且其中一种鉴别技术至少应使用密码技术来实现。

【要求解读】

采用组合的鉴别技术对用户进行身份鉴别是防止身份欺骗的有效方法。在这里，两种或两种以上组合的鉴别技术是指同时使用不同种类的（至少两种）鉴别技术对用户进行身份鉴别，且其中至少一种鉴别技术应使用密码技术来实现。

【测评方法】

询问系统管理员，了解系统是否采用由口令、数字证书、生物技术等中的两种或两种以上组合的鉴别技术对用户身份进行鉴别，并核查其中一种鉴别技术是否使用密码技术来实现。

【预期结果或主要证据】

至少采用了两种鉴别技术，其中之一为口令或生物技术，另外一种为基于密码技术的鉴别技术（例如使用基于国密算法的数字证书或数字令牌）。

2. 访问控制

（说明见 4.3.1 节 "访问控制" 部分。）

1）L3-CES1-05

【安全要求】

应对登录的用户分配账户和权限。

【要求解读】

访问控制是安全防范和保护的主要策略。操作系统访问控制的主要任务是保证操作系统中的资源不被非法使用和访问。使用访问控制的目的是通过限制用户对特定资源的访问来保护系统资源。操作系统中的每个文件或目录都有访问权限，这些访问权限决定了谁能访问及如何访问这些文件和目录。对操作系统中的一些重要文件，需要严格控制其访问权限，从而提高系统的安全性。因此，为了确保系统的安全，需要为登录的用户分配账户并合理配置账户权限。

在 Windows 操作系统中，不能对 everyone 账户开放重要目录，因为这样做会带来严重的安全问题。在权限控制方面，尤其要注意文件权限更改对应用系统造成的影响。

【测评方法】

访谈系统管理员，了解能够登录 Windows 操作系统的账户及它们拥有的权限。选择 %systemdrive%\windows\system、%systemroot%\system32\config 等文件夹，单击右键，在弹出的快捷菜单中选择"属性"→"安全"选项，查看 everyone 组、users 组和 administrators 组的权限设置。

【预期结果或主要证据】

（1）各用户具有最小角色权限且分别登录。

（2）不存在匿名用户，默认用户账号只能由管理员登录。

2）L3-CES1-06

【安全要求】

应重命名或删除默认账户，修改默认账户的默认口令。

【要求解读】

由于操作系统默认账户的某些权限与实际系统的要求可能存在差异而造成安全隐患，所以，应重命名或删除这些默认账户，并修改默认账户的默认口令。

Windows 系统管理员的账户名是 Administrator。在某些情况下，攻击者可以省略猜测用户名这个步骤，直接破解密码。因此，允许默认账户访问的危害是显而易见的。

【测评方法】

在命令行窗口输入 lusrmgr.msc 命令，在弹出的"本地用户和组(本地)\用户"窗口查看"本地用户和组(本地)"→"用户"下的相关项目，如图 4-23 所示。

图 4-23

【预期结果或主要证据】

（1）Windows 操作系统的默认账户 Administrator 已被禁用或重命名。

（2）已修改账户的默认口令。

（3）已禁用 guest 账户。

3）L3-CES1-07

【安全要求】

应及时删除或停用多余的、过期的账户，避免共享账户的存在。

【要求解读】

操作系统运行一段时间后，会因业务应用或管理员岗位的调整而出现一些多余的、过期的账户，也会出现多个系统管理员或用户使用同一账户登录的情况，导致无法通过审计追踪定位自然人。多余的、过期的账户可能会被攻击者利用进行非法操作。因此，应及时清理系统中的账户，删除或停用多余的、过期的账户，同时避免共享账户的存在。

【测评方法】

在命令行窗口输入 lusrmgr.msc 命令，在弹出的"本地用户和组(本地)\用户"窗口查看"本地用户和组(本地)"→"用户"下的相关项目。访谈系统管理员，了解各账户的用途，核查账户是否属于多余的、过期的或共享账户名的。

【预期结果或主要证据】

（1）不存在多余的账户和测试时使用的过期账户。

（2）不存在多部门、多人共享账户的情况。

4）L3-CES1-08

【安全要求】

应授予管理用户所需的最小权限，实现管理用户的权限分离。

【要求解读】

根据管理用户的角色对权限进行细致的划分，有利于各岗位精准协调工作。同时，仅授予管理用户所需的最小权限，可以避免因出现权限漏洞而使一些高级别用户拥有过高的权限。

【测评方法】

在命令行窗口输入 secpol.msc 命令，在弹出的"本地安全策略"窗口查看"安全设置"→"本地策略"→"用户权限分配"下的相关项目，在详细信息窗格中可以看到可配置的用户权限策略。

【预期结果或主要证据】

（1）设置了系统管理员、安全员、审计员角色，并根据管理用户的角色分配权限，实现了管理用户的权限分离。

（2）仅授予管理用户需要的最小权限，角色的权限之间相互制约。

5）L3-CES1-09

【安全要求】

应由授权主体配置访问控制策略，访问控制策略规定主体对客体的访问规则。

【要求解读】

操作系统的访问控制策略应由授权主体（例如安全管理员）进行配置，非授权主体不得更改访问控制策略。访问控制策略规定了操作系统用户对操作系统资源（例如文件和目录）具有哪些权限、能进行哪些操作。通过在操作系统中配置访问控制策略，可以实现对操作系统各用户权限的限制。

【测评方法】

（1）询问系统管理员，了解哪些用户能够配置访问控制策略。

（2）查看重点目录的权限配置，了解是否依据安全策略配置访问规则。

【预期结果或主要证据】

（1）由安全管理员授权设置访问控制策略。

（2）配置了主体对客体的访问控制策略并统一管理。

6）L3-CES1-10

【安全要求】

访问控制的粒度应达到主体为用户级或进程级，客体为文件、数据库表级。

【要求解读】

此项明确提出了访问控制粒度方面的要求。重点目录的访问控制主体可能为某个用户或某个进程，应能够控制用户或进程对文件、数据库表等客体的访问。

【测评方法】

选择 %systemdrive%\program files、%systemdrive%\system32 等重要的文件夹，以及 %systemdrive%\Windows\system32\config、%systemdrive%\Windows\system32\secpol 等重要的文件，单击右键，在弹出的快捷菜单中选择"属性"→"安全"选项，查看访问权限设置。

【预期结果或主要证据】

（1）用户权限设置合理。

（2）用户依据访问控制策略对各类文件和数据库表进行访问。

7）L3-CES1-11

【安全要求】

应对重要主体和客体设置安全标记，并控制主体对有安全标记信息资源的访问。

【要求解读】

敏感标记是强制访问控制的依据，主体和客体都有，存在形式多样，既可能是整型数字，也可能是字母，总之，它表示主体和客体的安全级别。敏感标记由强认证的安全管理员设置。安全管理员通过对重要信息资源设置敏感标记来决定主体以何种权限对客体进行操作，实现强制访问控制。

在操作系统能够对信息资源设置敏感标记的前提下，应严格按照安全策略控制用户对相关资源的操作。

【测评方法】

（1）查看操作系统功能手册或相关文档，确认操作系统是否具备对信息资源设置敏感标记的功能。

（2）询问管理员是否对重要信息资源设置了敏感标记。

（3）询问或查看当前敏感标记策略的相关设置。例如，如何进行敏感标记分类、如何设定访问权限等。

【预期结果或主要证据】

（1）若系统中有敏感数据，则已为不同层面的人员分别设置强制访问控制策略。若系统中没有敏感数据，则此项不适用。

（2）在主体和客体层面分别设置了不同的敏感标记，并由管理员基于这些标记设置访问控制路径。

（3）系统内核进行了二次开发加固（需要实际查看系统可视化界面）。部署了第三方主机加固系统，可以设置主体和客体的安全标记，并控制主体对客体的访问路径。

3. 安全审计

（说明见 4.3.1 节"安全审计"部分。）

1）L3-CES1-12

【安全要求】

应启用安全审计功能，审计覆盖到每个用户，对重要的用户行为和重要安全事件进行审计。

【要求解读】

安全审计通过关注系统和网络日志文件、目录和文件中不期望的改变、程序执行中的不期望行为、物理形式的入侵信息等来检查和防止虚假数据和欺骗行为，是保障计算机系统本地安全和网络安全的重要技术。因为对审计信息的分析可以为计算机系统的脆弱性评估、责任认定、损失评估、系统恢复提供关键信息，所以，审计必须覆盖所有的操作系统用户。

Windows 操作系统通过配置和开启安全审计功能、合理地配置安全审计内容、对重要的用户行为和重要安全事件进行审计，能够及时、准确地了解和判断安全事件的内容和性质，极大地节省系统资源。

【测评方法】

（1）查看系统是否开启了安全审计功能。在命令行窗口输入 secpol.msc 命令，在弹出的"本地安全策略"窗口选择"安全设置"→"本地策略"→"审计策略"选项，在右侧的详细信息窗格中查看审计策略的设置情况。

（2）询问系统管理员并查看是否使用了第三方审计工具或系统。

【预期结果或主要证据】

（1）结果如下，如图 4-24 所示。

- 审核策略更改：成功，失败。
- 审核登录事件：成功，失败。
- 审核对象访问：成功，失败。
- 审核进程跟踪：成功，失败。
- 审核目录服务访问：失败。
- 审核特权使用：失败。
- 审核系统事件：成功，失败。
- 审核账户登录事件：成功，失败。
- 审核账户管理：成功，失败。

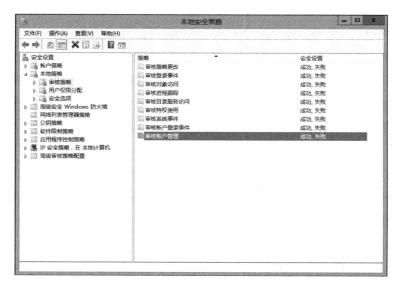

图 4-24

记录内容应包括如表 4-1 所示的项目。

表 4-1

审核项目	审核内容	成功	失败
审核账户登录事件	审核计算机用于验证用户身份的登录事件。也就是说，在域控制器上将审核所有的域登录事件，而在域成员上仅审核使用本地账户的事件	√	√
审核账户管理	审核所有涉及账户管理的事件，例如账户创建、账户锁定、账户删除等	√	√
审核目录服务访问	启用对 Active Directory 对象的访问的审核。此设置本身不会真正导致生成任何事件，仅当在对象上定义了 SACL 时才会审核访问。因此，启用成功和失败审核两者，才能使 SACL 生效	√	√
审核登录事件	审核在应用此策略的系统中发生的登录事件（无论账户属于谁）。也就是说，在域成员上为此启用成功审核，将在有人登录系统时生成一个事件。如果用于登录的账户是本地的，并且启用了"审核账户登录事件"设置，则该登录行为将生成两个事件	√	√
审核对象访问	启用对所有可审核对象的访问的审核，例如对文件系统和注册表对象（目录服务对象除外）的访问。这些设置本身不会导致审核任何事件。它仅启用审核，使定义了 SACL 的对象得以被审核。因此，应当为此设置启用成功和失败审核两者	√	√
审核策略更改	定义是否审核对用户权限分配策略、审核策略或信任策略的更改。由于对此类型的访问的失败审核实际上并无意义，因此只需对此设置启用成功审核	√	
审核系统事件	审核系统关闭、启动和影响系统或安全日志的事件，例如清除日志	√	

（2）部署了第三方审计工具，能够实现对用户的全覆盖（主要针用户操作行为进行审计）。

2）L3-CES1-13

【安全要求】

审计记录应包括事件的日期和时间、用户、事件类型、事件是否成功及其他与审计相关的信息。

【要求解读】

详细的审计记录是实现有效审计的保证。审计记录应包括事件的日期、时间、类型、主体标识、客体标识和结果等。审计记录中的详细信息能够帮助管理员或其他相关检查人员准确地分析和定位事件。

【测评方法】

（1）查看审计记录是否包含要求的信息。在命令行窗口输入 eventvwr.msc 命令，将弹出"事件查看器"窗口。"事件查看器(本地)"下的"Windows 日志"包括"应用程序""安全""设置""系统"等事件类型。单击任意类型事件，查看是否满足此项要求。

（2）如果安装了第三方审计工具，则查看审计记录是否包括日期、时间、类型、主体标识、客体标识和结果。

【预期结果或主要证据】

（1）Windows 操作系统事件查看器中的审计记录默认满足此项。

（2）在第三方审计工具中查看审计记录，审计信息包含日期、主体、客体、类型等。

3）L3-CES1-14

【安全要求】

应对审计记录进行保护，定期备份，避免受到未预期的删除、修改或覆盖等。

【要求解读】

非法用户进入系统后的第一件事情就是清理系统日志和审计日志，而发现入侵行为最简单、最直接的方法就是查看系统日志和安全审计文件。因此，必须对审计记录进行安全保护，避免其受到未预期的删除、修改或覆盖等。

【测评方法】

（1）如果日志数据是在本地保存的，则核查审计记录备份周期、有无异地备份。在命令行窗口输入 eventvwr.msc 命令，将弹出"事件查看器"窗口。"事件查看器(本地)"下的"Windows 日志"包括"应用程序""安全""设置""系统"等事件类型。右键单击事件类型，在弹出的快捷菜单中选择"属性"选项，查看日志存储策略。

（2）核查日志数据是否存储在日志服务器上及审计策略设置是否合理。

【预期结果或主要证据】

（1）如果日志数据是在本地存储的，则存储目录、周期和相关策略等设置合理。

（2）如果部署了日志服务器，则审计策略设置合理。

4）L3-CES1-15

【安全要求】

应对审计进程进行保护，防止未经授权的中断。

【要求解读】

保护审计进程，确保当安全事件发生时能够及时记录事件的详细信息。Windows 操作系统具备在审计进程中进行自我保护的功能。

【测评方法】

（1）访谈系统管理员，了解是否有第三方对审计进程采取监控和保护措施。

（2）在命令行窗口输入 secpol.msc 命令，将弹出"本地安全策略"窗口。单击"安全设置"→"本地策略"→"用户权限分配"选项，单击右键，在弹出的快捷菜单中选择"管理审核和安全日志"选项，查看是否只有系统审计员或系统审计员所在的用户组具有"管理审核和安全日志"权限。

【预期结果或主要证据】

（1）由第三方对审计进程进行监控和保护。

（2）非审计人员不能登录和操作日志。由专人负责审计日志的管理。

4．入侵防范

（说明见 4.3.1 节"入侵防范"部分。）

1）L3-CES1-17

【安全要求】

应遵循最小安装的原则，仅安装需要的组件和应用程序。

【要求解读】

在安装 Windows 操作系统时，会默认安装许多非必要的组件和应用程序。为了避免多余的组件和应用程序带来的安全风险，通常应遵循最小安装的原则，仅安装需要的组件和应用程序等。例如，一台只提供下载服务的 FTP 服务器启用了邮件服务，该邮件服务对于此 FTP 服务器来说就属于多余的服务。再如，一台文件服务器上安装了游戏软件，该游戏软件就属于多余的应用程序。

【测评方法】

（1）询问系统管理员，了解安装的各组件的用途及有无多余的组件。在命令行窗口输入 dcomcnfg 命令，打开"组件服务"界面，选择"控制台根节点"→"组件服务"→"计算机"→"我的电脑"选项，查看右侧组件列表中的内容。

（2）询问系统管理员，了解安装的应用程序的用途及有无多余的应用程序。在命令行窗口输入 appwiz.cpl 命令，打开"程序和功能"界面，如图 4-25 所示，查看右侧程序列表中的内容。

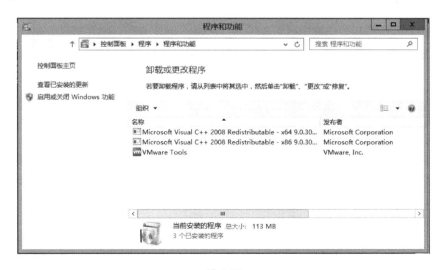

图 4-25

【预期结果或主要证据】

（1）未安装非必要的组件。

（2）未安装非必要的应用程序。

2）L3-CES1-18

【安全要求】

应关闭不需要的系统服务、默认共享和高危端口。

【要求解读】

在安装 Windows 操作系统时，默认会开启许多非必要的系统服务。为了避免多余的系统服务带来的安全风险，通常可以将其禁用或卸载。Windows 会开启默认共享（例如 C$、D$），为了避免默认共享带来的安全风险，应关闭 Windows 硬盘默认共享。查看监听端口，可以直观地发现并对比系统中运行的服务和程序。关闭高危端口是操作系统中常用的安全加固方式。

【测评方法】

（1）查看系统服务。在命令行窗口输入 services.msc 命令，打开系统服务管理界面。查看右侧的服务详细列表中是否存在多余的服务（应为不存在），例如 Alerter、Remote Registry Service、Messenger、Task Scheduler 是否已启动（应为否）。

（2）查看监听端口。在命令行窗口输入 "netstat -an" 命令，查看列表中的监听端口是否包括高危端口（应为否），例如 TCP 135、139、445、593、1025 端口，UDP 135、137、138、445 端口，以及一些流行病毒的后门端口，例如 TCP 2745、3127、6129 端口。

（3）查看默认共享。在命令行窗口输入 "net share" 命令，查看本地计算机的所有共享资源的信息，核查是否打开了默认共享（应为否），例如 C$、D$。

（4）查看主机防火墙策略。在命令行窗口输入 firewall.cpl 命令，打开 Windows 防火墙界面，查看 Windows 防火墙是否已启用。单击左侧列表中的"高级设置"选项，打开"高级安全 Windows 防火墙"窗口。单击左侧列表中的"入站规则"选项，将显示 Windows 防火墙的入站规则。查看入站规则是否已阻止访问多余的服务或高危端口。

【预期结果或主要证据】

（1）不存在多余的服务，如图 4-26 所示。

图 4-26

（2）未开启非必要端口，如图 4-27 所示。

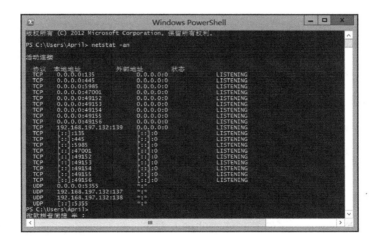

图 4-27

（3）未开启默认共享，如图 4-28 所示。

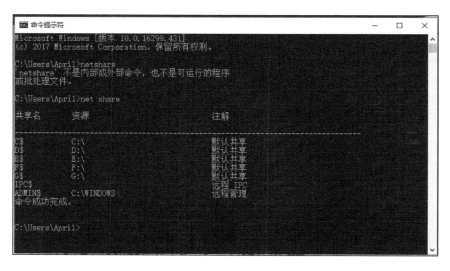

图 4-28

（4）防火墙规则已阻止访问多余的服务或高危端口。

3）L3-CES1-19

【安全要求】

应通过设定终端接入方式或网络地址范围对通过网络进行管理的管理终端进行限制。

【要求解读】

通过设定终端接入方式、网络地址范围等条件来限制终端登录，可以大大节省系统资源，保证系统的可用性，同时提高系统的安全性。对于 Windows 操作系统，可以通过主机防火墙或 TCP/IP 筛选实现以上功能。

【测评方法】

（1）询问系统管理员，了解管理终端的接入方式。

（2）查看主机防火墙对登录终端接入地址的限制。在命令行窗口输入 firewall.cpl 命令，打开 Windows 防火墙界面，查看 Windows 防火墙是否已启用。单击左侧列表中的"高级设置"选项，打开"高级安全 Windows 防火墙"窗口，然后单击左侧列表中的"入站规则"选项，双击右侧入站规则中的"远程桌面-用户模式(TCP-In)"选项，打开"远程桌面-用户模式(TCP-In)属性"窗口，选择"作用域"选项，查看相关项目。

（3）查看 IP 筛选器对登录终端接入地址的限制。在命令行窗口输入 gpedit.msc 命令，打开本地组策略编辑器界面。单击左侧列表中的"本地计算机策略"→"计算机配置"→"Windows 设置"→"安全设置"→"IP 安全策略"选项，双击右侧本地计算机限制登录终端地址的相关策略，查看"IP 筛选器列表"和"IP 筛选器 属性"的内容。

（4）询问系统管理员，并查看是否已通过网络设备或硬件防火墙对终端接入方式、网络地址范围等条件进行限制。

【预期结果或主要证据】

（1）已通过主机防火墙设置访问控制规则。

（2）已通过网络防火墙、堡垒机、IP 地址段进行接入地址限制。

4）L3-CES1-21

【安全要求】

应能发现可能存在的已知漏洞，并在经过充分测试评估后，及时修补漏洞。

【要求解读】

攻击者可能利用操作系统中的安全漏洞对操作系统进行攻击。因此，应对操作系统进行漏洞扫描，及时发现操作系统中的已知漏洞，并在经过充分的测试和评估后更新系统补丁，避免由系统漏洞带来的风险。

【测评方法】

访谈系统管理员，了解是否定期对操作系统进行漏洞扫描，是否已对扫描发现的漏洞进行评估和补丁更新测试，是否能及时进行补丁更新，并了解更新的方法。在命令行窗口输入 appwiz.cpl 命令，打开"程序和功能"界面，单击左侧列表中的"查看已安装的更新"选项，打开"已安装更新"界面，查看右侧列表中的补丁更新情况。

【预期结果或主要证据】

已对操作系统补丁进行测试和安装，安装的补丁为较新的稳定版本。

5）L3-CES1-22

【安全要求】

应能够检测到对重要节点进行入侵的行为，并在发生严重入侵事件时提供报警。

【要求解读】

要想维护真正安全的环境，只有安全的系统是远远不够的。假设系统自身不会受到攻击，或者认为防护措施足以保护系统自身，都是非常危险的。维护系统安全，必须进行主动监视，以检查系统中是否发生了入侵和攻击。

在一般意义上，入侵威胁分为外部渗透、内部渗透、不法行为三种，入侵行为分为物理入侵、系统入侵、远程入侵三种。此项关注的操作系统所面对的入侵威胁包含以上三种，造成入侵威胁的入侵行为主要是系统入侵和远程入侵两种。

系统入侵是指入侵者在拥有系统低级别权限账号的情况下进行的破坏活动。在通常情况下，如果没有及时更新系统补丁，拥有低级别权限的用户就可能利用系统漏洞获取更高的管理特权。

远程入侵是指入侵者通过网络来渗透系统。在这种情况下，入侵者通常不具有特殊权限，需要先通过漏洞扫描或端口扫描等技术发现攻击目标，再利用相关技术进行破坏活动。

【测评方法】

（1）访谈系统管理员，核查是否安装了主机入侵检测软件。查看已安装的主机入侵检测软件的配置（例如是否具备报警功能）。

（2）查看网络拓扑图，核查网络中是否部署了网络入侵检测系统。

【预期结果或主要证据】

（1）已安装主机入侵检测软件，并配置了报警功能。

（2）网络中部署了 IDS、IPS 软件。

5. 恶意代码防范

（说明见 4.3.1 节"恶意代码防范"部分。）

L3-CES1-23

【安全要求】

应采用免受恶意代码攻击的技术措施或主动免疫可信验证机制及时识别入侵和病毒行为，并将其有效阻断。

【要求解读】

在 Windows 操作系统中，木马和蠕虫的泛滥使防范恶意代码的破坏显得尤为重要。应采取避免恶意代码攻击的技术措施或可信验证技术，例如在主机上部署防病毒软件或其他可信验证技术。基于网络和基于主机的防病毒软件在系统内构成立体的防护结构，属于深层防御的一部分。基于网络的防病毒软件的病毒库应与基于主机的防病毒软件的病毒库不同。只有所有主机都及时更新病毒库，才能够防止病毒的入侵。因此，应配置统一的病毒管理策略，统一更新病毒库，定时进行查杀，从而及时发现入侵行为并进行有效的阻断。

【测评方法】

（1）询问系统管理员，核查病毒库的更新策略。核查系统中安装的防病毒软件，以及病毒库的更新时间是否超过一个星期（应为否）。

（2）核查系统采用的可信验证机制，访谈系统管理员以了解其实现原理等。

（3）询问系统管理员，了解网络防病毒软件和主机防病毒软件分别采用何种病毒库。

（4）询问系统管理员，了解是否已采用统一的病毒更新策略和查杀策略。

（5）询问系统管理员，了解如何发现并有效阻断病毒入侵行为及报警机制等。

【预期结果或主要证据】

（1）系统中安装了网络版杀毒软件，病毒库为最新版本。

（2）系统采用的可信验证机制的实现原理为基于可信根的 TPM 技术等。

（3）网络版防病毒软件和主机防病毒软件具备不同的病毒库，具有异构的特点。

（4）防病毒软件为网络版，可统一更新病毒库。

（5）有针对病毒入侵行为的电子邮件报警机制。

6. 可信验证

L3-CES1-24

【安全要求】

可基于可信根对计算设备的系统引导程序、系统程序、重要配置参数和应用程序等进行可信验证，并在应用程序的关键执行环节进行动态可信验证，在检测到其可信性受到破坏后进行报警，并将验证结果形成审计记录送至安全管理中心。

【要求解读】

见 4.3.1 节"可信验证"部分。

【测评方法】

见 4.3.1 节"可信验证"部分。

【预期结果或主要证据】

见 4.3.1 节"可信验证"部分。

4.4　终端设备

终端设备的安全等级测评主要涉及五个方面的内容，分别是身份鉴别、访问控制、入侵防范、恶意代码防范、可信验证。本节以 Windows 终端为例进行说明。

1. 身份鉴别

为确保终端的安全，必须对终端的每个用户或与之相连的设备进行有效的标识与鉴别。只有通过鉴别的用户，才能被赋予相应的权限，进入终端，并在规定的权限范围内进行操作。

1）L3-CES1-01

【安全要求】

应对登录的用户进行身份标识和鉴别，身份标识具有唯一性，身份鉴别信息具有复杂度要求并定期更换。

【要求解读】

用户的身份标识和鉴别是指用户以一种安全的方式向操作系统提交自己的身份证明，然后由操作系统确认用户的身份是否属实的过程。身份标识应具有唯一性。在用户进入 Windows 桌面前，系统会弹出一个用户登录界面，要求用户输入用户名和密码，用户通过验证才可以登录。

【测评方法】

（1）核查用户是否需要输入用户名和密码才能登录。

（2）核查 Windows 默认用户名是否具备唯一性。

（3）选择"控制面板"→"管理工具"→"计算机管理"→"本地用户和组"选项，检查有哪些用户，并尝试以空口令登录（应为无法登录）。

（4）选择"控制面板"→"管理工具"→"本地安全策略"→"账户策略"→"密码策略"选项，核查密码策略的配置是否合理。

【预期结果或主要证据】

（1）用户需要输入用户名和密码才能登录。

（2）用户需要具备唯一性才能登录。

（3）使用空口令登录，未成功。

（4）密码策略如下。

● 密码复杂性要求：已启用。

● 密码长度：不少于 8 位。

● 密码最长使用时间：不超过 90 天。

● 密码最短使用时间：不为 0。

● 强制密码历史：至少记住 5 个密码。

2）L3-CES1-02

【安全要求】

应具有登录失败处理功能，应配置并启用结束会话、限制非法登录次数和当登录连接超时自动退出等相关措施。

【要求解读】

由于非法用户能够通过反复输入密码达到猜测用户密码的目的，因此，应该限制用户登录过程中连续输入错误密码的次数。如果用户多次输入错误密码，操作系统应自动锁定该用户或在一段时间内禁止该用户登录，从而提高非法用户猜测密码的难度。

Windows 操作系统具有登录失败处理功能，可以通过适当配置账户锁定策略对用户的登录行为进行限制。

【测评方法】

（1）选择"控制面板"→"管理工具"→"本地安全策略"→"账户策略"→"密码锁定策略"选项，核查密码锁定策略的配置是否合理。

（2）在桌面上单击右键，在弹出的快捷菜单中选择"个性化"→"屏幕保护程序"选项，查看"等待时间"，以及"在恢复时显示登录屏幕"复选框是否被勾选。

【预期结果或主要证据】

（1）密码锁定策略如下。

● 账户锁定时间：不为不适用。

● 账户锁定阈值：不为不适用。

（2）已启用远程登录连接超时自动退出的功能。

3）L3-CES1-03

【安全要求】

当进行远程管理时，应采取必要措施防止鉴别信息在网络传输过程中被窃听。

【要求解读】

为方便管理员进行管理操作，许多操作系统都采用了网络登录的方式。Windows 操作系统一般使用远程桌面进行远程管理。《基本要求》规定，对传输的数据需要进行加密处理，目的是保障账户和口令的安全。

【测评方法】

（1）如果采用本地管理或 KVM 等硬件管理方式，则此项要求默认满足。

（2）如果采用远程管理，则需采用带有加密管理的远程管理方式。在命令行窗口输入 gpedit.msc 命令，在弹出的"本地组策略编辑器"窗口查看"本地计算机 策略"→"计算机配置"→"管理模板"→"Windows 组件"→"远程桌面服务"→"远程桌面会话主机"→"安全"中的相关项目。

【预期结果或主要证据】

（1）本地或 KVM 默认符合此项。

（2）远程运维采用加密的 RDP 协议。

2．访问控制

在操作系统中实施访问控制的目的是保证系统资源（操作系统）受控、合法地被使用。用户只能根据自己的权限来访问终端资源，不得越权访问。

1）L3-CES1-05

【安全要求】

应对登录的用户分配账户和权限。

【要求解读】

访问控制是安全防范和保护的主要策略。操作系统访问控制的主要任务是保证操作系统中的资源不被非法使用和访问。使用访问控制的目的是通过限制用户对特定资源的访问来保护系统资源。操作系统中的每个文件或目录都有访问权限，这些访问权限决定了谁能访问及如何访问这些文件和目录。对操作系统中的一些重要文件，需要严格控制其访问权限，从而提高系统的安全性。因此，为了确保系统的安全，需要给登录的用户分配账户并合理配置账户权限。

【测评方法】

访谈系统管理员，了解能够登录操作系统的账户，以及它们所拥有的权限。选择%systemdrive%\windows\system、%systemroot%\system32\config 等文件夹，单击右键，在弹出的快捷菜单中选择"属性"→"安全"选项，查看 everyone 组、users 组和 administrators 组的权限设置。

【预期结果或主要证据】

（1）各用户具有最小角色权限且分别登录。

（2）不存在匿名用户，默认用户账号只能由管理员登录。

2）L3-CES1-06

【安全要求】

应重命名或删除默认账户，修改默认账户的默认口令。

【要求解读】

由于操作系统默认账户的某些权限与实际系统的要求可能存在差异而造成安全隐患，

所以，应重命名或删除这些默认账户，并修改默认账户的默认口令。

Windows 系统管理员的账户名是 Administrator。在某些情况下，攻击者可以省略猜测用户名这个步骤，直接破解密码。因此，允许默认账户访问的危害是显而易见的。

【测评方法】

在命令行窗口输入 lusrmgr.msc 命令，在弹出的"本地用户和组(本地)用户"窗口查看"本地用户和组(本地)"→"用户"下的相关项目（如图 4-23 所示）。

【预期结果或主要证据】

（1）Windows 操作系统的默认账户 Administrator 已被禁用或重命名。

（2）已修改账户的默认口令。

（3）已禁用 guest 账户。

3）L3-CES1-07

【安全要求】

应及时删除或停用多余的、过期的账户，避免共享账户的存在。

【要求解读】

操作系统运行一段时间后，会因业务应用或管理员岗位的调整而出现一些多余的、过期的账户，也会出现多个系统管理员或用户使用同一账户登录的情况，导致无法通过审计追踪定位自然人。多余的、过期的账户可能会被攻击者利用进行非法操作。因此，应及时清理系统中的账户，删除或停用多余的、过期的账户，同时避免共享账户的存在。

【测评方法】

在命令行窗口输入 lusrmgr.msc 命令，在弹出的"本地用户和组(本地)\用户"窗口查看"本地用户和组(本地)"→"用户"下的相关项目。访谈系统管理员，了解各账户的用途，核查账户是否属于多余的、过期的或共享账户名的。

【预期结果或主要证据】

（1）不存在多余的账户和测试时使用的过期账户等。

（2）不存在多部门、多人共享账户的情况。

3. 入侵防范

基于终端的入侵防范，重点在于终端安装的组件、端口等高危风险点。

1）L3-CES1-17

【安全要求】

应遵循最小安装的原则，仅安装需要的组件和应用程序。

【要求解读】

在安装 Windows 操作系统时，会默认安装许多非必要的组件和应用程序。为了避免多余的组件和应用程序带来的安全风险，通常应遵循最小安装的原则，仅安装需要的组件和应用程序等。

【测评方法】

（1）询问系统管理员，了解安装的各组件的用途及有无多余的组件。在命令窗口行输入 dcomcnfg 命令，打开"组件服务"界面，选择"控制台根节点"→"组件服务"→"计算机"→"我的电脑"选项，查看右侧组件列表中的内容。

（2）询问系统管理员，了解安装的应用程序的用途及有无多余的应用程序。在命令行窗口输入 appwiz.cpl 命令，打开"程序和功能"界面（如图 4-25 所示），查看右侧程序列表中已安装的应用程序。

【预期结果或主要证据】

（1）未安装非必要的组件。

（2）未安装非必要的应用程序。

2）L3-CES1-18

【安全要求】

应关闭不需要的系统服务、默认共享和高危端口。

【要求解读】

在安装 Windows 操作系统时，默认会开启许多非必要的系统服务。为了避免多余的系统服务带来的安全风险，通常可以将其禁用或卸载。Windows 会开启默认共享（例如 C$、D$），为了避免默认共享带来的安全风险，应关闭 Windows 硬盘默认共享。查看监听端口，可以直观地发现并对比系统中运行的服务和程序。关闭高危端口是操作系统中常用的安全加固方式。

【测评方法】

（1）查看系统服务。在命令行窗口输入 services.msc 命令，打开系统服务管理界面。查看右侧的服务详细列表中是否存在多余的服务（应为不存在），例如 Alerter、Remote Registry Service、Messenger、Task Scheduler 是否已启动（应为否）。

（2）查看监听端口。在命令行窗口输入 "netstat -an" 命令，查看列表中的监听端口是否包括高危端口（应为否），例如 TCP 135、139、445、593、1025 端口，UDP 135、137、138、445 端口，以及一些流行病毒的后门端口，例如 TCP 2745、3127、6129 端口。

（3）查看默认共享。在命令行窗口输入 "net share" 命令，查看本地计算机的所有共享资源的信息，核查是否打开了默认共享（应为否），例如 C$、D$。

（4）查看主机防火墙策略。在命令行窗口输入 firewall.cpl 命令，打开 Windows 防火墙界面，查看 Windows 防火墙是否已启用。单击左侧列表中的"高级设置"选项，打开"高级安全 Windows 防火墙"窗口。单击左侧列表中的"入站规则"选项，将显示 Windows 防火墙的入站规则。查看入站规则是否已阻止访问多余的服务或高危端口。

【预期结果或主要证据】

（1）未安装非必要的服务。

（2）未打开非必要的端口。

（3）未开启默认共享。

（4）防火墙规则已阻止访问多余的服务或高危端口。

3）L3-CES1-21

【安全要求】

应能发现可能存在的已知漏洞，并在经过充分测试评估后，及时修补漏洞。

【要求解读】

攻击者可能利用操作系统中的安全漏洞对操作系统进行攻击。因此，应对操作系统进行漏洞扫描，及时发现操作系统中的已知漏洞，并在经过充分的测试和评估后更新系统补丁，避免由系统漏洞带来的风险。

【测评方法】

访谈系统管理员，了解是否定期对操作系统进行漏洞扫描，是否已对扫描发现的漏洞进行评估和补丁更新测试，是否能及时进行补丁更新，并了解更新的方法。在命令行窗口输入 appwiz.cpl 命令，打开"程序和功能"界面，单击左侧列表中的"查看已安装的更新"选项，打开"已安装更新"界面，查看右侧列表中的补丁更新情况。核查针对终端操作系统的漏洞扫描报告及后续更新情况报告。

【预期结果或主要证据】

已对操作系统补丁进行测试和安装，安装的补丁为较新的稳定版本。

4. 恶意代码防范

恶意代码一般通过两种方式造成破坏：一是通过网络；二是通过主机。网络边界处的恶意代码防范可以说是防范工作的第一道门槛。然而，如果恶意代码通过网络传播，直接后果就是网络内的主机（包括终端）感染。所以，网关处的恶意代码防范并不是一劳永逸的。另外，各种移动存储设备接入主机（或者终端），也可能使主机感染病毒，然后通过网络感染其他主机。这两种方式是交叉发生的，必须在两处同时进行防范，才能尽可能保证安全。

L3-CES1-23

【安全要求】

应采用免受恶意代码攻击的技术措施或主动免疫可信验证机制及时识别入侵和病毒行为，并将其有效阻断。

【要求解读】

在 Windows 操作系统中，应采取避免恶意代码攻击的技术措施或可信验证技术，例如在终端上部署防病毒软件或其他可信验证技术。防病毒系统应配置统一的病毒管理策略，统一更新病毒库，定时进行查杀，从而及时发现入侵行为并进行有效的阻断。

【测评方法】

（1）询问系统管理员，核查病毒库的更新策略。核查终端上安装的防病毒软件，以及病毒库的更新时间是否超过一个星期（应为否）。

（2）核查终端采用的可信验证机制，访谈系统管理员以了解其实现原理等。

（3）询问系统管理员，了解网络防病毒软件和主机防病毒软件分别采用何种病毒库。

（4）询问系统管理员，了解是否已采用统一的病毒更新策略和查杀策略。

（5）询问系统管理员，了解如何发现并有效阻断病毒入侵行为及报警机制等。

【预期结果或主要证据】

（1）终端上安装了网络版杀毒软件，病毒库为最新版本。

（2）终端采用的可信验证机制的实现原理为基于可信根的 TPM 技术等。

（3）网络版防病毒软件和主机防病毒软件具备不同的病毒库，具有异构的特点。

（4）防病毒软件为网络版，可统一更新病毒库。

（5）有针对病毒入侵行为的电子邮件报警机制。

5. 可信验证

L3-CES1-24

【安全要求】

可基于可信根对计算设备的系统引导程序、系统程序、重要配置参数和应用程序等进行可信验证，并在应用程序的关键执行环节进行动态可信验证，在检测到其可信性受到破坏后进行报警，并将验证结果形成审计记录送至安全管理中心。

【要求解读】

对终端设备，需要在启动过程中对预装的软件（包括系统引导程序、系统程序、相关应用程序和重要配置参数）进行完整性验证或检测，确保攻击者对系统引导程序、系统程序、重要配置参数和关键应用程序的篡改行为能被发现并报警，以便进行后续处置。

【测评方法】

（1）核查终端启动时是否进行了可信验证，以及对哪些系统引导程序、系统程序或重要配置参数进行了可信验证。

（2）通过修改重要系统程序之一和应用程序之一，核查是否能够检测到修改行为并进行报警。

（3）核查是否已将验证结果形成审计记录送至安全管理中心。

【预期结果或主要证据】

（1）终端具有可信根芯片或硬件。

（2）在启动过程中，已基于可信根对系统引导程序、系统程序、重要配置参数和关键应用程序等进行可信验证度量。

（3）在检测到可信性受到破坏后能够进行报警，并将验证结果形成审计记录送至安全管理中心。

（4）安全管理中心可以接收设备的验证结果记录。

4.5　系统管理软件

4.5.1　Oracle

对 Oracle 服务器的等级测评，主要涉及四个方面的内容，分别是身份鉴别、访问控制、安全审计、入侵防范。

1. 身份鉴别

（说明见 4.3.1 节"身份鉴别"部分。）

1）L3-CES1-01

【安全要求】

应对登录的用户进行身份标识和鉴别，身份标识具有唯一性，身份鉴别信息具有复杂度要求并定期更换。

【要求解读】

应检查 Oracle 数据库的口令策略，查看其身份鉴别信息是否具有不易被冒用的特点。例如，口令长度、口令复杂度、口令定期周期、新旧口令的替换要求。

【测评方法】

（1）访谈数据库管理员，了解系统账户是否已设置密码，并查看登录过程中系统账户是否使用密码进行验证。

（2）查看是否启用了口令复杂度函数（例如，执行"select limit from dba_profiles where profile='DEFAULT' and resource_name='PASSWORD_VERIFY_FUNCTION'"命令）。

（3）检查 utlpwdmg.sql 文件的 "-- Check for the minimum length of the password" 部分 "length(password)<"后面的值。

（4）检查是否设置了口令过期时限（PASSWORD_LIFE_TIME）。

【预期结果或主要证据】

（1）登录时需要输入密码。

（2）dba_profiles 策略中 PASSWORD_VERIFY_FUNCTION 不为 UNLIMITED。

（3）utlpwdmg.sql 文件的 "-- Check for the minimum length of the password" 部分 "length(password)<"后面的值为 8 或大于 8。

（4）dba_profiles 策略中 PASSWORD_LIFE_TIME 不为 UNLIMITED。

2）L3-CES1-02

【安全要求】

应具有登录失败处理功能，应配置并启用结束会话、限制非法登录次数和当登录连接超时自动退出等相关措施。

【要求解读】

数据库系统应配置鉴别失败处理功能及非法登录次数限制，对超过限制值的登录终止鉴别会话或临时禁用账号，当网络登录连接超时时自动退出。

【测评方法】

（1）查看是否启用了登录失败限制策略（执行 "select limit from dba_profiles where profile='DEFAULT' and resource_name='FAILED_LOGIN_ATTEMPTS'"命令）。

（2）查看是否启用了登录失败锁定策略（执行 "select limit from dba_profiles where profile='DEFAULT' and resource_name='PASSWORD_LOCK_TIME'"命令）。

（3）查看是否启用了登录超时退出策略（执行 "select limit from dba_profiles where profile='DEFAULT' and resource_name='IDLE_TIME'"命令）。

【预期结果或主要证据】

（1）dba_profiles 策略中 FAILED_LOGIN_ATTEMPTS 不为 UNLIMITED。

（2）dba_profiles 策略中 PASSWORD_LOCK_TIME 不为 UNLIMITED。

（3）dba_profiles 策略中 IDLE_TIME 不为 UNLIMITED。

3）L3-CES1-03

【安全要求】

当进行远程管理时，应采取必要措施防止鉴别信息在网络传输过程中被窃听。

【要求解读】

为防止包括鉴别信息等在内的敏感信息在网络传输过程中被窃听，应限制远程管理。如果业务模式需要使用远程管理，则应提供包括 SSL 在内的方式对传输数据进行加密。

【测评方法】

（1）核查是否启用了 SSL 加密。

- 查看服务端 Oracle 监听器监听的网络协议。使用命令"lsnrctl status <监听器名>"或打开文件 $ORACLE_HOME/network/admin/listener.ora，查看 LISTENER 中 PROTOCAL 和 PORT 的配置。

- 查看客户端的 $ORACLE_HOME/network/admin/tnsnames.ora 文件，核查端口是否对应于在服务器上为 SSL 配置的端口，协议是否为 TCPS。

- 查看服务端和客户端的配置文件 $ORACLE_HOME/network/admin/sqlnet.ora 中 WALLET_LOCATION、SQLNET.AUTHENTICATION _SERVICES 和 SSL 的相关配置。

（2）查看服务端和客户端的配置文件 $ORACLE_HOME/network/admin/sqlnet.ora 中以下 4 个参数的设置，判断是否启用了加密传输功能，核查所使用的加密算法。

```
SQLNET.ENCRYPTION_SERVER
SQLNET.ENCRYPTION_TYPES_SERVER
SQLNET.CRYPTO_CHECKSUM_SERVER
SQLNET.CRYPTO_CHECKSUM_TYPES_SERVER
```

（3）若以上结果为具有加密相关配置，则使用抓包工具对登录过程中的数据进行抓包，查看用户口令或口令的散列值是否为密文，从而以判断加密措施是否已经生效。

【预期结果或主要证据】

（1）若已启用 SSL 加密，则预期结果如下。

- 服务端的 $ORACLE_HOME/network/admin/listener.ora 文件中的监听协议的配置，示例如下。

```
LISTENER =(DESCRIPTION_LIST =(DESCRIPTION =(ADDRESS = (PROTOCOL = TCPS)(HOST
= xxx.xxx.xx.xxx)(PORT = 2484))))
PROTOCOL = TCPS        --采用基于 SSL 的 TCP 协议
PORT = 2484            --Oracle 官方推荐的 TCPS 协议端口
```

- 客户端的 tnsnames.ora 文件包含如下配置。

```
orcl=(DESCRIPTION=(ADDRESS=(PROTOCOL=TCPS)(HOST=xxx.xxx.xxx.xxx)(PORT=
2484))(CONNECT_DATA=(SERVER=dedicated)(SID=orcl)))
```

- 服务端和客户端的 sqlnet.ora 文件包含如下配置。

```
WALLET_LOCATION =(SOURCE =(METHOD = FILE)(METHOD_DATA =(DIRECTORY =
/u01/app/oracle/wallet)))
SQLNET.AUTHENTICATION_SERVICES = (TCPS, NTS,BEQ)
SSL_CLIENT_AUTHENTICATION = TRUE
SSL_CIPHER_SUITES=
(SSL_RSA_WITH_AES_256_CBC_SHA,SSL_RSA_WITH_3DES_EDE_CBC_SHA)
```

（2）若采用传输功能，则服务端或客户端至少应包含如下配置。

```
SQLNET.ENCRYPTION_SERVER    required
SQLNET.ENCRYPTION_TYPES_SERVER --此处指定的加密算法应不为已被证明不安全的算法，例如 DES、
3DES 等，推荐使用 AES128 及以上或国密 SM4 等算法
SQLNET.CRYPTO_CHECKSUM_SERVER    required
SQLNET.CRYPTO_CHECKSUM_TYPES_SERVER  --此处指定的散列算法应不为已被证明不安全的算法，例如
MD5、SHA1 等，推荐使用 SHA256 及以上或国密 SM3 等算法
```

（3）抓包工具显示的用户口令或口令的散列值为密文（乱码）。

4）L3-CES1-04

【安全要求】

应采用口令、密码技术、生物技术等两种或两种以上组合的鉴别技术对用户进行身份鉴别，且其中一种鉴别技术至少应使用密码技术来实现。

【要求解读】

采用组合的鉴别技术对用户进行身份鉴别是防止身份欺骗的有效方法。在这里，两种或两种以上组合的鉴别技术是指同时使用不同种类的（至少两种）鉴别技术对用户进行身份鉴别，且其中至少一种鉴别技术应使用密码技术来实现。

【测评方法】

询问系统管理员，了解系统是否采用由口令、数字证书、生物技术等中的两种或两种以上组合的鉴别技术对用户身份进行鉴别，并核查其中一种鉴别技术是否使用密码技术来实现。

【预期结果或主要证据】

至少采用了两种鉴别技术，其中之一为口令或生物技术，另外一种为基于密码技术的鉴别技术（例如使用基于国密算法的数字证书或数字令牌）。

2. 访问控制

（说明见 4.3.1 节 "访问控制" 部分。）

1）L3-CES1-05

【安全要求】

应对登录的用户分配账户和权限。

【要求解读】

应检查数据库系统的安全策略，查看业务数据库的管理员是否具有系统管理权限，以及业务数据库的操作人员是否具有删除数据库表或存储过程的权限（应为否）。

【测评方法】

核查每个登录用户的角色和权限是否为该用户所需的最小权限。

【预期结果或主要证据】

MGMT_UIEW、SYS、SYSTEM、DBSNMP、SYSMAN 为启用状态，其他均为锁定状态。

2）L3-CES1-06

【安全要求】

应重命名或删除默认账户，修改默认账户的默认口令。

【要求解读】

（1）在安装 Oracle 时存在部分默认口令，列举如下。

- SYS：CHANGE_ON_INSTALL。

- SYSTEM：MANAGER。

（2）Oracle 的常用口令，列举如下。

- Oracle：oracle/admin/ora92（ora+版本号）。

- SYS：oracle/admin。

- SYSTEM：oralce/admin。

【测评方法】

（1）验证 SYS 的口令是否为 CHANGE_ON_INSTALL（应为否）。

（2）验证 SYSTEM 的口令是否为 MANAGER（应为否）。

（3）验证 DBSNMP 的口令是否为 DBSNMP（应为否）。

【预期结果或主要证据】

无法使用默认口令登录。

3）L3-CES1-07

【安全要求】

应及时删除或停用多余的、过期的账户，避免共享账户的存在。

【要求解读】

应删除 Oracle 数据库中多余的、过期的账户，例如测试账户等。

【测评方法】

（1）在 sqlplus 中执行 "select username,account_status from dba_users" 命令，查看返回结果中是否存在 scott、outln、ordsys 等范例数据库账号。

（2）核查通过上述命令获得的账户中是否存在过期账户。询问数据库管理员，了解是否每个账户均为正式、有效的账户。

（3）核查通过上述命令获得的账户中是否存在多人共享账户的情况。

【预期结果或主要证据】

（1）不存在 scott、outln、ordsys 等范例数据库账号。

（2）不存在 acount_status 为 expired 的账户。所有账户均为必要的管理账户或数据库应用程序账户，不存在测试账户、临时账户。

（3）每个数据库账户与实际用户为一一对应关系。

（4）不存在多人共享账户的情况。

4）L3-CES1-08

【安全要求】

应授予管理用户所需的最小权限，实现管理用户的权限分离。

【要求解读】

在 Oracle 数据库中，应尽量将不同的数据库系统特权用户的权限分离。

【测评方法】

核查是否由不同的员工分别担任操作系统管理员和数据库管理员。

【预期结果或主要证据】

由不同的员工分别担任操作系统管理和数据库管理员。

5）L3-CES1-09

【安全要求】

应由授权主体配置访问控制策略，访问控制策略规定主体对客体的访问规则。

【要求解读】

数据库系统的安全策略应明确主体（例如用户）以用户和/或用户组的身份来配置对客体（例如文件或系统设备、目录表和存取控制表等）的访问控制策略，覆盖范围应包括与信息安全直接相关的主体（例如用户）和客体（例如文件、数据库表等）及它们之间的操作（例如读、写、执行）。

【测评方法】

询问数据库管理员，了解是否由特定账户进行数据库系统访问控制策略的配置，以及具体的访问控制策略是什么。

【预期结果或主要证据】

由特定账户进行访问控制策略配置，并根据用户角色限制账户权限。

6）L3-CES1-10

【安全要求】

访问控制的粒度应达到主体为用户级或进程级，客体为文件、数据库表级。

【要求解读】

此项明确提出了访问控制粒度方面的要求。重点目录的访问控制主体可能是某个用户或某个进程，应能够控制用户或进程对文件、数据库表等客体的访问。

【测评方法】

询问数据库管理员，了解访问控制粒度的主体是否为用户级或进程级，客体是否为文件、数据库表级。

【预期结果或主要证据】

由管理用户对用户访问权限进行分配，用户依据访问控制策略对各类文件、数据库表级资源进行访问。

7）L3-CES1-11

【安全要求】

应对重要主体和客体设置安全标记，并控制主体对有安全标记信息资源的访问。

【要求解读】

应通过 Oracle 数据库或其他措施对重要信息资源设置敏感标记，从而实现强制访问控制。

【测评方法】

（1）核查是否安装了 Oracle Label Security 模块。

（2）查看是否创建了策略（select policy_name, status from DBA_SA_POLICIES）。

（3）查看是否创建了级别（select * from dba_sa_levels ORDER BY level_num）。

（4）查看标签创建情况（select * from dba_sa_labels）。

（5）了解用于存储重要数据的表的名称。

（6）查看策略与模式、表的对应关系（select * from dba_sa_tables_policies），判断是否对重要信息资源设置了敏感标签。

【预期结果或主要证据】

（1）返回的用户中应存在 LBACSYS。

（2）存在状态为 enable 的标签策略。

（3）级别和标签不为空。

（4）能够获得重要数据所在表的名称。

（5）策略与模式、表的对应关系不为空，且包含重要数据所在表的名称。

3. 安全审计

（说明见 4.3.1 节"安全审计"部分。）

1）L3-CES1-12

【安全要求】

应启用安全审计功能，审计覆盖到每个用户，对重要的用户行为和重要安全事件进行审计。

【要求解读】

应检查数据库系统是否开启了安全审计功能，查看当前审计范围是否覆盖每个用户。

【测评方法】

（1）执行"select value from v$parameter where name='audit_trail'"命令，查看是否开启了审计功能。

（2）以不同的用户身份登录数据库系统并进行不同的操作，在 Oracle 数据库中查看日志记录是否满足要求。

【预期结果或主要证据】

（1）audit_trail 不为 none。

（2）可以在 Oracle 数据库中查看不同的用户登录数据库系统并进行不同的操作的日

志记录。

2）L3-CES1-13

【安全要求】

审计记录应包括事件的日期和时间、用户、事件类型、事件是否成功及其他与审计相关的信息。

【要求解读】

数据库系统的审计策略应覆盖系统内重要的安全相关信息，例如用户登录系统、自主访问控制的所有操作记录、重要的用户行为（如增加/删除用户、删除库表）等。

【测评方法】

（1）查看 Oracle 自身的日志记录是否符合要求。

- 查询日志文件的位置。日志文件的位置为 background_dump_dest 的值。打开日志文件，查看其中是否包括所需的审计相关信息。

```
SQL> show parameter dump_dest;
```

- 查看数据库、表空间、对象的日志记录模式。

```
SQL> select log_mode,force_logging from v$database;
SQL> select tablespace_name,logging, force_logging from dba_tablespaces;
SQL> select table_name,logging from user_tables;
```

- 访谈管理员，了解是否已安装并使用 LogMiner 工具查看和分析日志。若是，则通过该工具查看日志。

（2）若使用第三方数据库审计产品或插件，则由管理员展示所记录的内容，以确认其中是否包括事件发生的日期与时间、触发事件的主体与客体、事件类型、事件成功或失败、身份鉴别事件中请求的来源（例如未端标识符）、事件的结果等内容。

【预期结果或主要证据】

（1）Oracle 自身的日志默认包含所有的事件信息（无法直接查看，查看须借助相关工具）。若系统已开启日志且日志文件存在，则该项默认符合。

- 在默认情况下，Oracle 的日志文件存储在 $ORACLE/rdbms/log 目录下。

- 数据库级别、表空间级别、对象级别的日志记录模式的查询结果为 YES，表示记录该级别日志；为 NO，表示不记录该级别日志。查询结果应不全为 NO。

● LogMiner 是 Oracle 官方提供的日志工具，具有检查数据库的逻辑更改、侦察并更正用户的误操作、执行事后审计、执行变化分析等功能。

（2）第三方数据库审计系统和审计插件所记录的内容应包括事件发生的日期与时间、触发事件的主体与客体、事件类型、事件成功或失败、身份鉴别事件中请求的来源、事件的结果等。

3）L3-CES1-14

【安全要求】

应对审计记录进行保护，定期备份，避免受到未预期的删除、修改或覆盖等。

【要求解读】

检查 Oracle 数据库系统的日志权限设置，非授权人员不能对日志进行操作。另外，应防止因审计日志空间不够而无法记录日志的情况发生。

【测评方法】

核查是否严格限制了用户访问审计记录的权限，例如采用 Audit Vault 等。

【预期结果或主要证据】

安全审计管理员定期对审计记录进行备份，审计记录的维护和导出由专人负责。

4）L3-CES1-15

【安全要求】

应对审计进程进行保护，防止未经授权的中断。

【要求解读】

Oracle 数据库系统默认符合此项。如果使用第三方工具，则应检查未授权的 Oracle 数据库系统用户是否能中断审计进程。

【测评方法】

（1）核查管理员的审计权限是否已被严格限制。

（2）测试用户是否可以通过"alter system set audit_trail=none"命令重启实例并关闭审计功能（应为否）。

【预期结果或主要证据】

（1）已限制管理员的审计权限。

（2）除审计人员外，其他人员无法对审计进程进行开启、关闭等关键操作。

4.入侵防范

（说明见 4.3.1 节"入侵防范"部分。）

1）L3-CES1-17

【安全要求】

应遵循最小安装的原则，仅安装需要的组件和应用程序。

【要求解读】

在安装 Oracle 数据库时，可能会默认安装一些非必要的组件。为了避免多余组件带来的安全风险，通常应遵循最小安装的原则，仅安装需要的组件等。Oracle 数据库的多余组件，需要结合被测系统的实际情况认定。

【测评方法】

根据被测系统的实际情况，核查 Oracle 数据库是否遵循最小安装的原则。

【预期结果或主要证据】

Oracle 数据库遵循最小安装的原则，未安装非必要的组件。

2）L3-CES1-19

【安全要求】

应通过设定终端接入方式或网络地址范围对通过网络进行管理的管理终端进行限制。

【要求解读】

Oracle 数据库限制远程连接 IP 地址。

【测评方法】

在 sqlnet.ora 文件中查看参数 tcp.validnode_checking、tcp、invited_nodes 的配置是否为如下形式。

```
tcp.validnode_checking=yes
tcp,invited_nodes=() --运维人员可以访问的 IP 地址列表，各 IP 地址之间用逗号分隔
```

【预期结果或主要证据】

在 sqlnet.ora 文件中，tcp.validnode_checking=yes、tcp、invited_nodes 参数已配置 IP 地址列表。

3）L3-CES1-21

【安全要求】

应能发现可能存在的已知漏洞，并在经过充分测试评估后，及时修补漏洞。

【要求解读】

攻击者可能利用数据库系统中的安全漏洞对数据库系统进行攻击。因此，应对数据库系统进行漏洞扫描，及时发现数据库系统中的已知漏洞，并在经过充分的测试和评估后更新系统补丁，避免遭受由系统漏洞带来的风险。

【测评方法】

了解 Oracle 数据库的补丁升级机制，查看补丁安装情况。

```
--cd $ORACLE_HOME/Opatch
opatch lsinventory
```

【预期结果或主要证据】

OPatch 和 OUI 的版本较新。

4.5.2　MySQL

对 MySQL 服务器的等级测评主要涉及四个方面的内容，分别是身份鉴别、访问控制、安全审计、入侵防范。

1．身份鉴别

（说明见 4.3.1 节 "身份鉴别" 部分。）

1）L3-CES1-01

【安全要求】

应对登录的用户进行身份标识和鉴别，身份标识具有唯一性，身份鉴别信息具有复杂度要求并定期更换。

【要求解读】

应检查 MySQL 数据库是否采用了身份鉴别技术；核查用户身份是否具有唯一性，以及用户身份鉴别信息是否具有不易被冒用的特点；检查数据库的口令配置策略。例如，口令足够长（至少 8 位）、口令复杂（如口令字符应包括大小写字母、数字和特殊字符）、口令定期更新、对口令的替换有一定要求。

【测评方法】

（1）登录 MySQL 数据库，执行"mysql -u root -p"命令，查看是否提示输入口令以鉴别用户身份。

（2）使用如下命令查询账号，在输出的用户列表中查看是否存在相同的用户名。

```
select user,host FROM mysql.user
```

（3）执行如下语句，查询是否存在空口令用户（输出结果是否为空）。

```
select * from mysql.user where length(password) = 0 or password is null
```

（4）执行如下语句，查看用户口令复杂度的相关配置。

```
show variables like 'validate%'
show VARIABLES like "%password%"
```

【预期结果或主要证据】

（1）用户登录数据库时，采用"用户名+口令"的方式对其进行身份鉴别。

（2）user 表中不存在相同的用户名。

（3）不存在空口令用户。

（4）有如下配置信息。

```
validate_password_length 8
validate_password_mixed_case_count 1
validate_password_number_count 1
validate_password_policy MEDIUM
validate_password_special_char_count 1
```

2）L3-CES1-02

【安全要求】

应具有登录失败处理功能，应配置并启用结束会话、限制非法登录次数和当登录连接超时自动退出等相关措施。

【要求解读】

数据库系统应配置鉴别失败处理功能和非法登录次数限制，对超过限制值的登录终止鉴别会话或临时禁用账号，当网络登录连接超时时自动退出。

【测评方法】

（1）询问管理员，了解是否已配置数据库登录失败处理功能。

（2）执行"show variables like '%max_connect_errors%'"命令或核查 my.cnf 文件中是否有如下参数设置。

```
max_connect_errors = 100
```

（3）执行"show variables like '%timeout%'"命令，查看返回值。

【预期结果或主要证据】

（1）MySQL 数据库采用了第三方管理软件，且第三方管理软件设置了登录失败锁定次数。

（2）MySQL 数据库管理系统本地配置了参数 max_connect_errors = 100、wait_timeout = 28800。如果 MySQL 服务器连续收到来自同一主机的请求，且这些连续的请求全都没有成功建立连接就断开了，那么当这些连续的请求的累计值大于 max_connect_errors 的值时，MySQL 服务器就会阻止这台主机的所有后续请求。如果一个连接的空闲超过 8 小时（默认值 28800 秒），MySQL 就会自动断开这个连接。

3）L3-CES1-03

【安全要求】

当进行远程管理时，应采取必要措施防止鉴别信息在网络传输过程中被窃听。

【要求解读】

为了防止包括鉴别信息等在内的敏感信息在网络传输过程中被窃听，应限制远程管理的使用。如果使用远程访问，要确保只有获得了权限的主机才可以访问服务器（一般通过 TCP-Wrappers、IPTABLES 或其他防火墙软件或硬件实现）。

【测评方法】

（1）核查是否采用加密等安全方式对系统进行远程管理。

（2）执行如下命令，查看是否支持 SSL 的连接特性（若执行结果为 disabled，则说明此功能没有被激活），或者使用 \s 参数查看是否启用了 SSL。

```
mysql>show variables like '%have_ssl%'
```

（3）如果采用本地管理方式，则此项不适用。

【预期结果或主要证据】

（1）如果远程管理数据库，则已启用 SSL 连接特性。

（2）用户远程管理数据库时，客户端和服务器的连接不通过（或者不跨越）不可信任的网络，采取 SSH 隧道加密连接远程管理通信。

（3）对于本地管理，此项不适用。

4）L3-CES1-04

【安全要求】

应采用口令、密码技术、生物技术等两种或两种以上组合的鉴别技术对用户进行身份鉴别，且其中一种鉴别技术至少应使用密码技术来实现。

【要求解读】

采用组合的鉴别技术对用户进行身份鉴别是防止身份欺骗的有效方法。在这里，两种或两种以上组合的鉴别技术是指同时使用不同种类的（至少两种）鉴别技术对用户进行身份鉴别，且其中至少一种鉴别技术应使用密码技术来实现。

【测评方法】

询问系统管理员，了解系统是否采用由口令、数字证书、生物技术等中的两种或两种以上组合的鉴别技术对用户身份进行鉴别，并核查其中一种鉴别技术是否使用密码技术来实现。

【预期结果或主要证据】

至少采用了两种鉴别技术，其中之一为口令或生物技术，另外一种为基于密码技术的鉴别技术（例如使用基于国密算法的数字证书或数字令牌）。

2. 访问控制

（说明见 4.3.1 节"访问控制"部分。）

1）L3-CES1-05

【安全要求】

应对登录的用户分配账户和权限。

【要求解读】

应了解数据库用户账户及权限分配情况，对网络管理员、安全管理员、系统管理员、用户账户的权限设置进行测试。有些 MySQL 数据库的匿名用户的口令为空，任何人都可以连接这些数据库。如果匿名账户 grants 存在，那么任何人都可以访问数据库，且至少可以使用默认库 test。因此，应禁用或限制匿名用户、默认账户的访问权限。

【测评方法】

（1）执行如下语句，核查是否为网络管理员、安全管理员、系统管理员创建了不同的账户。

```
select user,host FROM mysql.user
```

（2）执行如下语句，核查网络管理员、安全管理员、系统管理员用户账号的权限是否分离并相互制约。

```
show grants for  'XXXX'@'localhost'
```

【预期结果或主要证据】

（1）创建了不同的账户，并为其分配了相应的权限。

（2）已禁用匿名用户、默认账户或已限制匿名用户、默认账户的权限。

2）L3-CES1-06

【安全要求】

应重命名或删除默认账户，修改默认账户的默认口令。

【要求解读】

在 Linux 操作系统中，root 账户拥有对所有数据库的完全访问权限。因此，在安装 Linux 操作系统的过程中，一定要设置 root 账户的口令（修改默认的空口令）。

【测评方法】

（1）执行"select user,host FROM mysql.user"命令，在输出结果中查看 root 账户是否

已被重命名或删除。

（2）若 root 账户未被删除，则核查其默认口令是否已更改，以及是否已避免空口令或弱口令。

【预期结果或主要证据】

（1）数据库管理系统中的默认账户已被删除。

（2）数据库管理系统中的默认账户 root 虽未被删除，但其口令复杂度已经增强，不存在空口令、弱口令。

3）L3-CES1-07

【安全要求】

应及时删除或停用多余的、过期的账户，避免共享账户的存在。

【要求解读】

在默认安装的 MySQL 数据库中，匿名用户可以访问 test 库。因此，移除无用的数据库，可以避免匿名用户在不可预料的情况下访问数据库。同时，应删除数据库中多余的、过期的账户。

【测评方法】

（1）在 sql*plus 中执行如下命令。

```
select username,account_status from dba_users
```

（2）执行下列语句，依次核查列出的账户中是否存在无关账户（应为不存在）。

```
select * from mysql.user where user=' '
select user,host FROM mysql.user
```

（3）访谈网络管理员、安全管理员、系统管理员，了解不同的用户是否使用不同的账户登录系统。

【预期结果或主要证据】

（1）不存在示例账户。

（2）数据库管理系统用户表中不存在无关账户。

（3）不存在多人共享账户的情况。

4）L3-CES1-08

【安全要求】

应授予管理用户所需的最小权限，实现管理用户的权限分离。

【要求解读】

有些应用程序是通过一个特定数据库表的用户名和口令与 MySQL 进行连接的，安全人员不应给予这个用户完全访问权限。如果攻击者获得了这个拥有完全访问权限的用户账号，就相当于拥有了整个数据库。因此，应核查是否进行了用户角色划分；核查访问控制策略，查看管理用户的权限是否已经分离；核查管理用户的权限是否为其工作任务所需的最小权限。

【测评方法】

（1）核查是否对用户进行了角色划分，是否仅授予账号所需的最小权限。例如，除 root 用户外，任何用户不应具有 mysql 库 user 表的存取权限。再如，禁止将 file、process、super 权限授予管理员以外的用户。

（2）查看权限表，验证用户是否具有除自身角色外其他用户的权限（应为否）。

【预期结果或主要证据】

管理用户的权限分配情况均被记录下来。分配了网络管理员、安全员、审计员账号。使用 root 用户身份需向数据库管理员申请。

5）L3-CES1-09

【安全要求】

应由授权主体配置访问控制策略，访问控制策略规定主体对客体的访问规则。

【要求解读】

数据库系统的安全策略应明确主体（例如用户）以用户和/或用户组的身份来配置对客体（例如文件或系统设备、目录表和存取控制表等）的访问控制策略，覆盖范围应包括与信息安全直接相关的主体（例如用户）和客体（例如文件、数据库表等）及它们之间的操作（例如读、写、执行）。

【测评方法】

（1）访谈管理员，了解是否制定了访问控制策略。

（2）执行如下语句，核查输出的权限是否与管理员制定的访问控制策略及规则一致。

```
mysql> select * from mysql.user\G          --检查用户权限列
mysql> select * from mysql.db\G            --检查数据库权限列
mysql> select * from mysql.tables_priv\G   --检查用户表权限列
mysql> select * from mysql.columns_priv\G  --检查列权限列管理员
```

（3）以不同的用户身份登录，验证是否存在越权访问的情形。

【预期结果或主要证据】

（1）已制定数据库访问控制策略，由专门的安全员负责访问控制权限的授权工作。

（2）各账户权限配置均是基于安全员的安全策略配置进行访问控制的。

（3）不存在越权访问的情形。

6）L3-CES1-10

【安全要求】

访问控制的粒度应达到主体为用户级或进程级，客体为文件、数据库表级。

【要求解读】

明确提出访问控制粒度方面的要求。重点目录的访问控制主体可能是某个用户或某个进程，应能够控制用户或进程对文件、数据库表等客体的访问。

【测评方法】

（1）执行下列语句。

```
mysql> select * from mysql.user\G  --检查用户权限列
mysql> select * from mysql.db\G    --检查数据库权限列
```

（2）访谈管理员，核查访问控制粒度的主体是否为用户级，客体是否为数据库表级。

【预期结果或主要证据】

由专门的安全员负责访问控制权限的授权工作，授权主体为用户，客体为数据库表。

7）L3-CES1-11

【安全要求】

应对重要主体和客体设置安全标记，并控制主体对有安全标记信息资源的访问。

【要求解读】

MySQL 不提供此项功能。

【测评方法】

访谈管理员，了解是否已采用其他技术手段对主体和客体设置安全标记并控制主体对有安全标记的信息资源的访问。

【预期结果或主要证据】

MySQL 不提供此项功能。此项功能主要在操作系统层面实现。

3. 安全审计

（说明见 4.3.1 节"安全审计"部分。）

1）L3-CES1-12

【安全要求】

应启用安全审计功能，审计覆盖到每个用户，对重要的用户行为和重要安全事件进行审计。

【要求解读】

如果数据库服务器不执行任何查询请求，则建议启用安全审计（在 /etc/my.cnf 文件的 [Mysql] 部分添加"log =/var/log/mylogfile"）。

对于生产环境中任务繁重的 MySQL 数据库，启用安全审计功能会造成服务器运行成本升高，因此，建议使用第三方数据库审计产品来收集审计记录。应检查数据库系统，查看审计策略是否覆盖系统内重要的安全相关信息，例如用户登录系统的操作、自主访问控制的所有操作记录、重要的用户行为（如增加/删除用户、删除库表）等。

【测评方法】

（1）执行下列语句，查看输出的日志内容是否覆盖所有用户，并核查审计记录类型是否满足要求。

```
mysql>show variables like 'log_%'
```

（2）核查是否已使用第三方审计工具增强 MySQL 的日志审计功能。如果使用了第三方审计工具，则查看其审计内容是否包含事件的日期和时间、用户、事件类型、事件是否成功及其他与审计相关的信息。

【预期结果或主要证据】

（1）数据库本地启用了日志审计功能，审计内容覆盖每个用户，能够记录重要的用户行为和重要安全事件。

（2）启用审计功能的策略为：配置了审计日志的存储位置或部署了第三方数据库审计产品；审计内容覆盖所有用户。

2）L3-CES1-13

【安全要求】

审计记录应包括事件的日期和时间、用户、事件类型、事件是否成功及其他与审计相关的信息。

【要求解读】

数据库系统的审计策略应覆盖系统内重要的安全相关信息，例如用户登录系统、自主访问控制的所有操作记录、重要的用户行为（如增加/删除用户、删除库表）等。

【测评方法】

（1）执行下列语句，查看输出的日志内容是否覆盖所有用户，并核查审计记录覆盖的内容。

```
mysql>show variables like 'log_%'
```

（2）核查是否已使用第三方审计工具增强 MySQL 的日志审计功能。如果使用了第三方审计工具，则查看其审计内容是否包含事件的日期和时间、用户、事件类型、事件是否成功及其他与审计相关的信息。

【预期结果或主要证据】

（1）数据库本地启用了日志审计功能，审计内容覆盖每个用户，能够记录重要的用户行为和重要安全事件。

（2）使用了第三方数据库审计产品，审计内容覆盖每个用户，能够记录重要的用户行为和重要安全事件。

3）L3-CES1-14

【安全要求】

应对审计记录进行保护，定期备份，避免受到未预期的删除、修改或覆盖等。

【要求解读】

应保证只有 root 和 mysql 用户可以访问日志文件。

对于错误日志，必须确保只有 root 和 mysql 用户可以访问 hostname.err 日志文件。该文件存放在 MySQL 历史目录中，包含口令、地址、表名、存储过程名、代码等敏感信息，易被用于信息收集，且有可能向攻击者提供可利用的数据库漏洞（攻击者可能从中获取数据库服务器的内部数据）。

对于 MySQL 日志，应确保只有 root 和 mysql 用户可以访问 logfileXY 日志文件（此文件也存放在 MySQL 历史目录中）。因此，应检查 MySQL 数据库系统是否对日志进行了权限设置，确保非授权人员不能对日志进行操作。另外，应防止审计日志空间不够导致的无法记录日志的情况发生，并对审计日志进行定期备份。根据《中华人民共和国网络安全法》（以下简称为《网络安全法》）的要求，日志应至少保存 6 个月。

【测评方法】

（1）访谈管理员，了解审计记录的保护方式。核查审计记录是否定期备份，了解备份策略。

（2）核查是否已严格限制用户访问审计记录的权限。

【预期结果或主要证据】

（1）采用备份、转存等手段对审计记录进行保护，避免未预期的删除、修改或覆盖，数据库本地日志保存时间超过 6 个月。

（2）采用第三方数据库审计产品，审计记录保存时间超过 6 个月。

4）L3-CES1-15

【安全要求】

应对审计进程进行保护，防止未经授权的中断。

【要求解读】

使用非审计员账户中断审计进程，验证审计进程是否受到了保护。MySQL 数据库系统默认符合此项。如果使用第三方工具，则应检查非授权用户是否能中断审计进程。

【测评方法】

（1）核查是否已严格限制管理员、审计员的权限。

（2）尝试以用户身份重启实例、关闭审计功能，查看是否能成功（应为否）。

【预期结果或主要证据】

（1）非审计员账户无法中断审计进程，审计进程已受到保护。

（2）非审计员账户无法对审计进程进行开启、关闭操作。对这类操作有日志记录。

4. 入侵防范

（说明见 4.3.1 节"入侵防范"部分。）

1）L3-CES1-17

【安全要求】

应遵循最小安装的原则，仅安装需要的组件和应用程序。

【要求解读】

在安装 MySQL 数据库时，可能会默认安装一些非必要的组件。为了避免多余组件带来的安全风险，通常应遵循最小安装的原则，仅安装需要的组件等。MySQL 数据库的多余组件，需要结合被测系统的实际情况认定。

【测评方法】

根据被测系统的实际情况，核查 MySQL 数据库是否遵循最小安装的原则。

【预期结果或主要证据】

MySQL 数据库遵循最小安装的原则，未安装非必要的组件。

2）L3-CES1-19

【安全要求】

应通过设定终端接入方式或网络地址范围对通过网络进行管理的管理终端进行限制。

【要求解读】

直接使用本地网络之外的计算机连接生产环境中的数据库是异常危险的。有时管理员会开启主机对数据库的访问，示例如下。

```
> GRANT ALL ON *.* TO 'root'@'%'
```

此时完全放开了对 root 的访问权限。因此，应把重要的操作权限赋予特定主机。

```
> GRANT ALL ON *.* TO 'root'@'localhost'
> GRANT ALL ON *.* TO 'root'@'myip.athome'
> FLUSH PRIVILEGES
```

此时仅允许指定的 IP 地址（不管是否为静态 IP 地址）访问服务器。

【测评方法】

执行 "show grants for root@localhost" 命令，查看用户登录的 IP 地址，核查是否给所有用户加上了 IP 地址限制以拒绝所有未知主机的连接。

注意：当 user 表中的 Host 值不在本地主机 IP 地址范围内时，应为其指定 IP 地址，使其不为 "%"，或者将 user 表中的 Host 值置为空。在 host 表中指定允许用户账户登录访问的若干主机。在非信任的客户端以数据库账户登录的行为应被拒绝。用户从其他子网登录的行为也应被拒绝。

【预期结果或主要证据】

已在防火墙上限制特定的终端（IP 地址）连接（访问）数据库。

3）L3-CES1-21

【安全要求】

应能发现可能存在的已知漏洞，并在经过充分测试评估后，及时修补漏洞。

【要求解读】

攻击者可能利用数据库系统中的安全漏洞对数据库系统进行攻击。因此，应对数据库系统进行漏洞扫描，及时发现数据库系统中的已知漏洞，并在经过充分的测试和评估后更新系统补丁，避免遭受由系统漏洞带来的风险。

【测评方法】

（1）了解 MySQL 数据库的补丁升级机制，查看补丁安装情况。执行如下命令，查看当前补丁版本。

```
show variables where variable_name like "version"
```

（2）核查数据库的版本是否为企业版，是否定期进行漏洞扫描，是否针对高风险漏洞安装了经过评估和测试的补丁。

【预期结果或主要证据】

（1）MySQL 数据库目前不存在高风险漏洞，补丁更新及时。

（2）MySQL 数据库为企业版，定期进行漏洞扫描。对发现的数据库漏洞，已在测试和评估后进行修补。

4.6 应用系统

在对应用系统进行等级测评时，一般先对系统管理员进行访谈，了解应用系统的状况，然后对应用系统和文档等进行检查，查看其内容是否和与管理员访谈的结果一致，最后对主要的应用系统进行抽查和测试，验证系统提供的功能，并可配合渗透测试检查系统提供的安全功能是否被旁路。

1. 身份鉴别

应用系统需对登录的用户进行身份鉴别，以防止非授权用户访问。

1）L3-CES1-01

【安全要求】

应对登录的用户进行身份标识和鉴别，身份标识具有唯一性，身份鉴别信息具有复杂度要求并定期更换。

【要求解读】

对用户进行身份鉴别是防止非法入侵的一种基本措施。应用系统必须对登录系统的用户进行身份核实，并为每个登录用户提供具有唯一性的身份标识，以便对用户的操作行为进行审计。同时，为了提高非授权用户使用暴力猜测等手段破解用户鉴别信息的难度，用户鉴别信息应具有一定的复杂性，使用户鉴别信息不易被冒用和破解。例如，用户登录口令的长度至少为 8 位，必须由字母、数字和符号组成，以及必须设置口令更换周期等。

【测评方法】

（1）询问系统管理员，了解是否对用户登录采取了身份鉴别措施。

（2）在未登录状态下尝试直接访问任意操作页面或功能。

（3）核查用户身份标识的设置策略是否合理。

（4）核查鉴别信息复杂度和更换周期的设置策略是否合理（可通过查看修改口令等功能模块验证口令复杂度是否已经生效）。

（5）扫描应用系统，检查应用系统中是否存在弱口令和空口令用户（应为不存在）。

【预期结果或主要证据】

（1）用户登录时，系统为其提供了身份鉴别措施。

（2）用户在未登录状态下不能访问任何操作页面或功能，身份鉴别措施无法被绕过。

（3）已记录用户在系统中的唯一身份标识。例如，用户在数据库用户表中的唯一 ID 等。

（4）对用户口令有长度、复杂度、更换周期方面的限制。例如，口令长度为 8 位及以上，需要包含数字、字母和符号，强制 3 个月更换一次等。

（5）应用系统中不存在弱口令和空口令用户。

2）L3-CES1-02

【安全要求】

应具有登录失败处理功能，应配置并启用结束会话、限制非法登录次数和当登录连接超时自动退出等相关措施。

【要求解读】

为了防止非授权用户对应用系统用户的身份鉴别信息进行暴力猜测，应用系统应提供登录失败处理功能（例如限制非法登录次数等），登录失败次数应能根据用户的实际情况进行调整。同时，应用系统应配置并启用登录连接超时自动退出的功能。

【测评方法】

（1）询问系统管理员，了解应用系统是否能够提供登录失败处理功能及登录失败处理策略。

（2）使用正确的用户名、错误的口令连续多次登录应用系统，查看系统的反应。

（3）询问系统管理员，了解在用户登录过程中系统进行身份鉴别时连接超时自动断开的等待时间。

（4）询问系统管理员，了解用户登录后长时间没有进行操作时系统会话的结束时间。

【预期结果或主要证据】

（1）系统提供了登录失败处理功能。

（2）使用正确的用户名、错误的口令连续多次登录系统，当超过预定错误次数时，系统锁定该用户，且需由管理员解锁或在一段时间后自动解锁。

（3）在用户登录过程中，当系统进行身份鉴别时，有合理的连接超时自动断开的等待时间。

（4）若用户登录后长时间没有进行操作，系统能提供符合业务需求的结束会话时间。

3）L3-CES1-03

【安全要求】

当进行远程管理时，应采取必要措施防止鉴别信息在网络传输过程中被窃听。

【要求解读】

在对应用系统进行远程管理时，为避免口令在传输过程中被窃取，不应使用明文传送的 HTTP 服务，而应采用 HTTPS 加密协议等进行交互式管理。

【测评方法】

（1）询问系统管理员，了解应用系统进行远程管理的方式。

（2）核查远程管理是否采用了 HTTPS 加密协议等进行交互式管理。

【预期结果或主要证据】

采用了 HTTPS 加密协议等对应用系统进行远程管理。

4）L3-CES1-04

【安全要求】

应采用口令、密码技术、生物技术等两种或两种以上组合的鉴别技术对用户进行身份鉴别，且其中一种鉴别技术至少应使用密码技术来实现。

【要求解读】

采用组合的鉴别技术对用户进行身份鉴别是防止身份欺骗的有效方法。在这里，两种或两种以上组合的鉴别技术是指同时使用不同种类的（至少两种）鉴别技术对用户进行身份鉴别，且其中至少一种鉴别技术应使用密码技术来实现。

【测评方法】

询问系统管理员，了解系统是否采用了由口令、数字证书、生物技术等中的两种或两种以上组合的鉴别技术对用户身份进行鉴别，并核查其中一种鉴别技术是否使用密码技术来实现。

【预期结果或主要证据】

至少采用了两种鉴别技术，其中之一为口令或生物技术，另外一种为基于密码技术的鉴别技术（例如使用基于国密算法的数字证书或数字令牌）。

2. 访问控制

在应用系统中实施访问控制的目的是保证应用系统受控、合法地被使用。用户只能根据自己的权限来访问应用系统，不得越权访问。

1）L3-CES1-05

【安全要求】

应对登录的用户分配账户和权限。

【要求解读】

为应用系统配置访问控制策略的目的是保证应用系统被合法地使用。用户只能根据管理员分配的权限来访问应用系统的相应功能，不得越权访问。必须对登录系统的用户进行账号和权限的分配。

【测评方法】

（1）询问系统管理员，了解系统是否为登录的用户分配了账户和权限。

（2）以不同角色的用户身份登录系统，验证用户权限分配情况。

（3）尝试以登录用户的身份访问未授权的功能，查看访问控制策略是否已经生效。

【预期结果或主要证据】

（1）系统为每一个登录用户分配了账户和权限。

（2）系统为不同类别角色的用户分配了不同的功能权限。

（3）通过菜单猜测等方式进行测试，登录用户无法访问未授权的功能。

2）L3-CES1-06

【安全要求】

应重命名或删除默认账户，修改默认账户的默认口令。

【要求解读】

应用系统正式上线后，需要对默认账户进行重命名或删除，并对默认账户的默认口令进行修改。默认账户一般指应用系统的公共账户、测试账户或权限不受限制的超级管理账户等。

【测评方法】

（1）询问系统管理员，了解系统中是否存在默认账户。

（2）使用默认口令登录默认账户，查看默认账户的默认口令是否已经修改。

【预期结果或主要证据】

（1）系统内不存在默认账户。

（2）若系统内存在默认账户，则其默认口令已经修改。

3）L3-CES1-07

【安全要求】

应及时删除或停用多余的、过期的账户，避免共享账户的存在。

【要求解读】

应用系统的管理员要及时将应用系统中多余的、过期的账户删除或停用，同时，要避免多人共用同一账户的情况出现。

【测评方法】

（1）访谈系统管理员，了解系统如何处理多余的、过期的账户。

（2）核查数据库的用户表中用户的状态标识。若系统中存在过期的账户，则尝试使用过期的账户登录系统（应为无法登录）。

（3）核查管理员用户与账户之间是否一一对应。

【预期结果或主要证据】

（1）系统内多余的、过期的账户已经被停用或删除。

（2）无法使用已停用的账户登录系统。

（3）管理员用户与账户之间一一对应，不存在共享账户的情况。

4）L3-CES1-08

【安全要求】

应授予管理用户所需的最小权限，实现管理用户的权限分离。

【要求解读】

应用系统应仅授予管理用户完成其承担任务所需的最小权限。例如，管理用户仅需具备相关的管理操作权限，无须为其分配业务操作权限。同时，管理用户应实现权限分离。例如，管理员具备系统管理、用户创建与删除、角色创建与删除等功能权限，安全员具备安全参数配置、用户权限分配等功能权限，审计员具备日志查看等功能权限。

【测评方法】

（1）询问系统管理员，了解该系统的所有管理用户是否只拥有完成自己承担任务所需的最小权限，且管理用户权限根据三权分立原则进行授权。

（2）抽取一个用户，询问并了解该用户的职责。登录应用系统，查看该用户的实际权限是否与其职责相符，是否为其承担任务所需的最小权限。

（3）以不同级别的管理用户身份登录，查看管理用户之间是否具有相互制约的关系，例如管理员不能审计、审计员不能管理、安全员不能审计和管理等。

【预期结果或主要证据】

（1）系统中的所有管理用户只拥有完成自己承担任务所需的最小权限，所有管理用户均不具备业务操作权限，且管理用户分为管理员、安全员和审计员。

（2）所抽取用户的实际权限与其职责相符，为完成其承担任务所需的最小权限。

（3）不同管理用户之间具有相互制约的关系，例如管理员不能审计、审计员不能管理、安全员不能审计和管理等。

5）L3-CES1-09

【安全要求】

应由授权主体配置访问控制策略，访问控制策略规定主体对客体的访问规则。

【要求解读】

应用系统的访问控制策略应由授权主体（例如人员）进行配置，非授权主体不得更改访问控制策略，且访问控制策略的覆盖范围应包括所有主体和客体及它们之间的操作。

【测评方法】

（1）以管理用户身份登录，访问权限管理功能，查看访问控制策略。

（2）以非管理用户身份登录，访问权限管理功能，查看越权访问情形。

【预期结果或主要证据】

（1）管理用户负责配置访问控制策略。管理用户为账户分配不同的角色，每个角色有不同的功能权限。当某个账户与角色有关联时，该账户具备与角色相关的功能操作。

（2）非管理用户不能访问与权限管理相关的功能。

6）L3-CES1-10

【安全要求】

访问控制的粒度应达到主体为用户级或进程级，客体为文件、数据库表级。

【要求解读】

此项明确了应用系统访问控制粒度方面的要求。应用系统的访问控制主体为用户或进程，客体为功能权限所对应的文件、数据库表和表中的记录或字段。

【测评方法】

核查并测试访问控制策略的控制粒度是否达到主体为用户级或进程级，客体为文件、数据库表、记录或字段级。

【预期结果或主要证据】

访问控制策略的控制粒度，主体为登录账户，客体为功能权限及与功能权限关联的数据库表。

7）L3-CES1-11

【安全要求】

应对重要主体和客体设置安全标记，并控制主体对有安全标记信息资源的访问。

【要求解读】

安全标记是表示主体/客体安全级别和安全范畴的一组信息。可以通过比较安全标记来控制主体对客体的访问。安全标记不允许其他用户修改，包括资源的拥有者。

应用系统应提供设置安全标记的功能，通过安全标记控制用户对标记信息资源的访问。重要主体指系统中的管理用户，重要客体指系统中的鉴别数据、重要业务数据、个人信息及敏感数据等。

【测评方法】

（1）核查应用系统是否依据安全策略对重要主体和重要客体设置了安全标记。

（2）测试验证依据安全标记是否能实现主体对客体的强制访问控制。

【预期结果或主要证据】

（1）应用系统依据安全策略对重要账户和重要信息设置了安全标记。

（2）应用系统依据安全标记控制账户对有安全标记的信息资源的访问。

3. 安全审计

对应用系统进行安全审计的目的是保持对应用系统的运行情况及用户行为的跟踪，以便事后进行追踪和分析。应用系统安全审计主要涉及用户登录情况、管理用户的操作行为、关键的业务操作行为、系统功能执行情况、系统资源使用情况等。

1）L3-CES1-12

【安全要求】

应启用安全审计功能，审计覆盖到每个用户，对重要的用户行为和重要安全事件进行审计。

【要求解读】

应用系统必须对其所有用户的重要操作（例如用户登录和重要业务操作等）进行审计，并对系统异常等事件进行审计。

【测评方法】

（1）核查是否提供并启用了安全审计功能。

（2）核查审计范围是否覆盖每个用户。

（3）核查并测试是否对重要的用户行为和重要安全事件进行了审计。

【预期结果或主要证据】

（1）应用系统提供并启用了安全审计功能。

（2）安全审计范围覆盖系统中的每个用户。

（3）应用系统对重要的用户行为和重要安全事件提供了审计功能。

2）L3-CES1-13

【安全要求】

审计记录应包括事件的日期和时间、用户、事件类型、事件是否成功及其他与审计相关的信息。

【要求解读】

审计记录至少包括事件的日期和时间、发起者信息（例如用户名、IP 地址等）、类型、描述、结果（是否成功等）。

【测评方法】

核查审计记录的内容，例如数据库的具体字段、日志信息。

【预期结果或主要证据】

审计记录包括事件的日期和时间、发起者信息（例如用户名、IP 地址等）、类型、描述、结果（是否成功等）等。

3）L3-CES1-14

【安全要求】

应对审计记录进行保护，定期备份，避免受到未预期的删除、修改或覆盖等。

【要求解读】

应用系统应对审计记录进行保护，定期做好数据备份。另外，应用系统应防止非授权删除、修改或覆盖审计记录的情况发生。

【测评方法】

（1）核查审计记录的保护措施和备份策略。

（2）核查应用系统的功能权限，了解应用系统是否具备对审计记录的删除、修改或覆盖等功能。如果应用系统具备对审计记录的删除、修改或覆盖等功能，则核查应用系统是否对日志记录删除、修改和覆盖的时间进行了限制。

【预期结果或主要证据】

（1）审计记录存储于数据库中且定期进行数据备份。

（2）应用系统不提供审计记录的删除、修改或覆盖功能。如果提供了相关功能，则已限定不可删除、修改或覆盖半年之内产生的审计记录。

4）L3-CES1-15

【安全要求】

应对审计进程进行保护，防止未经授权的中断。

【要求解读】

应用系统应对审计进程或功能进行保护。如果处理审计的事务是一个单独的进程，那么应用系统应对审计进程进行保护，不允许非授权用户中断该进程。如果审计是一个独立的功能，那么应用系统应防止非授权用户关闭审计功能。

【测评方法】

对应用系统进行测试。如果审计模块是一个单独的进程，则尝试非授权中断审计进程，查看是否成功（应为否）；如果审计模块是一个独立的功能，则尝试非授权关闭审计功能，查看是否成功（应为否）。

【预期结果或主要证据】

未经授权，不能中断审计进程或关闭审计功能。

4.入侵防范

在《基本要求》中，基于应用系统的入侵防范主要体现在数据有效性验证和软件自身漏洞发现两个方面。

1）L3-CES1-17

【安全要求】

应遵循最小安装的原则，仅安装需要的组件和应用程序。

【要求解读】

应用系统应遵循最小安装的原则，即"不需要的功能模块不安装"，例如不安装仍在开发或未经安全测试的功能模块。安装的功能模块越多，应用系统面临的风险就越大。因此，"瘦身"有利于提高应用系统的安全性。

【测评方法】

（1）询问系统管理员，了解应用系统上线相关要求及应用系统各功能模块的用途。

（2）查看应用系统上线的相关文档，并与应用系统功能模块进行比对，核查应用系统是否遵循最小安装的原则，以及是否安装了仍在开发或未经安全测试的功能模块（应为否）。

【预期结果或主要证据】

应用系统的安装遵循最小安装的原则，不存在仍在开发或未经安全测试的功能模块。

2）L3-CES1-20

【安全要求】

应提供数据有效性检验功能，保证通过人机接口输入或通过通信接口输入的内容符合系统设定要求。

【要求解读】

应用系统应对数据的有效性进行验证，主要验证那些通过人机接口（例如程序界面）或通信接口输入的数据的格式或长度是否符合系统设定，以防止个别用户输入畸形的数据导致系统出错（例如 SQL 注入攻击等），进而影响系统的正常使用甚至危害系统的安全。

【测评方法】

（1）询问系统管理员，了解该系统是否具备软件容错能力及具体措施。

（2）在浏览器或客户端输入不同的数据（例如，数据格式或长度等符合/不符合软件设定的要求，并可模仿特定的攻击形式），查看系统的反应。

【预期结果或主要证据】

应用系统具备软件容错能力，以及对输入数据的长度、格式等进行检查和验证的功能。例如，可以通过限制特定关键字的输入等防护措施防止 SQL 注入攻击。

3）L3-CES1-21

【安全要求】

应能发现可能存在的已知漏洞，并在经过充分测试评估后，及时修补漏洞。

【要求解读】

应用系统管理员应定期对应用系统进行漏洞扫描。一旦发现漏洞，应及时进行测试和评估并及时修补漏洞。

【测评方法】

（1）通过漏洞扫描、渗透测试等方式核查应用软件、数据库管理系统和中间件中是否存在高风险漏洞（应为不存在）。

（2）访谈管理员，了解是否已在经过充分的测试和评估后及时修补漏洞。

【预期结果或主要证据】

应用软件、数据库管理系统和中间件中不存在高风险漏洞；若存在，则已在经过充分的测试和评估后及时修补。

5. 数据备份恢复

L3-CES1-31

【安全要求】

应提供重要数据处理系统的热冗余，保证系统的高可用性。

【要求解读】

应提供灾备中心，为重要数据提供异地实时数据级备份，保证当本地系统发生灾难性后果且不可恢复时可利用异地保存的数据对系统数据进行恢复。

【测评方法】

核查重要数据处理系统（应用服务器和数据库服务器等）是否采用热冗余方式部署。

【预期结果或主要证据】

重要数据处理系统（应用服务器和数据库服务器等）采用热冗余方式部署。

6. 剩余信息保护

为保证存储在硬盘、内存或缓冲区的信息不被非授权访问，应用系统应对这些信息加以保护。对于用户的鉴别信息、文件、目录等资源所在的存储空间，在将其内容完全清除之后，才能释放或重新分配给其他用户。

1）L3-CES1-32

【安全要求】

应保证鉴别信息所在的存储空间被释放或重新分配前得到完全清除。

【要求解读】

应用系统将用户鉴别信息所在存储空间（例如硬盘或内存）的内容完全清除后才能分配给其他用户。例如，某应用系统将某用户的鉴别信息放在内存中处理，处理后没有及时将其清除，这样，其他用户就有可能通过一些非正常手段获取该用户的鉴别信息。

【测评方法】

询问系统管理员，了解应用系统是否已采取措施对存储介质（例如硬盘或内存）中的用户鉴别信息进行及时的清除，以防止其他用户非授权获取用户鉴别信息。

【预期结果或主要证据】

应用系统已采取措施对存储介质（例如硬盘或内存）中的用户鉴别信息进行及时的清除。例如，对存储或调用过用户鉴别信息的函数或变量及时写零或置空，及时清除 B/S 系统中的 Session 和 Cookie 信息，以及对存有用户鉴别信息的临时文件进行删除或内容清空等。

2）L3-CES1-33

【安全要求】

应保证存有敏感数据的存储空间被释放或重新分配前得到完全清除。

【要求解读】

应用系统将敏感数据所在存储空间（例如硬盘或内存）的内容完全清除后才能分配给其他用户。例如，某应用系统在使用过程中可能会产生一些临时文件，这些临时文件中可能会记录一些敏感信息，如果不加处理就将这些资源分配给其他用户，其他用户就有可能获得其中的敏感信息。

【测评方法】

询问系统管理员，了解应用系统是否已采取措施对存储介质（例如硬盘或内存）中的敏感数据进行及时的清除，以防止其他用户非授权获取敏感数据。

【预期结果或主要证据】

应用系统已采取措施对存储介质（例如硬盘或内存）中的敏感数据进行及时的清除。例如，对存储或调用过敏感数据的函数或变量及时写零或置空，及时清除 B/S 系统中的 Session 和 Cookie 信息，以及对存有敏感数据的临时文件进行删除或内容清空等。

7. 个人信息保护

为了加强对个人信息的保护，《基本要求》对个人信息的采集、存储和使用提出了强制保护要求。

1）L3-CES1-34

【安全要求】

应仅采集和保存业务必需的用户个人信息。

【要求解读】

此项的目的是保护个人信息，不采集业务不需要的个人数据。

【测评方法】

（1）询问系统管理员，了解应用系统采集了用户的哪些个人信息。

（2）询问系统管理员，了解应用系统采集的用户个人信息是否是业务应用所必需的。

【预期结果或主要证据】

（1）已记录应用系统采集的用户个人信息。

（2）已记录应用系统的各个功能模块使用了哪些用户个人信息，说明了使用用户个人信息的必要性。

2）L3-CES1-35

【安全要求】

应禁止未授权访问和非法使用用户个人信息。

【要求解读】

应用系统应采取措施，禁止未授的权访问和非法使用个人信息，从而保护个人信息。

【测评方法】

（1）询问系统管理员，了解哪些系统账户可以访问个人信息，以及应用系统采取了什么措施来控制可访问个人信息的系统账户对个人信息的访问。

（2）核查相关措施是否有效限制了相关账户对个人信息的访问和使用。

【预期结果或主要证据】

（1）应用系统已采取措施，控制系统账户对个人信息的访问，例如权限控制等。

（2）未经授权，不能访问和使用用户的个人信息。

4.7　数据

等级保护对象处理的各种数据在维持系统正常运行方面起着至关重要的作用。一旦数据遭到破坏（泄露、修改、毁坏），就会造成不同程度的影响，从而危害系统的正常运行。由于在等级保护对象的各个层面（网络、主机系统、应用等）都会对数据进行传输、存储和处理等，因此，对数据的保护需要物理环境、网络、数据库和操作系统、应用程序等的支持。各个"关口"把好了，数据本身再具有一些防御和修复手段，必然能将对数据造成的损害降至最小。

一般来说，数据可分为鉴别数据、业务数据、审计数据、配置数据、视频数据和个人信息等。由于这些数据分布在不同的测评对象上，所以应针对不同类型的数据分别从不同的测评对象上汇总测评证据。

与数据安全相关的控制点主要包括数据完整性、数据保密性、数据备份恢复、剩余信息保护和个人信息保护。其中，剩余信息保护和个人信息保护一般在应用系统中核查。本节重点介绍鉴别数据、重要业务数据、重要审计数据、重要配置数据、重要个人信息的测评方法和预期结果。

4.7.1　鉴别数据

鉴别数据一般分布在网络设备、安全设备、服务器、应用系统等测评对象中，应分别从不同的测评对象中汇总测评证据。

1. 数据完整性

数据完整性主要是指保护各类数据在存储和传输过程中免受未授权的破坏。

1）L3-CES1-25

【安全要求】

应采用校验技术或密码技术保证重要数据在传输过程中的完整性，包括但不限于鉴别数据、重要业务数据、重要审计数据、重要配置数据、重要视频数据和重要个人信息等。

【要求解读】

为了保证鉴别数据在传输和存储过程中免受未授权的破坏，应对鉴别数据的完整性进行检测。

【测评方法】

（1）询问系统管理员，了解不同测评对象的鉴别数据在传输过程中是否采用了校验技术或密码技术来保证完整性。

（2）使用工具对通信报文中的鉴别数据进行修改，查看系统是否能够检测到鉴别数据的完整性在传输过程中受到破坏的情况。

【预期结果或主要证据】

（1）系统采用校验技术或密码技术保证了鉴别数据在传输过程中的完整性。

（2）通过修改通信报文的内容，能确定鉴别数据在传输过程进行了完整性校验。

2）L3-CES1-26

【安全要求】

应采用校验技术或密码技术保证重要数据在存储过程中的完整性，包括但不限于鉴别数据、重要业务数据、重要审计数据、重要配置数据、重要视频数据和重要个人信息等。

【要求解读】

为了保证鉴别数据在传输和存储过程中免受未授权的破坏，应对鉴别数据的完整性进行检测。

【测评方法】

（1）询问系统管理员，了解不同测评对象的鉴别数据在存储过程中是否采用了校验技术或密码技术来保证完整性。

（2）尝试修改数据库中存储的鉴别数据，以验证系统是否能够检测到鉴别数据被修改的情况。

【预期结果或主要证据】

（1）系统采用校验技术或密码技术保证了鉴别数据在存储过程中的完整性。

（2）修改数据库中存储的鉴别数据后，系统能够检测到鉴别数据被修改的情况并发出提示信息。

2. 数据保密性

数据保密性主要是指保护各类数据在存储和传输过程中不因被截获或窃取而造成泄密等。

1）L3-CES1-27

【安全要求】

应采用密码技术保证重要数据在传输过程中的保密性，包括但不限于鉴别数据、重要业务数据和重要个人信息等。

【要求解读】

为了保证鉴别数据在传输和存储过程中不因被截获或窃取而造成泄密等，应采用密码技术对鉴别数据进行保护。

【测评方法】

（1）询问系统管理员，了解不同测评对象的鉴别数据是否已采用密码技术来保证传输过程中的保密性。

（2）通过嗅探等方式抓取传输过程中的数据包，查看鉴别数据在传输过程中是否进行了加密处理。

【预期结果或主要证据】

（1）系统采用密码技术保证了鉴别数据在传输过程中的保密性。

（2）抓取传输过程中的数据包，未在其中发现明文传输的鉴别数据。

2）L3-CES1-28

【安全要求】

应采用密码技术保证重要数据在存储过程中的保密性，包括但不限于鉴别数据、重要业务数据和重要个人信息等。

【要求解读】

为了保证鉴别数据在传输和存储过程中不因被截获或窃取而造成泄密等，应采用密码技术对鉴别数据进行保护。

【测评方法】

（1）询问系统管理员，了解不同测评对象的鉴别数据是否已采用密码技术来保证存储过程中的保密性。

（2）核查包含鉴别数据的数据表或文件是否采用了加密存储。

【预期结果或主要证据】

（1）系统采用密码技术保证了鉴别数据在存储过程中的保密性。

（2）数据表或文件中的鉴别数据以密文方式存储。

4.7.2　重要业务数据

业务数据（例如信用卡号码、银行交易明细等）大都具有敏感性，因此，应保证业务数据的完整性和保密性不受破坏。业务数据一般在应用系统中核查。

1. 数据完整性

（说明见 4.7.1 节"数据完整性"部分。）

1）L3-CES1-25

【安全要求】

应采用校验技术或密码技术保证重要数据在传输过程中的完整性，包括但不限于鉴别数据、重要业务数据、重要审计数据、重要配置数据、重要视频数据和重要个人信息等。

【要求解读】

为了保证各种重要业务数据在传输和存储过程中免受未授权的破坏，应对重要业务数据的完整性进行检测。

【测评方法】

（1）询问系统管理员，了解重要业务数据在传输过程中是否采用了校验技术或密码技术来保证完整性。

（2）使用工具对通信报文中的重要业务数据进行修改，查看系统是否能够检测到重要业务数据的完整性在传输过程中受到破坏的情况。

【预期结果或主要证据】

（1）系统采用校验技术或密码技术保证了重要业务数据在传输过程中的完整性。

（2）通过修改通信报文的内容，能确定重要业务数据在传输过程进行了完整性校验。

2）L3-CES1-26

【安全要求】

应采用校验技术或密码技术保证重要数据在存储过程中的完整性，包括但不限于鉴别数据、重要业务数据、重要审计数据、重要配置数据、重要视频数据和重要个人信息等。

【要求解读】

为了保证各种重要业务数据在传输和存储过程中免受未授权的破坏，应对重要业务数据的完整性进行检测。

【测评方法】

（1）询问系统管理员，了解重要业务数据在存储过程中是否采用了校验技术或密码技术来保证完整性。

（2）尝试修改数据库中存储的重要业务数据，以验证系统是否能够检测到重要业务数据被修改的情况。

【预期结果或主要证据】

（1）系统采用校验技术或密码技术保证了重要业务数据在存储过程中的完整性。

（2）修改数据库中存储的重要业务数据后，系统能够检测到重要业务数据被修改的情况并发出提示信息。

2. 数据保密性

（说明见 4.7.1 节"数据保密性"部分。）

1）L3-CES1-27

【安全要求】

应采用密码技术保证重要数据在传输过程中的保密性，包括但不限于鉴别数据、重要业务数据和重要个人信息等。

【要求解读】

为了保证重要业务数据在传输和存储过程中不因被截获或窃取而造成泄密等，应采用密码技术对重要业务数据进行保护。

【测评方法】

（1）询问系统管理员，了解重要业务数据是否已采用密码技术来保证传输过程中的保密性。

（2）通过嗅探等方式抓取传输过程中的数据包，查看重要业务数据在传输过程中是否进行了加密处理。

【预期结果或主要证据】

（1）系统采用密码技术保证了重要业务数据在传输过程中的保密性。

（2）抓取传输过程中的数据包，未在其中发现明文传输的重要业务数据。

2）L3-CES1-28

【安全要求】

应采用密码技术保证重要数据在存储过程中的保密性，包括但不限于鉴别数据、重要业务数据和重要个人信息等。

【要求解读】

为了保证重要业务数据在传输和存储过程中不因被截获或窃取而造成泄密等，应采用密码技术对重要业务数据进行保护。

【测评方法】

（1）询问系统管理员，了解重要业务数据是否已采用密码技术来保证存储过程中的保密性。

（2）核查包含重要业务数据的数据表或文件是否采用了加密存储。

【预期结果或主要证据】

（1）系统采用密码技术保证了重要业务数据在存储过程中的保密性。

（2）数据表或文件中的重要业务数据以密文方式存储。

3. 数据备份恢复

即使对数据进行了种种保护，仍无法绝对保证数据的安全。对数据进行备份是防止数据因遭到破坏而无法使用的最好方法。应通过对数据采取不同的备份方式、备份形式等，保证重要数据在破坏发生后能够得到恢复。

1）L3-CES1-29

【安全要求】

应提供重要数据的本地数据备份与恢复功能。

【要求解读】

应对重要业务数据进行本地数据备份，以便在数据遭到破坏后能够及时恢复。同时，要定期对备份数据进行恢复测试，以确保备份数据的可用性。

【测评方法】

（1）核查是否能提供本地数据备份措施与恢复措施。

（2）核查备份周期及备份方式。

（3）核查备份结果是否与备份策略一致。

（4）核查近期数据恢复测试记录。

【预期结果或主要证据】

（1）能提供本地数据备份措施和恢复措施。

（2）数据备份周期和方式为每周完整备份。

（3）按照备份周期和备份方式进行了有效的数据备份。

（4）有近期数据恢复测试记录。

2）L3-CES1-30

【安全要求】

应提供异地实时备份功能，利用通信网络将重要数据实时备份至备份场地。

【要求解读】

应提供灾备中心，为重要数据提供异地实时数据级备份，保证当本地系统发生灾难性后果（例如火灾）且不可恢复时能利用异地保存的数据对系统数据进行恢复。

【测评方法】

询问数据库管理员，了解是否提供了异地实时数据备份，以及是否能通过网络将重要业务数据实时备份至备份场地。

【预期结果或主要证据】

提供了异地实时数据备份，能通过网络将重要业务数据实时备份至备份场地。

4.7.3　重要审计数据

审计数据一般分布在网络设备、安全设备、服务器、应用系统等测评对象中，应分别从不同的测评对象中汇总测评证据。

1. **数据完整性**

（说明见 4.7.1 节"数据完整性"部分。）

1）L3-CES1-25

【安全要求】

应采用校验技术或密码技术保证重要数据在传输过程中的完整性，包括但不限于鉴别数据、重要业务数据、重要审计数据、重要配置数据、重要视频数据和重要个人信息等。

【要求解读】

为了保证重要审计数据在传输和存储过程中免受未授权的破坏，应对重要审计数据的完整性进行检测。

【测评方法】

（1）询问系统管理员，了解不同测评对象的重要审计数据在传输过程中是否采用了校验技术或密码技术来保证完整性。

（2）使用工具对通信报文中的重要审计数据进行修改，以验证系统是否能够检测到重要审计数据的完整性在传输过程中受到破坏的情况。

【预期结果或主要证据】

（1）系统采用校验技术或密码技术保证了重要审计数据在传输过程中的完整性。

（2）通过修改通信报文的内容，能确定重要审计数据在传输过程进行了完整性校验。

2）L3-CES1-26

【安全要求】

应采用校验技术或密码技术保证重要数据在存储过程中的完整性，包括但不限于鉴别数据、重要业务数据、重要审计数据、重要配置数据、重要视频数据和重要个人信息等。

【要求解读】

为了保证重要审计数据在传输和存储过程中免受未授权的破坏，应对重要审计数据的完整性进行检测。

【测评方法】

（1）询问系统管理员，了解不同测评对象的重要审计数据在存储过程中是否采用了校验技术或密码技术来保证完整性。

（2）尝试修改数据库中存储的重要审计数据，验证系统是否能够检测到重要审计数据被修改的情况。

【预期结果或主要证据】

（1）系统采用校验技术或密码技术保证了重要审计数据在存储过程中的完整性。

（2）修改数据库中存储的重要审计数据后，系统能够检测到重要审计数据被修改的情况并发出提示信息。

2. 数据备份恢复

（说明见 4.7.2 节"数据备份恢复"部分。）

L3-CES1-29

【安全要求】

应提供重要数据的本地数据备份与恢复功能。

【要求解读】

审计数据记录的是系统运行情况、系统用户行为等与安全活动相关的信息，以便事后进行追踪和分析，因此，需要对重要审计数据进行本地备份，并定期对备份数据进行恢复测试，以确保备份数据的可用性。

【测评方法】

（1）核查是否能提供本地数据备份措施与恢复措施。

（2）核查备份周期及备份方式。

（3）核查备份结果是否与备份策略一致。

（4）核查近期数据恢复测试记录。

【预期结果或主要证据】

（1）能提供本地数据备份措施和恢复措施。

（2）数据备份周期和方式为每周完整备份。

（3）按照备份周期和备份方式进行了有效的数据备份。

（4）有近期数据恢复测试记录。

4.7.4　主要配置数据

配置数据一般分布在网络设备、安全设备、服务器、应用系统等测评对象中，应分别从不同的测评对象中汇总测评证据。

1. 数据完整性

（说明见 4.7.1 节"数据完整性"部分。）

1）L3-CES1-25

【安全要求】

应采用校验技术或密码技术保证重要数据在传输过程中的完整性，包括但不限于鉴别数据、重要业务数据、重要审计数据、重要配置数据、重要视频数据和重要个人信息等。

【要求解读】

为了保证重要配置数据在传输和存储过程中免受未授权的破坏，应对重要配置数据的完整性进行检测。

【测评方法】

（1）询问系统管理员，了解不同测评对象的重要配置数据在传输过程中是否采用了校验技术或密码技术来保证完整性。

（2）使用工具对通信报文中的重要配置数据进行修改，以验证系统是否能够检测到重要配置数据的完整性在传输过程中受到破坏的情况。

【预期结果或主要证据】

（1）系统采用校验技术或密码技术保证了重要配置数据在传输过程中的完整性。

（2）通过修改通信报文的内容，能确定重要配置数据在传输过程进行了完整性校验。

2）L3-CES1-26

【安全要求】

应采用校验技术或密码技术保证重要数据在存储过程中的完整性，包括但不限于鉴别数据、重要业务数据、重要审计数据、重要配置数据、重要视频数据和重要个人信息等。

【要求解读】

为了保证重要配置数据在传输和存储过程中免受未授权的破坏，应对重要配置数据的完整性进行检测。

【测评方法】

（1）询问系统管理员，了解不同测评对象的重要配置数据在存储过程中是否采用了校验技术或密码技术来保证完整性。

（2）尝试修改数据库中存储的重要配置数据，验证系统是否能够检测到重要配置数据被修改的情况。

【预期结果或主要证据】

（1）系统采用校验技术或密码技术保证了重要配置数据在存储过程中的完整性。

（2）修改数据库中存储的重要配置数据后，系统能够检测到重要配置数据被修改的情况并发出提示信息。

2. 数据备份恢复

（说明见 4.7.2 节"数据备份恢复"部分。）

L3-CES1-29

【安全要求】

应提供重要数据的本地数据备份与恢复功能。

【要求解读】

配置数据对系统的正常运行而言是非常重要的。应对重要配置数据进行备份，以便在重要配置数据发生错误后及时进行恢复。

【测评方法】

（1）核查是否能提供本地数据备份措施与恢复措施。

（2）核查备份周期及备份方式。

（3）核查备份结果是否与备份策略一致。

（4）核查近期数据恢复测试记录。

【预期结果或主要证据】

（1）能提供本地数据备份措施和恢复措施。

（2）数据备份周期和方式为每周完整备份。

（3）按照备份周期和备份方式进行了有效的数据备份。

（4）有近期数据恢复测试记录。

4.7.5　重要个人信息

个人信息是指以电子或其他方式记录的能够单独或与其他信息结合以识别特定自然人身份或反映特定自然人活动情况的各种信息，包括姓名、身份证件的号码、手机号码、住址、财产状况、行踪轨迹等。个人信息一般在应用系统中核查。

1. 数据完整性

（说明见 4.7.1 节 "数据完整性" 部分。）

1）L3-CES1-25

【安全要求】

应采用校验技术或密码技术保证重要数据在传输过程中的完整性，包括但不限于鉴别数据、重要业务数据、重要审计数据、重要配置数据、重要视频数据和重要个人信息等。

【要求解读】

为了保证重要个人信息在传输和存储过程中免受未授权的破坏，应对重要个人信息的完整性进行检测。

【测评方法】

（1）询问系统管理员，了解重要个人信息在传输过程中是否采用了校验技术或密码技术来保证完整性。

（2）使用工具对通信报文中的重要个人信息进行修改，以验证系统是否能够检测到重要个人信息的完整性在传输过程中受到破坏的情况。

【预期结果或主要证据】

（1）系统采用校验技术或密码技术保证了重要个人信息在传输过程中的完整性。

（2）通过修改通信报文的内容，能确定重要个人信息在传输过程进行了完整性校验。

2）L3-CES1-26

【安全要求】

应采用校验技术或密码技术保证重要数据在存储过程中的完整性，包括但不限于鉴别数据、重要业务数据、重要审计数据、重要配置数据、重要视频数据和重要个人信息等。

【要求解读】

为了保证重要个人信息在传输和存储过程中免受未授权的破坏，应对重要个人信息的完整性进行检测。

【测评方法】

（1）询问系统管理员，了解不同测评对象的重要个人信息在存储过程中是否采用了校验技术或密码技术来保证完整性。

（2）尝试修改数据库中存储的重要个人信息，验证系统是否能够检测到重要个人信息被修改的情况。

【预期结果或主要证据】

（1）系统采用校验技术或密码技术保证了重要个人信息在存储过程中的完整性。

（2）修改数据库中存储的重要个人信息后，系统能够检测到重要个人信息被修改的情况并发出提示信息。

2. 数据保密性

（说明见 4.7.1 节"数据保密性"部分。）

1）L3-CES1-27

【安全要求】

应采用密码技术保证重要数据在传输过程中的保密性，包括但不限于鉴别数据、重要业务数据和重要个人信息等。

【要求解读】

为了保证重要个人信息在传输和存储过程中不因被截获或窃取而造成泄密等，应采用密码技术对重要个人信息进行保护。

【测评方法】

（1）询问系统管理员，了解重要个人信息是否已采用密码技术来保证传输过程中的保密性。

（2）通过嗅探等方式抓取传输过程中的数据包，查看重要个人信息在传输过程中是否进行了加密处理。

【预期结果或主要证据】

（1）系统采用密码技术保证了重要个人信息在传输过程中的保密性。

（2）抓取传输过程中的数据包，未在其中发现明文传输的重要个人信息等。

2）L3-CES1-28

【安全要求】

应采用密码技术保证重要数据在存储过程中的保密性，包括但不限于鉴别数据、重要业务数据和重要个人信息等。

【要求解读】

为了保证重要个人信息在传输和存储过程中不因被截获或窃取而造成泄密等，应采用密码技术对重要个人信息进行保护。

【测评方法】

（1）询问系统管理员，了解重要个人信息是否已采用密码技术来保证存储过程中的保密性。

（2）核查包含重要个人信息的数据表或文件是否已采用加密存储。

【预期结果或主要证据】

（1）系统采用密码技术保证了重要个人信息在存储过程中的保密性。

（2）数据表或文件中的重要个人信息以密文方式存储。

3. 数据备份恢复

（说明见 4.7.2 节"数据备份恢复"部分。）

L3-CES1-29

【安全要求】

应提供重要数据的本地数据备份与恢复功能。

【要求解读】

应对重要个人信息进行本地数据备份，以便在数据遭到破坏后能够及时恢复。同时，要定期对备份数据进行恢复测试，以确保备份数据的可用性。

【测评方法】

（1）核查是否能提供本地数据备份措施与恢复措施。

（2）核查备份周期及备份方式。

（3）核查备份结果是否与备份策略一致。

（4）核查近期数据恢复测试记录。

【预期结果或主要证据】

（1）能提供本地数据备份措施和恢复措施。

（2）数据备份周期和方式为每周完整备份。

（3）按照备份周期和备份方式进行了有效的数据备份。

（4）有近期数据恢复测试记录。

第 5 章 安全管理中心

按照"一个中心，三重防御"的纵深防御思想，安全管理中心就是纵深防御体系的大脑，即通过安全管理中心实现技术层面的系统管理、审计管理和安全管理，同时对高级别的等级保护对象进行集中管控。这里的安全管理中心既不是一个机构，也不是一个产品，而是一个技术管控枢纽，通过管理区域实现管理，并通过技术工具实现一定程度上的集中管理。

安全管理中心针对整个系统提出了安全管理方面的技术控制要求，通过技术手段实现集中管理，涉及的安全控制点包括系统管理、审计管理、安全管理和集中管控。

本章将以三级等级保护对象为例，介绍安全管理中心各个控制要求项的测评内容、测评方法、证据、案例等。

5.1 系统管理

系统管理是由系统管理员实施的。系统管理可以对每个设备单独进行管理，也可以通过统一的管理平台集中管理。系统管理主要关注是否对系统管理员进行身份鉴别、是否只允许系统管理员通过特定的命令或操作界面进行系统管理操作、是否对系统管理操作进行审计。系统管理的主要目的是确保系统管理操作的安全性。

1）L3-SMC1-01

【安全要求】

应对系统管理员进行身份鉴别，只允许其通过特定的命令或操作界面进行系统管理操作，并对这些操作进行审计。

【要求解读】

应对系统管理员进行身份认证并严格限制系统管理员账户的管理权限，仅允许系统管理员通过特定的方式进行系统管理操作，并对所有操作进行详细的审计。

【测评方法】

（1）核查是否已对系统管理员进行身份鉴别。

（2）核查是否只允许系统管理员通过特定的命令或操作界面进行系统管理操作。

（3）核查是否已对系统管理操作进行审计。

【预期结果或主要证据】

（1）已对系统管理员的登录行为进行认证。

（2）系统管理员使用管理工具或特定的命令进行操作。

（3）系统管理员的所有操作都有日志记录。

2）L3-SMC1-02

【安全要求】

应通过系统管理员对系统的资源和运行进行配置、控制和管理，包括用户身份、系统资源配置、系统加载和启动、系统运行的异常处理、数据和设备的备份与恢复等。

【要求解读】

系统管理操作应由系统管理员完成，其管理和操作内容应有别于审计管理员和安全管理员。

【测评方法】

核查是否由系统管理员对系统的资源和运行进行配置、控制和管理，包括用户身份、系统资源配置、系统加载和启动、系统运行的异常处理、数据和设备的备份与恢复等。

【预期结果或主要证据】

（1）已对系统管理员进行权限划分。

（2）系统管理员的权限有别于审计管理员和安全管理员。

（3）只有系统管理员可以对系统的资源和运行进行配置、控制和管理。

5.2 审计管理

审计管理是由审计管理员实施的。审计管理可以对每个设备单独进行管理，也可以通过统一的日志审计平台集中管理。审计管理主要关注是否对审计管理员进行身份鉴别、是否只允许审计管理员通过特定的命令或操作界面进行审计管理操作、是否对审计管理操作进行审计。审计管理的主要目的是确保审计管理操作的安全性。

1）L3-SMC1-03

【安全要求】

应对审计管理员进行身份鉴别，只允许其通过特定的命令或操作界面进行安全审计操作，并对这些操作进行审计。

【要求解读】

应对审计管理员进行身份认证并严格限制审计管理员账户的管理权限，仅允许审计管理员通过特定的方式进行审计管理操作，并对所有操作进行详细的审计。

【测评方法】

（1）核查是否已对审计管理员进行身份鉴别。

（2）核查是否只允许审计管理员通过特定的命令或操作界面进行安全审计操作。

（3）核查是否已对审计管理操作进行审计。

【预期结果或主要证据】

（1）已对审计管理员的登录行为进行认证。

（2）审计管理员使用管理工具或特定的命令进行操作。

（3）审计管理员的所有操作都有日志记录。

2）L3-SMC1-04

【安全要求】

应通过审计管理员对审计记录进行分析，并根据分析结果进行处理，包括根据安全审计策略对审计记录进行存储、管理和查询等。

【要求解读】

对于综合安全审计系统、数据库审计系统等提供集中审计功能的系统，要对审计管理员进行授权，并由审计管理员对审计记录进行分析。

【测评方法】

核查是否由审计管理员对审计记录进行分析并根据分析结果进行处理（包括根据安全审计策略对审计记录进行存储、管理和查询等）。

【预期结果或主要证据】

（1）已对审计管理员进行权限划分。

（2）审计管理员的权限有别于系统管理员和安全管理员。

（3）只有审计管理员可以查看和分析审计数据。

5.3　安全管理

安全管理是由安全管理员实施的。安全管理既可以对每个安全设备单独进行管理，也可以通过统一的安全管理平台集中管理。安全管理主要关注是否对安全管理员进行身份鉴别、是否只允许安全管理员通过特定的命令或操作界面进行安全审计操作、是否对安全管理操作进行审计。

1）L3-SMC1-05

【安全要求】

应对安全管理员进行身份鉴别，只允许其通过特定的命令或操作界面进行安全管理操作，并对这些操作进行审计。

【要求解读】

应对安全管理员进行身份认证并严格限制安全管理员账户的管理权限，仅允许安全管理员通过特定的方式进行安全管理操作，并对所有操作进行详细的审计。

【测评方法】

（1）核查是否已对安全管理员进行身份鉴别。

（2）核查是否只允许安全管理员通过特定的命令或操作界面进行安全管理操作。

（3）核查是否已对安全管理操作进行审计。

【预期结果或主要证据】

（1）已对安全管理员的登录行为进行认证。

（2）安全管理员使用管理工具或特定的命令进行操作。

（3）安全管理员的所有操作都有日志记录。

2）L3-SMC1-06

【安全要求】

应通过安全管理员对系统中的安全策略进行配置，包括安全参数的设置，主体、客体进行统一安全标记，对主体进行授权，配置可信验证策略等。

【要求解读】

对于提供集中安全管理功能的系统，应对安全管理员进行授权，并由安全管理员部署安全组件或安全设备的安全策略。

【测评方法】

核查是否由安全管理员对系统中的安全策略进行配置（包括设置安全参数、为主体和客体设置统一安全标记、对主体进行授权、配置可信验证策略等）。

【预期结果或主要证据】

（1）已对安全管理员进行权限划分。

（2）安全管理员的权限有别于系统管理员和审计管理员。

（3）只有安全管理员可以配置与安全策略有关的参数。

5.4　集中管控

集中管控是指在网络中建立一个独立的管理区域，在该区域内对安全设备或安全组件进行统一管控的过程。为了提高安全运维管理的有效性，可以通过集中管控的方式实现设备的统一监控、日志的统一分析、安全策略的统一管理和安全事件的统一分析等。集中管控可以通过一个平台实现，也可以通过多个平台或工具实现。

1）L3-SMC1-07

【安全要求】

应划分出特定的管理区域，对分布在网络中的安全设备或安全组件进行管控。

【要求解读】

应在网络中独立配置一个网络区域，用于部署集中管控措施。集中管控措施包括集中监控系统、集中审计系统和集中安全管理系统等。通过这些集中管控措施，可以实现对整个网络的集中管理。

【测评方法】

（1）核查是否划分出单独的网络区域用于安全管理。

（2）核查各安全设备或安全组件的配置等管理工作是否均由管理区域内的设备完成。

【预期结果或主要证据】

（1）网络拓扑图中有为安全设备或安全组件单独划分的管理区域。

（2）安全设备或安全组件的管理设备均部署在管理区域内。

2）L3-SMC1-08

【安全要求】

应能够建立一条安全的信息传输路径，对网络中的安全设备或安全组件进行管理。

【要求解读】

为了保障网络中信息传输的安全性，应采用安全的方式对安全设备或安全组件进行管理。

【测评方法】

核查是否已采用安全的方式（例如 SSH、HTTPS、IPSec、VPN 等）对安全设备或安全组件进行管理，或者是否已使用独立的带外管理网络对安全设备或安全组件进行管理。

【预期结果或主要证据】

已采用安全的方式对设备进行管理，并对配置信息进行记录，示例如下。

```
ssh server enablessh user cssnet service-type stelnet authentication-type password
```

3）L3-SMC1-09

【安全要求】

应对网络链路、安全设备、网络设备和服务器等的运行状况进行集中监测。

【要求解读】

为了保障业务系统的正常运行，应在网络中部署具备运行状态监测功能的系统或设备，以便对网络链路、网络设备、安全设备、服务器及应用系统的运行状态进行集中、实时监测。

【测评方法】

（1）核查是否部署了具备运行状态监测功能的系统或设备，以及是否能对网络链路、安全设备、网络设备和服务器等的运行状况进行集中监测。

（2）测试验证运行状态监测系统或设备是否能根据网络链路、安全设备、网络设备和服务器等的工作状态及设定的阈值（或默认阈值）进行实时报警。

【预期结果或主要证据】

（1）部署了具备运行状态监测功能的系统或设备，能够对网络链路、安全设备、网络设备和服务器等的运行状况进行集中监测。

（2）系统或设备的运行状态未超过阈值。

4）L3-SMC1-10

【安全要求】

应对分散在各个设备上的审计数据进行收集汇总和集中分析，并保证审计记录的留存时间符合法律法规要求。

【要求解读】

应部署集中审计分析系统，实现对基础网络平台及在其上运行的各类型设备的统一的日志收集、存储，并定期进行审计分析，从而发现潜在的安全风险。日志存储时间应符合法律法规要求，目前《网络安全法》要求日志保存时间至少为 6 个月。

【测评方法】

（1）核查各个设备是否配置并启用了相关策略，以及是否已将审计数据发送到独立于设备的外部集中安全审计系统中。

（2）核查是否部署了集中安全审计系统，以统一收集和存储各个设备的日志并根据需要进行集中审计和分析。

（3）核查审计记录的留存时间是否至少为 6 个月。

【预期结果或主要证据】

（1）设备配置并启用了审计策略，已将审计数据转发到集中安全审计系统中。

（2）集中安全审计系统具备审计分析功能。

（3）审计记录的留存时间符合法律法规要求，至少为 6 个月。

5）L3-SMC1-11

【安全要求】

应对安全策略、恶意代码、补丁升级等安全相关事项进行集中管理。

【要求解读】

应在安全管理区域内部署集中管理措施，实现对各类型设备（例如防火墙、IPS、IDS、WAF 等）的安全策略的统一管理，对网络恶意代码防护设备、主机操作系统恶意代码防护软件病毒规则库的统一升级，以及对各类型设备（例如主机操作系统、数据库操作系统等）的升级补丁的集中管理等。

【测评方法】

（1）核查是否实现了对安全策略（例如防火墙访问控制策略、IDS 的安全防护策略、WAF 的安全防护策略等）的集中管理。

（2）核查是否实现了对操作系统的防恶意代码系统、网络恶意代码防护设备、防恶意代码病毒规则库升级的集中管理。

（3）核查是否实现了对各个系统或设备的升级补丁的集中管理。

【预期结果或主要证据】

（1）具有统一的策略管理平台或多个策略管理工具（例如防火墙、IPS、IDS、WAF 等安全设备）。

（2）通过以上平台或工具可以实施策略管理。

6）L3-SMC1-12

【安全要求】

应能对网络中发生的各类安全事件进行识别、报警和分析。

【要求解读】

应能够通过集中管控措施对基础网络平台中的各类安全事件（例如设备故障、恶意攻击、服务性能下降等）进行实时的识别和分析，并通过声、光、短信、电子邮件等方式实时报警。

【测评方法】

（1）核查是否部署了能够对各类安全事件进行分析并通过声、光等方式实时报警的相关系统平台。

（2）核查监测范围是否能够覆盖网络中所有可能发生的安全事件。

【预期结果或主要证据】

（1）已部署安全事件管理平台或工具。

（2）相关平台或工具能够收集足够数量的可能的安全事件，并具备报警和提示功能。

第 6 章　安全管理制度

安全策略和安全管理制度的正确制定与有效实施对等级保护对象的安全管理起着非常重要的作用，不仅能促使全员参与保障网络安全的行动，而且能有效降低人为操作失误造成的安全损害。由于安全管理制度是在等级保护对象建设、开发、运维、升级、改造等阶段和环节应当遵循的行为规范，覆盖等级保护对象生命周期中的重要活动，所以，任何组织机构都应建立自己的安全管理制度体系。

安全管理制度对整个管理制度体系提出了安全控制要求，涉及的安全控制点包括安全策略、管理制度、制定和发布、评审和修订。

本章将以三级等级保护对象为例，介绍安全管理机构各个控制要求项的测评内容、测评方法、证据、案例等。

6.1　安全策略

安全策略是领导层决定的全面声明，是机构最高层的安全文件，它阐明了机构网络安全工作的使命和意愿，明确了安全管理范围、网络安全总体目标和安全管理框架，规定了网络安全责任机构和职责，建立了网络安全工作运行模式等。

L3-PSS1-01

【安全要求】

应制定网络安全工作的总体方针和安全策略，阐明机构安全工作的总体目标、范围、原则和安全框架等。

【要求解读】

作为机构网络安全工作的总纲，网络安全工作的总体方针和安全策略文件一般应明确网络安全工作的总体目标、原则、需遵循的总体策略等，既可以作为单独的文件发布，也可以与其他相关联的文件一起作为一套文件发布。

一般来讲，该文件可以明确网络安全管理活动的责任部门或人员，覆盖等级保护对象生命周期中所有关键的安全管理活动。其中，安全管理框架应包括组织机构及岗位职责、人员安全管理、环境和资产安全管理、系统安全建设管理、系统安全运行管理、事件处置和应急响应等方面，以明确各个方面的职责分工、需要关注的管理活动、管理活动的控制方法等。

【测评方法】

（1）核查机构是否有网络安全工作的总体方针和策略文件。

（2）核查以上文件是否明确了机构网络安全工作的总体目标、范围、原则和各类安全策略。

【预期结果或主要证据】

（1）机构有网络安全工作的总体方针和策略文件。

（2）以上文件明确了机构网络安全工作的总体目标、范围、原则和安全策略等。

6.2　管理制度

具体的安全管理制度应以安全策略为指导。对等级保护对象的建设、开发、运维、升级、改造等阶段和环节应当遵循的行为规范，以管理要求的方式进行限定。

1）L3-PSS1-02

【安全要求】

应对安全管理活动中的各类管理内容建立安全管理制度。

【要求解读】

应在安全策略文件的基础上，根据实际情况建立具体的安全管理制度。安全管理制度可以由若干单独的制度构成，也可以由若干分册制度构成，可能覆盖机房安全管理、办公环境安全管理、网络和系统安全管理、供应商管理、变更管理、备份和恢复管理、软件开发管理等方面。在每个制度文档中，应明确该制度的使用范围、目的、需要规范的管理活动、具体的规范方式和要求等。

【测评方法】

（1）核查机构是否建立了安全管理制度。

（2）核查安全管理制度是否覆盖了机构和人员、物理设备和环境、安全建设和安全运维等层面。

【预期结果或主要证据】

（1）机构建立了安全管理制度。

（2）安全管理制度覆盖了机构和人员、物理设备和环境、安全系统建设和安全运维等层面。

2）L3-PSS1-03

【安全要求】

应对管理人员或操作人员执行的日常管理操作建立操作规程。

【要求解读】

安全操作规程是指各项具体活动的步骤或方法，可以是一个操作手册、一个流程表单或一个实施方法，必须能够明确体现或执行网络安全策略或网络安全制度所要求的策略或原则。

配置规范是指重要等级保护对象中部署的关键网络设备、安全设备、主机操作系统、数据库管理系统等的安全配置规范。

安全操作规程和配置规范可以供那些需要安装或配置计算机的用户使用。组织机构应建立用于规定如何安装操作系统、如何建立用户账号、如何分配计算机权限、如何进行事件报告等的书面规程。

常见的操作规程示例如下。

- 防火墙安全操作规程：账户和密码管理、访问控制、远程登录管理、安全审计、备份与恢复。

- 交换机安全操作规程：账户和密码管理、访问控制、远程登录管理、安全审计、备份与恢复。

- Windows 安全操作规程：口令安全设置、系统安全补丁升级、账户安全设置、关闭无用的服务、访问控制安全设置、安全审计。

- 数据库管理系统安全操作规程：口令安全设置、账户安全设置、系统安全补丁升级、权限设置、安全审计策略升级、登录认证方式设置、数据备份与恢复设置。

【测评方法】

核查是否建立了日常管理操作的操作规程（例如系统维护手册和用户操作规程等，包括网络设备、安全设备、操作系统等的配置规范）。

【预期结果或主要证据】

（1）已建立日常管理操作规程。

（2）操作规程覆盖了物理环境、网络和通信、设备和计算、应用和数据层面的重要操作（例如系统维护手册和用户操作规程等）。

3）L3-PSS1-04

【安全要求】

应形成由安全策略、管理制度、操作规程、记录表单等构成的全面的安全管理制度体系。

【要求解读】

全面的安全管理制度体系包括网络安全工作的总体方针策略、各种安全管理活动的管理制度、日常操作行为的操作规程、各类记录表单，它们共同构成了一个金字塔式结构。

在一般情况下，一套全面的安全管理制度体系具有四级架构，包括网络安全工作的总体方针策略、各种安全管理活动的管理制度、日常操作行为的操作规程和安全配置规范、各类记录表单，如图6-1所示。

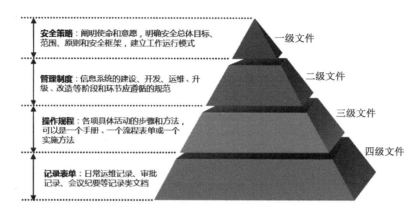

图 6-1

一般来讲，所需的制度、文档清单，如表 6-1 所示。

表 6-1

文件级别	分　类	文件内容
一级文件	安全策略	安全策略总纲
二级文件	管理制度	管理制度制定、发布、维护方面的管理制度
	安全管理机构	安全组织及岗位职责方面的管理制度
		授权审批类制度
		安全审核和检查制度
		……
	安全管理人员	人员录用、离岗、考核等方面的管理制度
		人员安全教育和培训方面的管理制度
		外部人员管理制度
		……
	安全建设管理	工程实施过程管理方面的管理制度
		产品选型、采购方面的管理制度
		测试、验收、交付方面的管理制度
		软件开发管理制度
		代码编写安全规范
		外包软件开发管理制度
		……
	安全运维管理	办公环境管理制度
		机房安全管理制度
		资产安全管理制度
		介质安全管理制度
		设备安全管理制度

续表

文件级别	分　类	文件内容
二级文件	安全运维管理	网络系统安全管理制度
		恶意代码防范管理制度
		密码管理制度
		配置管理制度
		变更管理制度
		备份与恢复管理制度
		安全事件管理制度
		应急预案管理制度（包括各类专项应急预案）
		……
三级文件	配置规范	网络/安全设备、操作系统、数据库等的配置基线
	操作手册	应用软件设计程序文件
		软件使用指南
		源代码说明文档
		操作运维手册（流程表单、实施方法）
		……
四级文件	记录、表单类	制度制定、修订记录
		各类审批记录
		培训记录
		会议记录
		安全检查表、安全检查报告等
		安全管理岗位人员信息表
		网络安全外联单位沟通合作联系表
		保密协议
		关键岗位安全协议
		人员录用、离职记录
		程序资源库的修改、更新、发布的授权审批记录
		工程实施方案
		测试验收方案、记录等
		安全测试报告
		交付清单
		服务供应商的合同、协议等
		对服务供应商的安全考核记录
		外部人员访问登记审批表
		外部人员访问登记记录表
		外部人员保密协议
		采购申请审批单
		资产清单

续表

文件级别	分　类	文件内容
四级文件	记录、表单类	等级保护对象资产报废申请表
		设备出门条
		设备维护记录表
		网络安全事件报告表
		系统异常事件处理记录
		应急处置审批表
		漏洞扫描、风险评估报告
		恶意代码检测记录、病毒处置记录
		数据备份、恢复、测试等的记录
		日常运维表单、记录
		系统变更方案、审批记录
		应急演练、培训的记录
		……

【测评方法】

（1）核查是否有网络安全工作的总体方针策略文件、管理制度、操作规程、记录表单等。

（2）核查管理体系各要素之间是否具有连贯性。

【预期结果或主要证据】

（1）机构已建立各项管理制度。

（2）管理制度内容全面，由总体方针、安全策略、管理制度、操作规程等构成，形成了全面的网络安全管理制度体系。

6.3　制定和发布

对安全管理制度的制定和发布流程，需要进行严格的控制，以保证制度的正式性、科学性、适用性和权威性。

1）L3-PSS1-05

【安全要求】

应指定或授权专门的部门或人员负责安全管理制度的制定。

【要求解读】

安全管理制度的制定和发布，应由相关部门负责并进行指导。应严格按照制度制定的有关程序和方法，规范起草、论证、审定和发布等主要环节。

【测评方法】

（1）访谈安全主管或相关配合人员，了解由什么部门或人员负责安全管理制度的制定、参与制定人员有哪些。

（2）核查人员职责、岗位设置等相关管理制度文件，了解是否由专门的部门或人员负责安全管理制度的制定工作。

【预期结果或主要证据】

（1）由指定的部门或人员负责安全管理制度的制定。

（2）相关职责文件明确了由专门的部门或人员负责安全管理制度的制定工作。

2）L3-PSS1-06

【安全要求】

安全管理制度应通过正式、有效的方式发布，并进行版本控制。

【要求解读】

正式、有效的发布方式，原则上是指机构认可的有效的发布方式，且在有效范围内由相关部门发布，例如正式发文发布、内部 OA 发布、电子邮件发布、即时通信工具发布等，不必拘泥于具体形式。

在一般情况下，一个单位正式发布的文档信息示例，如表 6-2 所示。

表 6-2

文档名称			
受控范围		文档编号	
文档类型		当前版本	
起草日期		生效周期	
发布日期		生效日期	

【测评方法】

（1）核查制度制定和发布要求管理文档是否对安全管理制度的制定和发布程序、格式要求、版本编号等相关内容进行了说明。

（2）查看安全管理制度的收发登记记录，核查是否通过正式、有效的方式收发（例如正式发文、领导签署和单位盖章等）安全管理制度，以及是否注明了发布范围。

【预期结果或主要证据】

（1）机构有制度制定和发布要求方面的管理文档。

（2）管理文档的内容覆盖安全管理制度的制定和发布程序。

（3）各项安全管理制度文档都是通过正式、有效的方式发布的（例如有版本标识和管理层的签字或单位盖章）。

6.4　评审和修订

安全管理制度体系制定并实施后，需要由网络安全领导小组或委员会定期对其适用性进行评审和修订。当发生重大安全事故、出现新的漏洞、技术基础结构发生变更时，需要对部分制度进行评审和修订，以适应外界环境和具体情况的变化。

L3-PSS1-07

【安全要求】

应定期对安全管理制度的合理性和适用性进行论证和审定，对存在不足或需要改进的安全管理制度进行修订。

【要求解读】

安全管理制度的定期评审和修订，主要考虑制度体系整体是否合理、制度体系中各要素（例如安全策略、管理制度、操作规程等）是否合理。

安全管理制度体系涉及从上层方针到管理制度再到操作规程等与整个机构的等级保护对象安全相关的所有文件。这里的“定期”一般为一年，具体期限可以根据机构的情况进行约定。一旦发生可能导致安全管理制度不适用的事件，应主动对安全管理制度进行检查和审定；若发现不足，则应及时修订。

在一般情况下，一个单位正式发布的文档修订记录示例，如表 6-3 所示。

表 6-3

日　　期	版　　本	描　　述	作　　者	审 批 人	审批日期
XXXX 年 XX 月 XX 日	1.0	发布稿	XX	XXX	XXXX 年 XX 月 XX 日
XXXX 年 XX 月 XX 日	1.1	修订发布	XX	XXX	XXXX 年 XX 月 XX 日
XXXX 年 XX 月 XX 日	1.2	变更管理者代表	XX	XXX	XXXX 年 XX 月 XX 日
XXXX 年 XX 月 XX 日	2.0	改版修订	XX	XXX	XXXX 年 XX 月 XX 日
……	……	……	……	……	……

【测评方法】

（1）访谈信息/网络安全主管，了解是否已定期对安全管理制度体系的合理性和适用性进行审定。

（2）核查是否有安全管理制度的审定或论证记录。如果曾对安全管理制度进行修订，则核查是否有修订版本的安全管理制度。

【预期结果或主要证据】

（1）机构有安全管理制度的核查或评审记录。

（2）如果对安全管理制度进行了修订，则有修订版本的安全管理制度，且修订内容与评审记录一致。

第 7 章　安全管理机构

安全管理的重要实施条件就是有一个统一指挥、协调有序、组织有力的安全管理机构，这是网络安全管理得以实施、推广的基础。通过构建从单位最高管理层到执行层及具体业务运营层的组织体系，可以明确各个岗位的安全职责，为安全管理提供组织上的保证。

安全管理机构针对整个管理组织架构提出了安全控制要求，涉及的安全控制点包括岗位设置、人员配备、授权和审批、沟通和合作、审核和检查。

本章将以三级等级保护对象为例，介绍安全管理机构各个控制要求项的测评内容、测评方法、证据、案例等。

7.1　岗位设置

为保证安全管理工作的有效实施，应设立指导和管理网络安全工作的委员会或领导小组及负责网络安全管理工作的职能部门，并以文件的形式明确安全管理机构各个部门和岗位的职责、分工和技能要求。其中，设置的岗位应包括安全主管、安全管理各方面的负责人、与系统安全管理有关的角色等，例如安全管理员、系统管理员、网络管理员等。

1）L3-ORS1-01

【安全要求】

应成立指导和管理网络安全工作的委员会或领导小组，其最高领导由单位主管领导担任或授权。

【要求解读】

为保证安全管理工作的有效实施，应成立指导和管理网络安全工作的委员会或领导小组。指导和管理网络安全工作的委员会或领导小组负责单位网络安全管理的全局工作，是单位网络安全组织的最高管理层。

在一般情况下，一个机构成立了指导和管理网络安全工作的委员会或领导小组，均需正式发文通告。

通常应在单位内部结构的基础上建立一整套从单位最高管理层（网络安全领导小组并由单位最高领导委任或授权）到执行管理层（网络安全管理职能部门及安全主管）及系统日常运营层（系统管理员、网络管理员、安全管理员等）的三层及金字塔式管理结构来约束和保证各项安全管理措施的执行。网络安全领导小组的主要职责包括对安全管理制度体系合理性和适用性的审定、对单位内关键网络安全工作进行授权和审批等，最重要的是负责单位网络安全管理的全局工作。网络安全管理职能部门的主要职责包括单位内重要网络安全管理工作的授权和审批、相关业务部门和安全管理部门之间的沟通协调、与外部单位的合作、定期对系统的安全措施落实情况进行检查，以便发现问题并进行改进。

网络安全管理组织架构，如图7-1所示。

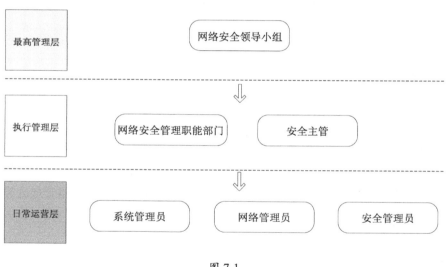

图 7-1

【测评方法】

（1）访谈信息/网络安全主管，了解单位是否成立了指导和管理网络安全工作的委员会或领导小组。

（2）核查部门职责文档是否明确了指导和管理网络安全工作的委员会或领导小组的构成情况和相关职责。

（3）核查相关委任授权文件是否明确了其最高领导由单位主管领导委任或授权。

【预期结果或主要证据】

（1）单位成立了网络安全工作委员会或领导小组，且有明确的文件规定其组成机构及工作职责。

（2）有由单位主管领导委任或授权的相关文件。

2）L3-ORS1-02

【安全要求】

应设立网络安全管理工作的职能部门，设立安全主管、安全管理各个方面的负责人岗位，并定义各负责人的职责。

【要求解读】

网络安全管理工作的职能部门是单位的执行管理层，一般负责单位内重要网络安全管理工作的授权和审批、相关业务部门和安全管理部门之间的沟通协调、与外部单位的合作、定期对系统的安全措施落实情况进行检查、系统安全运行维护管理等工作。

安全主管通常是一个单位安全管理工作的主要责任人，全面负责等级保护对象安全规划、建设、运行维护等安全管理工作，一般由单位的高层或某个部门的主管担任。安全管理各方面的负责人通常包括物理安全负责人（等级保护对象物理运行环境和办公环境安全的责任人）、系统建设方面的负责人（等级保护对象安全规划、建设、工程实施的责任人）、系统运行维护方面的责任人（等级保护对象日常运行安全的责任人）等。

【测评方法】

（1）访谈信息/网络安全主管，了解机构是否设立了网络安全管理职能部门和各方面负责人（例如机房负责人、系统运维负责人、系统建设负责人等）。

（2）核查部门职责文档是否明确了网络安全管理工作的职能部门和各负责人的职责。

【预期结果或主要证据】

（1）机构设立了网络安全管理职能部门，并指定了各部门的负责人。

（2）有明确的职责文件说明各部门和负责人的工作职责。

3）L3-ORS1-03

【安全要求】

应设立系统管理员、审计管理员和安全管理员等岗位，并定义部门及各个工作岗位的职责。

【要求解读】

系统管理员、网络管理员、安全管理员等在机构的日常运营层工作，主要负责落实各项网络安全等级保护工作要求及进行日常安全维护。

【测评方法】

（1）访谈信息/网络安全主管，了解机构是否设立了系统管理员、网络管理员、安全管理员等岗位。

（2）核查岗位职责文档是否明确了各岗位的职责。

【预期结果或主要证据】

机构设立了系统管理员、网络管理员、安全管理员等岗位，且有明确的各岗位职责说明文档。

7.2　人员配备

为保证各项管理工作顺利实施，应配备一定数量的安全管理人员，例如系统管理员、安全管理员、审计管理员等。

1）L3-ORS1-04

【安全要求】

应配备一定数量的系统管理员、审计管理员和安全管理员等。

【要求解读】

由于部分岗位的人员拥有关键的操作权限，为避免人员操作失误或渎职现象的发生，应配备一定数量的安全管理人员，例如系统管理员、网络管理员、安全管理员等。

【测评方法】

（1）访谈信息/网络安全主管，了解各安全管理岗位的人员配备情况。

（2）核查管理人员名单，查看是否明确了机房管理员、系统管理员、网络管理员、安全管理员等重要岗位人员的信息。

（3）与技术核查结合，了解各岗位是否根据管理人员名单进行授权（例如主机系统管理员是否与管理人员名单中的一致）。

【预期结果或主要证据】

（1）人员配备文档明确了各岗位配备的人员及数量。

（2）管理人员名单明确了机房管理员、系统管理员、网络管理员、安全管理员等重要岗位人员的责任。

（3）各个岗位的人员根据管理人员名单任职。

2）L3-ORS1-05

【安全要求】

应配备专职安全管理员，不可兼任。

【要求解读】

安全管理员不能兼任其他与等级保护对象相关的管理岗位，例如系统管理员、网络管理员等。

【测评方法】

（1）访谈安全主管，了解安全管理员的配备情况及是否为专职人员。

（2）核查管理人员名单，了解安全管理员是否为专职人员。

【预期结果或主要证据】

人员配备文档表明安全管理员没有兼任系统管理员、网络管理员等。

7.3　授权和审批

等级保护对象生命周期的每个阶段都涉及许多重要的环节与活动。为保证这些环节与活动顺利实施且受控，应对这些环节与活动的实施进行授权和审批。这不仅是质量方面的要求，也能够避免因管理上的漏洞或工作失误而埋下安全隐患。

为保证安全问题可追溯，应以文件的形式明确授权与审批制度，以及授权审批部门、批准人、审批程序、审批范围等内容。

1）L3-ORS1-06

【安全要求】

应根据各个部门和岗位的职责明确授权审批事项、审批部门和批准人等。

【要求解读】

部门和岗位职责的描述，应能明确指出部门或岗位可以审批的事项内容。

【测评方法】

（1）访谈安全主管，询问其对哪些等级保护对象活动进行了审批、审批部门是什么部门、审批人是什么岗位。

（2）核查部门职责文档是否明确了各部门的审批事项和审批岗位。

（3）核查岗位职责文档是否明确了各岗位的审批事项。

（4）核查审批记录是否与相关职责文件描述的内容一致。

【预期结果或主要证据】

（1）各个部门和各岗位的职责文件包含相关事项的审批描述。

（2）审批记录与相关职责文件描述的内容一致。

2）L3-ORS1-07

【安全要求】

应针对系统变更、重要操作、物理访问和系统接入等事项建立审批程序，按照审批程序执行审批过程，对重要活动建立逐级审批制度。

【要求解读】

在相关的管理制度文档中，一般会对系统变更（例如变更管理制度）、物理访问（例如机房管理制度）、系统接入（例如网络管理制度）等重要活动的审批流程进行明确，包括逐级审批流程。另外，应保存审批过程记录文档，并保证执行过程中审批程序、审批部门、审批人与审批制度文档内容的一致性。

系统变更一般分为重大变更和普通变更，前者如系统运行业务改变、系统核心设备更换等，后者如主机系统或设备配置更改等。重要操作包括设备加电或断电等。物理访问主要是指对机房或重要办公区域的访问。系统接入一般是指从外部系统或网络接入等级保护对象。

逐级审批依审批活动的重要程度，可以是从执行管理层（安全主管、负责人）到日常运营层（管理员）的二级审批，也可以是从最高层（网络安全领导小组）到执行管理层再到日常运营层的三级审批。

【测评方法】

（1）访谈安全主管，了解重要活动的审批范围（例如系统变更、重要操作、物理访问和系统接入、重要管理制度的制定和发布、人员的配备和培训、产品的采购、外部人员的访问等）、审批程序如何及哪些事项需要逐级审批。

（2）核查系统变更、重要操作、物理访问和系统接入等事项的相关管理制度的逐级审批程序是否明确。

（3）核查逐级审批记录是否有各级审批人的签字和审批部门的盖章，以及内容是否与相关制度一致。

【预期结果或主要证据】

（1）相关管理制度明确了系统变更、物理访问和系统接入等重要操作的审批流程。

（2）有相关事项的审批记录。

（3）逐级审批记录有各级审批人的签字和审批部门的盖章，内容与相关制度一致。

3）L3-ORS1-08

【安全要求】

应定期审查审批事项，及时更新需授权和审批的项目、审批部门和审批人等信息。

【要求解读】

审批事项可能会根据审批部门、审批人及相关审批流程的变化而发生变更，因此，应及时根据实际情况进行审查并更新相关内容。另外，应定期对相关审批事项进行审查，以更新相关信息。

应形成审批事项列表。在该列表中，应明确审批事项、涉及的审批部门、审批人等，并定期对该列表进行更新和维护。例如，若部门职责或岗位职责改变，则某一审批活动涉及的审批部门和审批人将会改变。再如，若活动的重要程度改变，则该活动的审批流程将会改变。

【测评方法】

（1）访谈信息/网络安全主管，了解是否已对各类审批事项进行更新。

（2）核查是否有对相关审批事项的定期审查记录和授权更新记录。

【预期结果或主要证据】

有定期审查审批事项的记录和授权更新记录。

7.4　沟通和合作

整个等级保护对象安全工作的顺利完成，需要各业务部门的共同参与和密切配合，以及与外联单位通畅的沟通与合作（以便及时获取网络安全发展动态，避免网络安全事件的发生，或者在网络安全事件发生时尽快得到支持和帮助，在第一时间采取有效措施将损失降到最低）。其中，外联单位可能包括供应商、业界专家、专业的安全公司、安全组织、上级主管部门、兄弟单位、安全服务机构、电信运营部门、执法机关等。

1）L3-ORS1-09

【安全要求】

应加强各类管理人员、组织内部机构和网络安全管理部门之间的合作与沟通，定期召开协调会议，共同协作处理网络安全问题。

【要求解读】

一个单位的等级保护对象的运行可能涉及多个业务部门。整个等级保护对象相关安全工作的顺利完成，需要各业务部门的共同参与和密切配合。此项关于沟通方式的要求，包括通过例会或不定期召开会议的形式对网络安全问题进行协商处理。

【测评方法】

（1）访谈信息/网络安全主管，了解是否建立了各类管理人员之间、组织内部机构之间及网络安全职能部门内部的合作与沟通机制。

（2）核查相关会议记录是否涵盖与安全相关的内容。对组织内部机构之间及网络安全职能部门内部的安全工作会议文件或会议记录，应查看其是否包括会议内容、会议时间、参加人员和会议结果等。另外，应核查是否有关于安全管理委员会或领导小组的安全管理工作执行情况的文件或工作记录（例如会议记录/纪要、网络安全工作决策文档等）。

【预期结果或主要证据】

（1）已在组织内部机构之间、网络安全职能部门内部建立相关的沟通和交流机制。

（2）有定期召开会议的记录。

2）L3-ORS1-10

【安全要求】

应加强与网络安全职能部门、各类供应商、业界专家及安全组织的合作与沟通。

【要求解读】

与外界单位、部门的沟通与合作可能有多种方式。例如，网络管理部门定期汇报、检查工作，定期与供应商商讨系统中的安全问题，组织业界专家进行安全评审咨询等。

【测评方法】

（1）访谈信息/网络安全主管，了解是否建立了与网络安全管理部门、各类供应商、业界专家及安全组织的合作与沟通机制。

（2）核查相关沟通合作记录，了解是否有与网络安全管理部门、各类供应商、业界专家进行沟通和交流的记录。

【预期结果或主要证据】

（1）已与网络安全管理部门、各类供应商、业界专家及安全组织建立沟通合作机制。

（2）有日常沟通记录和相关文件。

3）L3-ORS1-11

【安全要求】

应建立外联单位联系列表，包括外联单位名称、合作内容、联系人和联系方式等信息。

【要求解读】

与外联单位的联系应建立联系列表，并根据实际情况维护和更新列表信息，明确合作内容及联系人等相关信息。

【测评方法】

核查外联单位联系列表是否包含外联单位名称、合作内容、联系人和联系方式等信息。

【预期结果或主要证据】

有外联单位联系列表（包含外联单位名称、合作内容、联系人和联系方式等信息）。

7.5　审核和检查

为保证网络安全方针、制度的贯彻执行，及时发现现有安全措施中的漏洞和系统脆弱性问题，机构应制定安全审核和检查制度并定期组织实施。安全审核和检查包括现有安全措施的有效性、安全配置与安全策略的一致性、安全管理制度的落实情况、用户账号情况、系统漏洞情况等方面，检查范围包括日常检查和机构定期全面检查。对安全检查的结果应进行汇总，并形成检查报告，交给主管领导及相关负责人。

1）L3-ORS1-12

【安全要求】

应定期进行常规安全检查，检查内容包括系统日常运行、系统漏洞和数据备份等情况。

【要求解读】

常规安全检查不同于日常安全巡检。常规安全检查一般以年、半年或季度为周期开展，以便汇总一段时间内的系统状态。

【测评方法】

（1）访谈信息/网络安全主管，了解是否已定期进行常规安全检查。

（2）核查常规安全检查记录是否包括系统日常运行、系统漏洞和数据备份等情况。

【预期结果或主要证据】

（1）定期（例如每季度）进行常规安全检查，检查内容涵盖系统日常运行状态、数据备份情况、漏洞检查情况等。

（2）有相关检查记录。

2）L3-ORS1-13

【安全要求】

应定期进行全面安全检查，检查内容包括现有安全技术措施的有效性、安全配置与安全策略的一致性、安全管理制度的执行情况等。

【要求解读】

全面安全检查可由单位自行组织或通过第三方机构进行。无论采用哪种方式，检查内容均应涵盖技术和管理各方面安全措施的落实情况。在单位内部进行的全面安全检查，相当于对等级保护对象安全状况的自我评估。定期检查可以半年一次，也可以一年一次。

【测评方法】

（1）访谈信息/网络安全主管，了解是否定期进行全面安全检查，以及全面安全检查的内容都有哪些。

（2）核查全面安全检查记录是否包含现有安全技术措施的有效性、安全配置与安全策略的一致性、安全管理制度的执行情况等。

【预期结果或主要证据】

（1）定期开展全面安全检查，检查内容覆盖技术有效性和管理措施落地执行情况等。

（2）有全面安全检查记录。

3）L3-ORS1-14

【安全要求】

应制定安全检查表格实施安全检查，汇总安全检查数据，形成安全检查报告，并对安全检查结果进行通报。

【要求解读】

无论是日常检查还是定期检查，都需要制定安全检查表格，记录安全检查结果，并形成安全检查报告。同时，要将安全检查结果通知相关人员，尤其是日常运营层各岗位的管理员。

【测评方法】

（1）访谈安全管理员，了解是否制定了安全检查表格以实施安全检查，以及是否对检查结果进行了通报。

（2）核查安全检查表格、安全检查记录、安全检查报告等文档，了解是否有安全检查表格、安全检查记录、安全检查报告、安全检查结果通报记录。

（3）查看安全检查报告，核查报告日期与检查周期是否一致，以及报告中是否有对检查内容、检查时间、检查人员、检查数据、检查结果等的描述。

【预期结果或主要证据】

（1）有安全检查表格、安全检查记录、安全检查报告和安全检查结果通报记录等。

（2）安全检查报告的日期与检查周期一致，报告中有对检查内容、检查时间、检查人员、检查数据、检查结果等的描述。

第 8 章　安全管理人员

人是安全管理中最关键的因素。等级保护对象的整个生命周期都需要人的参与，包括设计人员、实施人员、管理人员、维护人员和系统用户等。如果参与人员的安全意识和业务能力没有保障，那么等级保护对象不可能实现真正的安全。只有对等级保护对象的相关人员实施科学、完善的管理，才有可能降低人为操作失误带来的风险。

安全管理人员针对人员管理提出了安全控制要求，涉及的安全控制点包括人员录用、人员离岗、安全意识教育和培训、外部人员访问管理。

本章将以三级等级保护对象为例，介绍安全人员管理各个控制要求项的测评内容、测评方法、证据、案例等。

8.1　人员录用

等级保护对象的安全运行依赖于安全管理人员的有效管理。安全管理人员既是等级保护对象安全的主体，也是系统安全管理的对象。所以，要想确保等级保护对象的安全，首先应该加强对人员录用的管理。

1）L3-HRS1-01

【安全要求】

应指定或授权专门的部门或人员负责人员录用。

【要求解读】

对员工的安全要求应该从聘用阶段开始实施。无论是对长期聘用的员工，还是对合同员工、临时员工，都应在聘用合同中明确说明员工在网络安全方面应该遵守的规定和应该承担的责任，并在员工的聘用期内实施监督。为保证人员录用过程的规范性，应由专门的部门和人员负责此项工作。

【测评方法】

访谈信息/网络安全主管，了解是否由专门的部门或人员负责人员录用工作。

【预期结果或主要证据】

（1）由相关职能部门专门负责人员录用工作。

（2）通过相关制度明确规定了负责人员录用工作的部门或人员。

2）L3-HRS1-02

【安全要求】

应对被录用人员的身份、安全背景、专业资格或资质等进行审查，对其所具有的技术技能进行考核。

【要求解读】

在聘用员工时，应充分筛选、审查，特别是对那些可能接触敏感信息的员工，需要进行身份、背景、专业资格和资质方面的审查和技术技能的考核等。

【测评方法】

（1）核查人员安全管理文档是否说明了录用人员应具备的条件（例如，学历、学位要求，技术人员应具备的专业技术水平，管理人员应具备的安全管理知识等）。

（2）核查是否有录用人员时对被录用人员的身份、背景、专业资格和资质等进行审查的相关文档或记录，以及是否记录了审查内容和审查结果等。

（3）核查录用人员时的技能考核文档或记录是否包含考核内容和考核结果等。

【预期结果或主要证据】

（1）人员录用管理文档说明了不同岗位录用人员的条件。

（2）有人员录用审查记录。

（3）有人员录用技能考核记录。

3）L3-HRS1-03

【安全要求】

应与被录用人员签署保密协议，与关键岗位人员签署岗位责任协议。

【要求解读】

保密协议面向所有被录用人员。岗位责任协议主要面向关键岗位人员，并根据岗位的不同分别约束其在岗位上的安全责任。

关键岗位人员主要是指涉及本单位核心业务或核心技术岗位的人员，包括从事系统安全管理的安全管理员、系统管理员、网络管理员等。岗位责任协议不同于保密协议，其与岗位职责有关，主要用于明确相关人员因未履行岗位职责或失职而引发安全事件时应该承担的安全责任。

【测评方法】

（1）核查保密协议文档，检查所有被录用人员是否签署了保密协议，以及是否有明确的保密范围、保密责任、违约责任、协议有效期限和责任人签字等。

（2）核查岗位责任协议文档，检查关键岗位人员是否签署了岗位责任协议，以及是否有明确的岗位安全责任、协议有效期限和责任人签字等。

【预期结果或主要证据】

（1）有相关人员签字的保密协议，其中包括明确的保密范围、保密责任、违约责任、协议有效期限和责任人签字等。

（2）有关键岗位人员签字的岗位责任协议，其中包括明确的岗位安全责任、协议有效期限和责任人签字等。

8.2　人员离岗

对离岗或调离人员，特别是因不符合安全管理要求而离岗的人员，必须严格办理离岗手续，与其进行离岗谈话，重申其调离后的保密义务，要求其交回所有钥匙及证件，退还全部技术手册、软件及有关资料，同时更换其系统口令和机要锁等。

1）L3-HRS1-04

【安全要求】

应及时终止离岗人员的所有访问权限，取回各种身份证件、钥匙、徽章等以及机构提供的软硬件设备。

【要求解读】

由于被解雇、退休、辞职、合同到期或其他原因离开单位或岗位的人员，在离开前都必须到相应的管理部门办理严格的调离手续，包括交回相关证件、徽章、密钥、访问控制标识及单位配发的设备等。

【测评方法】

（1）访谈人事负责人，了解是否及时终止了离岗人员的所有访问权限，以及是否取回了由机构发放的各种身份证件、钥匙、徽章等及由机构提供的软硬件设备。

（2）核查人员离岗记录文档中是否有关于离岗人员终止访问权限及交还身份证件、软硬件设备等的登记记录。

【预期结果或主要证据】

有离岗人员交还各类资产的登记记录。

2）L3-HRS1-05

【安全要求】

应办理严格的调离手续，并承诺调离后的保密义务后方可离开。

【要求解读】

调离后的保密承诺可以单独签署，或者在保密协议中通过相关条款进行说明。

【测评方法】

（1）核查人员离岗管理文档是否明确规定了人员调离手续和离岗要求等。

（2）核查是否有按照离岗程序办理调离手续的记录。

（3）核查保密承诺文档是否已由调离人员签字。

【预期结果或主要证据】

（1）有用于规范人员调离手续的管理文档。

（2）有相关人员调离手续记录。

（3）保密承诺文档已由调离人员签字。

8.3　安全意识教育和培训

安全意识教育和培训是提高员工安全技术和管理水平、增加员工安全知识、增强员工安全责任和安全意识的基础。

1）L3-HRS1-06

【安全要求】

应对各类人员进行安全意识教育和岗位技能培训，并告知相关的安全责任和惩戒措施。

【要求解读】

安全意识教育和培训是提高人员的安全意识、安全技能等的手段之一，能保证人员有与其岗位职责相适应的安全技术能力和管理能力，以降低人为操作失误给系统带来的安全风险。

【测评方法】

（1）访谈安全主管，了解是否对各类人员（普通用户、运维人员、单位领导等）进行了安全教育、岗位技能和安全技术培训。

（2）核查网络安全教育和技能培训文档是否包括培训周期、培训方式、培训内容、考核方式等相关内容。

（3）核查安全责任和惩戒措施管理文档是否包括具体的安全责任和惩戒措施。

【预期结果或主要证据】

（1）相关文档明确要求对人员进行安全意识教育和岗位技能培训。

（2）网络安全教育和技能培训文档明确了培训周期、培训方式、培训内容、考核方式等相关内容。

（3）安全责任和惩戒措施管理文档明确了安全责任和惩戒措施。

2）L3-HRS1-07

【安全要求】

应针对不同岗位制定不同的培训计划，对安全基础知识、岗位操作规程等进行培训。

【要求解读】

针对不同的岗位，需要制定不同的培训计划。一般可在年初制定本年度的培训计划，或者在年末制定下一年的培训计划。各个部门制定自己的培训计划后，可将计划汇总至培训主管部门。

【测评方法】

（1）访谈安全主管，了解是否针对不同的岗位制定了不同的培训计划并按照计划对各个岗位的人员进行安全教育和培训。

（2）核查安全教育和培训管理文档是否明确规定了应进行安全教育和培训。

（3）核查是否有不同岗位的培训计划，查看培训内容是否包含网络安全基础知识、岗位操作规程等。

（4）核查安全教育和培训记录中是否有对培训人员、培训内容、培训结果等的描述。

【预期结果或主要证据】

（1）安全教育和培训管理文档明确规定应进行安全教育和培训。

（2）有针对不同岗位的人员的培训计划。

（3）有相关培训记录。

3）L3-HRS1-08

【安全要求】

应定期对不同岗位的人员进行技能考核。

【要求解读】

安全技能考核不同于工作考核。安全技能考核注重岗位人员是否具有胜任该岗位工作所需的技能。

【测评方法】

（1）访谈安全主管，了解是否已定期对各个岗位的人员进行安全技能考核、考核周期有多长、考核内容有哪些。

（2）核查考核记录，查看被考核人员是否包括各个岗位的人员，考核内容是否包括安全知识、安全技能等，记录日期与考核周期是否一致。

【预期结果或主要证据】

（1）有定期对岗位人员进行技能考核的记录。

（2）被考核人员包括各个岗位的人员，考核内容包括安全知识、安全技能等，记录日期与考核周期一致。

8.4　外部人员访问管理

外部人员包括向单位提供服务的外来人员，例如软硬件维护和支持人员、贸易伙伴或合资伙伴、清洁人员、送餐人员、保安、外包支持人员、学生、短期临时工作人员和安全顾问等。若安全管理不到位，则外部人员的访问将给等级保护对象带来安全风险。因此，应根据可能的安全风险对外部人员采取适当的管理措施，例如严格控制其访问、由专人全程陪同或监督其访问过程并记录备案等。

1）L3-HRS1-09

【安全要求】

应在外部人员物理访问受控区域前先提出书面申请，批准后由专人全程陪同，并登记备案。

【要求解读】

外部人员访问受控区域需要经相关人员批准并进行有效控制。

【测评方法】

（1）核查外部人员访问管理文档是否明确了允许外部人员访问的范围、外部人员进入的条件、外部人员进入的访问控制措施等。

（2）核查外部人员访问重要区域的书面申请文档是否有审批人允许其访问的批准签字等。

（3）核查外部人员访问重要区域的登记记录是否包含外部人员访问重要区域的进入时间、离开时间、访问区域及陪同人等。

【预期结果或主要证据】

（1）外部人员访问管理文档对外部人员物理访问受控区域有明确的要求。

（2）有相关申请并批准外部人员进入的记录。

（3）有外部人员访问受控区域的相关登记记录。

2）L3-HRS1-10

【安全要求】

应在外部人员接入受控网络访问系统前先提出书面申请，批准后由专人开设账户、分配权限，并登记备案。

【要求解读】

对外部人员接入受控网络的情况，应严格进行控制并采取相关的管理措施。

【测评方法】

（1）核查外部人员访问管理文档是否明确了外部人员接入受控网络前需要完成的申请审批流程。

（2）核查外部人员访问系统的书面申请文档是否明确了外部人员的访问权限，以及是否有允许访问的批准签字等。

（3）核查外部人员访问系统的登记记录是否包含外部人员的访问权限、访问时限、所使用的账户等。

【预期结果或主要证据】

（1）外部人员访问管理文档明确了外部人员逻辑访问受控网络系统的审批要求。

（2）有相关申请及批准接入网络的记录。

（3）有外部人员逻辑访问受控区域的相关登记记录。

3）L3-HRS1-11

【安全要求】

外部人员离场后应及时清除其所有的访问权限。

【要求解读】

对外部人员，特别是获得了访问权限的外部人员，其离场需进行严格的控制，并清除其所有的访问权限。

【测评方法】

（1）核查外部人员访问管理文档是否明确了外部人员离场后及时清除其所有访问权限的要求。

（2）核查外部人员访问系统的登记记录是否包含访问权限清除时间。

【预期结果或主要证据】

（1）外部人员访问管理文档明确了外部人员离场后清除其所有访问权限的要求。

（2）有相关清除访问权限的记录。

4）L3-HRS1-12

【安全要求】

获得系统访问授权的外部人员应签署保密协议，不得进行非授权操作，不得复制和泄露任何敏感信息。

【要求解读】

对获得了系统访问授权的外部人员，需采取严格的保密控制措施。

【测评方法】

核查外部人员访问保密协议或记录表单类文档是否明确了人员的保密义务（例如不得进行非授权操作、不得复制信息等）。

【预期结果或主要证据】

有相关外部人员签字的保密协议，其中明确了其保密义务。

第9章　安全建设管理

等级保护对象建设过程包括系统定级和备案、安全方案设计、产品采购和使用、软件开发、工程实施、测试验收、系统交付等阶段，每个阶段都涉及多项活动。只有对这些活动实施科学、完善的管理，才能保证系统建设的进度、质量和安全。

安全建设管理对安全建设过程提出了安全控制要求，涉及的安全控制点包括定级和备案、安全方案设计、安全产品采购和使用、自行软件开发、外包软件开发、工程实施、测试验收、系统交付、等级测评、服务供应商管理。

本章将以三级等级保护对象为例，介绍安全建设管理各个控制要求项的测评内容、测评方法、证据、案例等。

9.1　定级和备案

确定等级保护对象的安全保护等级是建设符合网络安全等级保护要求的等级保护对象、实施网络安全等级保护的基础。等级保护对象的运营使用单位或其他主管部门，应当在等级保护对象安全保护等级确定后 30 日内到公安机关办理备案手续。

1）L3-CMS1-01

【安全要求】

应以书面的形式说明保护对象的安全保护等级及确定等级的方法和理由。

【要求解读】

《等级保护对象安全等级保护定级报告》是全国各类等级保护对象定级报告的通用模板（参见网络安全等级保护网，www.djbh.net）。

【测评方法】

（1）核查定级文档是否明确了系统的安全保护等级。

（2）核查定级文档是否给出了定级的方法和理由。

【预期结果或主要证据】

有明确描述定级方法、理由和最终定级结果的定级报告书。

2）L3-CMS1-02

【安全要求】

应组织相关部门和有关安全技术专家对定级结果的合理性和正确性进行论证和审定。

【要求解读】

定级结果的准确性需要安全技术专家的论证和评审。若初步定级结果为二级、三级，则可组织本行业和网络安全行业的专家进行评审；若初步定级结果为四级，则需请国家网络安全等级保护专家评审委员会的专家进行评审。

例如，三级等级保护对象的安全保护等级包括 5 种情况，如表 9-1 所示。

表 9-1

安全保护等级（三级）	业务等级保护对象安全保护等级	系统服务安全保护等级
S3A3	三级	三级
S3A2	三级	二级
S2A3	二级	三级
S3A1	三级	一级
S1A3	一级	三级

【测评方法】

（1）核查是否已组织相关部门或有关专家对定级结果进行论证和审定。

（2）核查是否有定级结果的评审和论证记录文件。

【预期结果或主要证据】

有相关专家对定级结果的论证意见。

3）L3-CMS1-03

【安全要求】

应保证定级结果经过相关部门的批准。

【要求解读】

定级结果需由上级部门或本单位相关部门批准。

【测评方法】

（1）核查定级结果是否获得了相关主管部门的批准。

（2）核查是否有定级结果审批文件。

【预期结果或主要证据】

有主管部门或本单位相关部门的定级结果审批意见。

4）L3-CMS1-04

【安全要求】

应将备案材料报主管部门和相应公安机关备案。

【要求解读】

有主管部门的，备案材料需报主管部门和相应公安机关备案。没有主管部门的，备案材料需报相应公安机关备案。

【测评方法】

（1）核查备案材料是否已在主管部门和相应公安机关备案。

（2）核查是否有备案证明。

【预期结果或主要证据】

有主管部门和相应公安机关的备案证明。

9.2　安全方案设计

合理的安全方案是保障等级保护对象安全建设和运行的基础。安全方案的设计应根据等级保护对象的定级情况、等级保护对象所承载业务的情况进行，通过分析明确等级保护对象的安全需求，设计出既满足自身需求又满足等级保护要求的合理的安全方案，包括总体安全方案和详细设计方案。

1）L3-CMS1-05

【安全要求】

应根据安全保护等级选择基本安全措施，依据风险分析的结果补充和调整安全措施。

【要求解读】

系统安全保护等级确定后，在进行安全规划设计时，需根据系统安全保护等级确定基本安全保护措施。

在安全规划设计类文档中，应根据等级保护对象的安全保护等级判断其现有的安全保护水平与国家等级保护管理规范和技术标准的差距，提出等级保护对象的基本安全保护需求。

【测评方法】

（1）核查是否已根据系统等级选择相应的安全保护措施。

（2）核查是否已根据风险分析结果对安全措施进行补充。

（3）核查安全规划设计类文档是否已根据系统等级或风险分析结果提出相应的安全保护措施。

【预期结果或主要证据】

安全规划设计类文档明确描述了系统安全保护等级，并在相关章节中明确描述了安全措施设计是依据系统等级及其特殊安全需求选择的。

2）L3-CMS1-06

【安全要求】

应根据保护对象的安全保护等级及与其他级别保护对象的关系进行安全整体规划和安全方案设计，设计内容应包含密码技术相关内容，并形成配套文件。

【要求解读】

由于被测系统是整个单位等级保护对象的一部分，其安全方案应作为单位整体安全规划的一部分，且其安全性在设计上可能存在与其他系统共享的情况（例如，在网络结构设计、安全措施部署上都具有共享关系），所以，制定单位安全整体规划是很有必要的。安全规划是等级保护对象等级保护实施的环节之一，是确保等级保护有效实施的重要环节，其目标是根据等级保护对象的划分情况、等级保护对象的定级情况、等级保护对象所承载业务的情况，通过分析明确等级保护对象的安全需求，设计合理的、满足等级保护要求的安全方案。

在一般情况下，配套文件的内容包括总体安全策略、安全技术框架、安全管理策略、总体建设规划、详细设计方案等。在定期开展等级测评和安全评估后，如果发现等级保护对象的安全现状已经不满足等级保护的基本安全要求，或者发现等级保护对象有新的安全需求，则应调整和修订安全保证体系的相关配套文件。

整体安全规划文档，示例如下。

（a）安全规划设计是指对系统总体安全建设规划、近期和远期安全建设工作计划、安全方案等进行设计、编制。

（b）安全方案设计是指根据系统的定级情况、承载业务的情况，通过分析明确等级保护对象的安全需求，设计出既满足自身需求又满足等级保护要求的合理的安全方案，包括总体安全方案和详细设计方案。

（c）总体安全方案包括总体安全策略、安全技术框架、安全管理框架，详细设计方案包括技术措施实现内容、管理措施实现内容。

（d）XX处负责依据相关文件，委托设计单位编制系统安全规划设计系列文件，并不断完善。

（e）编制完成的系统安全规划设计系列文件经各处室审核、网络安全领导小组及相关专家论证评审、XX审批。

安全方案设计文档的目录，示例如下。

目录

1. 总体安全方案

　　总体安全策略

　　总体安全技术框架

　　安全管理框架

　　总体建设规划设计方案

2．详细安全设计方案

    技术措施实现内容

    管理措施实现内容

3．近期安全建设工作计划

4．远期安全建设工作计划

【测评方法】

（1）核查是否有等级保护对象的相关设计文档。

（2）核查是否有等级保护对象的总体规划和设计文档，文档内容是否连贯、配套，设计内容是否包含密码技术相关内容。

【预期结果或主要证据】

有单位整体安全规划文档和被测系统安全方案设计文档，其中包含密码设计相关内容（如果采用了密码产品和算法）。

3）L3-CMS1-07

【安全要求】

应组织相关部门和有关安全专家对安全整体规划及其配套文件的合理性和正确性进行论证和审定，经过批准后才能正式实施。

【要求解读】

合理的安全方案是保障等级保护对象安全建设和运行的基础。安全方案应对系统安全保障体系的总体安全策略、安全技术框架、安全管理策略、总体建设规划、详细设计方案等作出具体的规划和设计，并经过论证、审定和批准。

【测评方法】

（1）核查是否已组织相关人员对相关系统规划和建设文档进行论证和评审。

（2）核查评审文档和批准意见。

【预期结果或主要证据】

有整体安全规划和安全方案设计的专家论证文档和批准意见。

9.3　安全产品采购和使用

产品采购管理是指对等级保护对象软硬件产品采购过程的管理，包括安全产品、网络产品、服务器、应用和系统软件、密码产品等。

1）L3-CMS1-08

【安全要求】

应确保网络安全产品采购和使用符合国家的有关规定。

【要求解读】

我国对网络安全产品的管理，在不同的发展阶段可能有不同的政策，因此，应根据当前国家的相关管理要求落实此项。

目前，国家在此方面的主要管理要求是产品获得《计算机等级保护对象安全专用产品销售许可证》方能在市场上流通。产品购买方应选择已获得销售许可证的产品。

【测评方法】

（1）访谈系统建设负责人，了解产品采购的流程或遵循的标准。

（2）抽样核查网络安全产品的销售许可标志。

【预期结果或主要证据】

网络安全产品均有销售许可标志。

2）L3-CMS1-09

【安全要求】

应确保密码产品与服务的采购和使用符合国家密码管理主管部门的要求。

【要求解读】

若被测系统使用了商用密码产品，则该产品的采购和使用需符合国家商用密码管理部门的要求，例如《信息安全等级保护商用密码管理办法》等。

密码产品是指采用密码技术对信息进行加密保护或安全认证的产品，例如加密机、电子证书等。

【测评方法】

（1）访谈系统建设负责人，了解系统是否使用了商用密码产品或服务。

（2）核查系统所使用的密码产品的许可证明或批文。

【预期结果或主要证据】

密码产品符合国家相关部门的要求。

3）L3-CMS1-10

【安全要求】

应预先对产品进行选型测试，确定产品的候选范围，并定期审定和更新候选产品名单。

【要求解读】

在采购产品时，不仅要考虑产品的使用环境、安全功能、成本（包括采购成本和维护成本）等因素，还要考虑产品本身的质量和安全性。因此，应预先对产品进行选型测试。

在通常情况下，需要制定产品采购相关制度。产品采购管理文档，示例如下。

> 　　产品采购管理是指对等级保护对象软/硬件产品采购过程的管理，包括安全产品、网络产品、服务器、应用和系统软件等。
>
> 　　由 XX 处提出产品采购需求，由 XX 处按照政府采购流程进行产品采购。大宗产品的采购必须经过 XX 审批。
>
> 　　采购的防火墙、IDS、防病毒软件等安全产品必须具有公安部下发的《计算机安全产品销售许可证》，采购的密码产品必须符合国家密码管理部门的相关规定。

【测评方法】

（1）访谈系统建设负责人，了解产品采购流程。

（2）核查产品采购管理制度或要求。

（3）核查产品采购管理制度的内容是否覆盖产品的选择方式，以及是否定期审定和更新产品列表。

【预期结果或主要证据】

有产品选型测试报告、候选产品清单，已定期更新产品列表。

9.4　自行软件开发

为保证软件开发过程的安全性和规范性，应制定软件开发方面的管理制度，以规定开发过程的控制方法、明确人员行为准则。对整个开发过程，以及软件测试、开发文档的保管、使用及后续程序资源库的访问、维护，都应严格管理并加以限制。

1）L3-CMS1-11

【安全要求】

应将开发环境与实际运行环境物理分开，测试数据和测试结果受到控制。

【要求解读】

为避免开发过程对系统造成影响，要保证开发环境与实际运行环境物理分开，测试数据和测试结果受到控制。

应将开发人员和测试人员分离，即开发人员不能做测试。测试数据和测试结果受到控制，是指它们应该与软件设计相关文档一起由专人管理且它们的使用和访问应该受到严格的限制。

【测评方法】

（1）访谈系统建设负责人，了解开发的控制流程和控制措施有哪些。

（2）核查与软件开发相关的管理规定和要求。

（3）核查管理文档是否规定了开发环境与运行环境分开，以及测试数据是否受控。

【预期结果或主要证据】

（1）开发环境与运行环境是分开的。

（2）有明确的管理要求用于控制测试数据和测试结果的使用。

2）L3-CMS1-12

【安全要求】

应制定软件开发管理制度，明确说明开发过程的控制方法和人员行为准则。

【要求解读】

为保证软件开发过程的安全性和规范性，应制定软件开发方面的管理制度，规定开发过程的控制方法和人员行为准则。

【测评方法】

（1）访谈安全建设负责人，了解是否有软件开发方面的管理制度。

（2）核查管理制度的内容是否覆盖了软件开发的整个生命周期。

（3）核查开发过程文档是否包含开发过程的控制方法和行为准则。

【预期结果或主要证据】

软件开发管理制度明确了开发过程中的相关管理要求。

3）L3-CMS1-13

【安全要求】

应制定代码编写安全规范，要求开发人员参照规范编写代码。

【要求解读】

一个应用软件一般需要多名开发人员共同开发。然而，不同的开发人员有不同的代码编写风格，这给代码的维护、整合等工作带来了很大的困难。因此，应针对不同的开发语言制定相应的代码编写安全规范，并要求所有开发人员按照规范编写代码——这将给代码的阅读、理解、维护、修改、跟踪、调试、整合等带来极大的便利。

【测评方法】

（1）访谈系统建设负责人，了解是否有代码编写安全规范。

（2）核查代码编写安全规范是否明确了代码编写规则。

【预期结果或主要证据】

有代码编写安全规范。

4）L3-CMS1-14

【安全要求】

应具备软件设计的相关文档和使用指南，并对文档使用进行控制。

【要求解读】

在系统开发过程中，开发人员需编制软件设计的相关文档和使用指南，对系统开发文档的保管、使用应严格管理并加以限制。

【测评方法】

（1）访谈系统建设负责人，了解是否有人员负责对软件设计的相关文档进行管控。

（2）核查被测系统是否有开发文档和使用说明文档。

【预期结果或主要证据】

有软件开发过程中的相关文档（例如软件概要设计文档、软件详细设计文档等）和使用指南。

5）L3-CMS1-15

【安全要求】

应保证在软件开发过程中对安全性进行测试，在软件安装前对可能存在的恶意代码进行检测。

【要求解读】

应在软件开发过程中加强软件的安全性测试，以便及早发现软件中的安全漏洞。在软件安装前进行代码安全审计，通过工具测试和人工确认的方式识别软件中的恶意代码，是保证软件安全运行的最后一道屏障。针对恶意代码，可以通过第三方检测机构进行检测，或者在机构内部自行测试。

【测评方法】

（1）访谈安全建设负责人，了解是否在软件开发的生命周期中进行了安全性测试。

（2）核查是否有安全性测试报告和代码审计报告。

【预期结果或主要证据】

有阶段性的软件安全性测试报告和软件安装前的代码审计报告。

6）L3-CMS1-16

【安全要求】

应对程序资源库的修改、更新、发布进行授权和批准，并严格进行版本控制。

【要求解读】

应对程序资源库的访问、维护等进行严格管理。

程序源代码及源程序库的修改、更新和发布都应得到授权和批准。这里的发布，既包括向程序员发布程序源代码，也包括修改或更新程序源代码后应用软件重新上线。

【测评方法】

（1）访谈系统建设负责人，了解是否已对程序资源库进行管控。

（2）核查是否有管控记录文件。

【预期结果或主要证据】

有程序资源库修改、更新、发布的授权批准记录。

7）L3-CMS1-17

【安全要求】

应保证开发人员为专职人员，开发人员的开发活动受到控制、监视和审查。

【要求解读】

在软件开发过程中，应保证开发人员为专职人员，并能够对其开发活动进行有效的控制。

【测评方法】

（1）访谈系统建设负责人，了解开发人员是否为专职人员。

（2）核查软件开发管控制度是否对开发过程和开发人员的行为准则进行了规定和提出了要求。

【预期结果或主要证据】

开发人员为专职人员。有相关管理要求或手段对开发人员进行控制、监视或审查。

9.5　外包软件开发

外包软件开发是指一个机构将软件项目的全部或部分工作发包给提供外包服务的第三方来完成。在将软件外包给第三方进行开发时应签订协议，以明确软件知识产权的归属、有关软件的配套技术培训和服务的承诺、软件质量保证及其他安全方面的具体要求等。

1）L3-CMS1-18

【安全要求】

应在软件交付前检测其中可能存在的恶意代码。

【要求解读】

与自行开发软件一样，外包软件在交付前同样需要进行恶意代码检测，以保证软件的安全性。可以要求外包方进行检测，也可以由机构自行检测。

【测评方法】

（1）访谈系统建设负责人，了解是否已进行恶意代码检测。

（2）核查是否有恶意代码检测报告。

【预期结果或主要证据】

有恶意代码检测报告。

2）L3-CMS1-19

【安全要求】

应保证开发单位提供软件设计文档和使用指南。

【要求解读】

软件开发完成后，应要求外包开发单位提供软件设计的相关文档和使用指南。

【测评方法】

（1）访谈系统建设负责人，了解是否有软件设计的相关文档和使用指南。

（2）核查外包开发单位是否提供了软件生命周期中的所有文档。

【预期结果或主要证据】

有软件开发的相关文档，例如需求分析说明书、软件设计说明书等。

3）L3-CMS1-20

【安全要求】

应保证开发单位提供软件源代码，并审查软件中可能存在的后门和隐蔽信道。

【要求解读】

后门和隐蔽信道的审查可通过专业的测试进行。若开发单位无法提供该类报告，则需提供书面材料保证软件源代码中不存在后门和隐蔽信道。

软件中的后门，可能是设计者利用开发应用系统这一时机故意设置的（以监视计算机系统），也可能是因考虑不周留下的（例如漏洞）。可以通过人工方法或采用专业工具（例如 Fortify SCA、CheckmarxCxSuite）等进行源代码审查，找出软件中可能存在的后门。

【测评方法】

（1）访谈系统建设负责人，了解外包开发单位是否已提供软件的源代码。

（2）核查外包开发单位是否已提供软件源代码的安全检查报告。

（3）核查软件源代码及其审查记录。

【预期结果或主要证据】

（1）外包开发单位已提供软件的源代码。

（2）软件测试报告的内容涵盖对后门和隐蔽信道的测试。

9.6　工程实施

工程实施安全管理是指对机房建设、系统集成或网络改造建设等工程项目实施过程的安全管理。针对系统中的各类工程（机房建设、网络建设等），应明确工程实施人员的责任、实施方如何对工程过程进行控制（阶段性或季度性项目检查）等。

1）L3-CMS1-21

【安全要求】

应指定或授权专门的部门或人员负责工程实施过程的管理。

【要求解读】

应指定或授权专门的部门或人员负责等级保护对象工程实施过程的管理，以保证工程实施过程的有效性。

【测评方法】

（1）访谈系统建设负责人，了解是否由专门的部门或人员负责工程实施过程的管理。

（2）核查部门或岗位职责文档。

【预期结果或主要证据】

由专门的部门或人员对工程实施过程进行进度和质量控制。

2）L3-CMS1-22

【安全要求】

应制定安全工程实施方案控制工程实施过程。

【要求解读】

工程实施过程的控制需要事先制定实施方案，并对工程时间限制、进度控制和质量控制等内容进行规定。

总体工程实施方案应说明任务量、计划进度、实施阶段、各阶段结束的标志和开始的条件、完成时提交的内容等。实施方案一旦确定，就必须按照实施方案逐步开展工作并进行量化和考核，否则，将造成工程实施组织的混乱，无法保证工程顺利完成。

详细的工程实施方案要求的正式执行与系统工程能力成熟度模型（SSE-CMM）中定义的"一级—非正式执行"是对应的。该级仅要求执行所有的基本实践，对执行结果没有明确的要求。因此，正式执行意味着必须对执行结果和执行过程进行严格的控制，根据制定的工程实施方案落实执行的中间结果，保证实际结果与预定目标相符。

【测评方法】

（1）访谈系统建设负责人，了解是否有工程实施方案。

（2）核查工程实施方面的管理制度及控制方法。

【预期结果或主要证据】

工程实施方案包括工程时间限制、进度控制和质量控制等方面的内容。

3）L3-CMS1-23

【安全要求】

应通过第三方工程监理控制项目的实施过程。

【要求解读】

一般来讲，外包项目需要第三方工程监理的参与，以控制项目的实施过程，对工程进展、时间计划、控制措施、工程质量等进行把关。

【测评方法】

（1）访谈系统建设负责人，了解被测系统是否为外包项目。

（2）核查是否聘请了第三方工程监理。

（3）核查工程监理报告及主要控制措施。

【预期结果或主要证据】

聘请了第三方工程监理。工程监理报告中明确了工程进展、时间计划、控制措施等方面的内容。

9.7　测试验收

测试验收管理主要是指对机房建设、系统集成、网络改造中的外包工程项目的测试验收进行管理，需明确测试验收的操作步骤、人员要求等。

1）L3-CMS1-24

【安全要求】

应制订测试验收方案，并依据测试验收方案实施测试验收，形成测试验收报告。

【要求解读】

此项的测试验收，既包括外包单位项目实施完成后的测试验收，也包括在机构内部项目由开发部门移交给运维部门时的验收等。

【测评方法】

（1）访谈系统建设负责人，了解是否已对测试验收进行管控。

（2）核查是否有测试验收方案和测试验收报告。

【预期结果或主要证据】

（1）工程测试验收方案中明确说明了参与测试的部门、人员及测试验收内容、现场操作过程等。

（2）测试验收报告中有相关部门和人员的审定意见。

2）L3-CMS1-25

【安全要求】

应进行上线前的安全性测试，并出具安全测试报告，安全测试报告应包含密码应用安全性测试相关内容。

【要求解读】

为了保证系统建设工程按照既定方案和要求实施并达到预期要求，在工程实施完成之后、系统交付使用之前，应指定或授权专业机构依据安全方案进行安全性测试。

在一般情况下，上线前的安全性测试应由第三方测试单位进行。第三方测试单位是指非系统拥有者和系统建设方。第三方测试有别于开发人员或用户进行的测试，其目的是保证测试工作的客观性。第三方测试单位大都是权威的专业测试机构，能够针对物理环境、硬件设施、软件设施等方面可能存在的缺陷或问题进行测试。

【测评方法】

（1）访谈系统建设负责人，了解在系统上线前是否已开展安全性测试。

（2）核查安全性测试是否包括密码应用方面的内容。

【预期结果或主要证据】

有上线前的安全测试报告，其中包括与密码应用安全性测试相关的内容。

9.8　系统交付

系统交付管理是指对机房建设、系统集成、网络改造中的外包工程项目的系统交付的管理，明确了交付工作的各个环节（各类工程、系统相关文档交接及设备清点等），使交付工作人员能够规范地完成交付工作。

1）L3-CMS1-26

【安全要求】

应制定交付清单，并根据交付清单对所交接的设备、软件和文档等进行清点。

【要求解读】

在工程实施并验收完成后，应根据协议中的有关要求，按照交付清单对设备、软件、文档进行交付。

【测评方法】

（1）访谈系统建设负责人，了解是否创建了系统交付管控流程及交付清单。

（2）核查交付清单。

【预期结果或主要证据】

交付清单中有对交付的各类设备、软件、文档等的明确说明。

2）L3-CMS1-27

【安全要求】

应对负责运行维护的技术人员进行相应的技能培训。

【要求解读】

交付单位或部门应在交付系统时对运维和操作人员进行必要的培训。

【测评方法】

（1）访谈系统建设负责人，了解是否已对运维和操作人员进行技能培训。

（2）核查培训记录和相关记录文档。

【预期结果或主要证据】

交付技术培训相关文档包含培训内容、培训时间、参与人员等方面的信息。

3）L3-CMS1-28

【安全要求】

应提供建设过程文档和运行维护文档。

【要求解读】

交付单位或部门应提供建设过程中的文档和指导用户进行运行维护的文档，以便指导运维人员和操作人员进行后期的运行维护。

【测评方法】

（1）访谈系统建设负责人，了解系统建设过程中采取的管控措施。

（2）核查建设过程文档和运行维护文档。

【预期结果或主要证据】

系统交付文档包含指导用户进行运维的文档等，且符合管理规定中的相关要求。

9.9　等级测评

测评机构应依据国家网络安全等级保护制度，按照有关管理规范和技术规范，对未涉及国家秘密的等级保护对象的安全等级保护状况进行检测和评估。等级测评属于符合性评判活动，即依据网络安全等级保护的国家标准或行业标准，按照特定方法对等级保护对象的安全防护能力进行科学、公正的综合性评判。

1）L3-CMS1-29

【安全要求】

应定期进行等级测评，发现不符合相应等级保护标准要求的及时整改。

【要求解读】

对等级保护对象进行等级测评，不仅是检验系统是否达到相应等级保护要求的主要途径，也是发现系统安全隐患的重要途径。选择有资质的测评机构定期对系统进行等级测评，有助于发现系统中的问题并进行及时整改。目前，三级等级保护对象应每年至少进行一次等级测评。

【测评方法】

（1）访谈等级测评负责人，了解是否每年定期开展等级测评。

（2）核查等级测评报告和整改记录。

【预期结果或主要证据】

（1）定期开展等级测评工作且非首次，已经根据以往的等级测评结果进行相应的安全整改。

（2）有以往的等级测评报告和安全整改方案。

2）L3-CMS1-30

【安全要求】

应在发生重大变更或级别发生变化时进行等级测评。

【要求解读】

当系统进行重大的网络结构调整或大范围的设备更换、应用系统功能有较大变化等时，应重新进行等级测评，并评估系统的安全级别是否发生了变化。若系统的安全级别发生了变化，则需按照最新的等级保护要求进行等级测评。

【测评方法】

（1）核查被测系统是否发生过重大变更或升级。

（2）核查与重大变更或升级有关的文件。

【预期结果或主要证据】

（1）系统发生过重大变更或安全级别发生了变化，并及时开展了等级测评。

（2）有针对相应情况的等级测评报告。

3）L3-CMS1-31

【安全要求】

应确保测评机构的选择符合国家有关规定。

【要求解读】

目前，国家对等级保护测评机构的管理遵从测评机构名录管理要求，即在国家网络安全等级保护工作协调小组办公室推荐测评机构名单内的测评机构均可选择（具体参见网络安全等级保护网，www.djbh.net）。

【测评方法】

（1）访谈等级测评负责人，了解选择的测评机构是否具有测评资质。

（2）访问网络安全等级保护网，核查测评机构是否符合要求。

【预期结果或主要证据】

测评机构具有国家相关等级测评资质。

9.10　服务供应商管理

服务供应商可能包括产品提供商、系统集成商、系统咨询商、安全监理商、安全评估测评方等提供各类系统服务的第三方机构。

1）L3-CMS1-32

【安全要求】

应确保服务供应商的选择符合国家的有关规定。

【要求解读】

各类服务供应商的选择均应符合国家的相关管理要求，例如相关资质管理要求、销售许可要求等。

【测评方法】

（1）访谈系统建设负责人，了解选择服务供应商的方法。

（2）核查服务供应商的资质文件。

【预期结果或主要证据】

选择的服务供应商符合国家有关规定。

2）L3-CMS1-33

【安全要求】

应与选定的服务供应商签订相关协议，明确整个服务供应链各方需履行的网络安全相关义务。

【要求解读】

服务供应商所提供服务的质量将直接影响系统的安全。为了减少或杜绝这些服务带来新的安全问题，在选择服务供应商时，除了要选择具有相应服务资质的机构，还要以协议或合同的方式明确其职责及后期的服务承诺等。

【测评方法】

（1）访谈系统建设负责人，了解对服务供应商的管控措施。

（2）核查服务供应商的服务内容和协议。

【预期结果或主要证据】

与服务供应商签订的服务合同或安全责任合同明确了后期的技术支持和服务承诺等内容。

3）L3-CMS1-34

【安全要求】

应定期监督、评审和审核服务供应商提供的服务，并对其变更服务内容加以控制。

【要求解读】

对服务供应商的监督和评审，主要基于与其签订的协议中的网络安全相关条款和条件进行，以验证其所提供的服务与协议的符合程度。通过定期评审服务供应商的服务报告，确保其有足够的能力按照可行的工作计划履行服务职责。

【测评方法】

（1）访谈系统建设负责人，了解是否已定期对服务供应商进行监督、评审和审核。

（2）核查对服务供应商的管理规定或要求。

（3）核查服务供应商的服务报告或服务审核报告。

【预期结果或主要证据】

（1）服务供应商定期提交服务报告。

（2）已定期对服务供应商提供的服务进行审核和评价，有服务审核报告。

（3）已在服务供应商评价审核管理制度中明确了针对服务供应商的评价指标和考核内容等。

第 10 章　安全运维管理

　　安全运维管理是在指等级保护对象建设完成投入运行之后，对系统实施的有效、完善的维护管理，是保证系统运行阶段安全的基础。

　　安全运维管理对安全运维过程提出了安全控制要求，涉及的控制点包括环境管理、资产管理、介质管理、设备维护管理、漏洞和风险管理、网络和系统安全管理、恶意代码防范管理、配置管理、密码管理、变更管理、备份与恢复管理、安全事件处置、应急预案管理、外包运维管理等。

　　本章将以三级等级保护对象为例，介绍安全运维管理各个控制要求项的测评内容、测评方法、证据、案例等。

10.1　环境管理

　　环境管理包括对机房和办公环境的管理。一般来说，等级保护对象使用的硬件设备，例如网络设备、安全设备、服务器设备、存储设备和存储介质、供电和通信用线缆等，都放置在机房内，因此，应确保机房运行环境的良好、安全。同时，工作人员办公可能涉及一些敏感信息或关键数据，所以，应对办公环境安全进行严格的管理和控制。

　　1）L3-MMS1-01

　　【安全要求】

　　应指定专门的部门或人员负责机房安全，对机房出入进行管理，定期对机房供配电、空调、温湿度控制、消防等设施进行维护管理。

　　【要求解读】

　　机房是存放等级保护对象基础设施的重要场所。应落实机房环境的管理责任人，对机房环境进行严格的管理和控制，确保机房运行环境的良好、安全。

【测评方法】

（1）访谈物理安全负责人，了解是否由指定部门和人员负责机房安全管理工作，例如对出入人员进行管理、对基础设施（如空调、供配电设备、灭火设备等）进行定期维护。

（2）核查来访人员登记记录内容是否包括来访人员身份信息、来访时间、离开时间、携带物品等。

（3）核查设施维护记录内容是否包括维护日期、维护人、维护设备、故障原因、维护结果等。

【预期结果或主要证据】

（1）由指定部门和人员负责机房安全管理工作。

（2）有来访人员登记记录，其内容包括来访人员身份信息、来访时间、离开时间、携带物品等。

（3）有设施维护记录，其内容包括维护日期、维护人、维护设备、故障原因、维护结果等。

2）L3-MMS1-02

【安全要求】

应建立机房安全管理制度，对有关物理访问、物品带进出和环境安全等方面的管理作出规定。

【要求解读】

为保证系统有一个良好、安全的运行环境，应针对机房制定相应的管理规定或要求。

【测评方法】

（1）核查机房安全管理制度的内容是否包括机房物理访问、物品带进/带出机房和机房环境安全等。

（2）核查机房物理访问、物品带进/带出机房和机房环境安全等的相关记录。

【预期结果或主要证据】

（1）有机房安全管理制度，其内容包括机房物理访问、物品带进/带出机房和机房环境安全等。

（2）有机房物理访问、物品带进/带出机房和机房环境安全等的相关记录。

3）L3-MMS1-03

【安全要求】

应不在重要区域接待来访人员，不随意放置含有敏感信息的纸档文件和移动介质等。

【要求解读】

加强对内部办公环境的管理是控制网络安全风险的措施之一。为保证内部办公环境的独立性、敏感性，应降低外部人员无意或有意访问内部区域的可能性，同时杜绝内部员工因无意的行为泄露敏感文档而导致网络安全事件的发生。

【测评方法】

（1）核查办公环境安全管理制度的内容是否明确了来访人员的接待区域。

（2）核查员工办公桌桌面上是否有包含敏感信息的纸档文件和移动介质等（应为否）。

【预期结果或主要证据】

（1）有办公环境安全管理制度，其内容明确了来访人员的接待区域。

（2）员工办公桌桌面上没有包含敏感信息的纸档文件和移动介质等。

10.2　资产管理

等级保护对象的资产包括各种硬件设备（例如网络设备、安全设备、服务器设备、操作终端、存储设备和存储介质、供电和通信用线缆等）、各种软件（例如操作系统、数据库管理系统、应用系统等）、各种数据（例如配置数据、业务数据、备份数据等）和各种文件等。由于等级保护对象的资产种类较多，所以必须对所有资产实施有效的管理，以确保资产可以被识别，并能够按照其自身重要程度得到有效的保护。

1）L3-MMS1-04

【安全要求】

应编制并保存与保护对象相关的资产清单，包括资产责任部门、重要程度和所处位置等内容。

【要求解读】

等级保护对象的资产种类较多。如果资产管理比较混乱，就容易导致等级保护对象发生安全问题或不利在于发生安全问题时采取有效的应急措施。

【测评方法】

核查资产清单的内容是否包括资产范围（含设备设施、软件、文档等）、资产责任部门、重要程度和所处位置等。

【预期结果或主要证据】

资产清单的内容包括资产范围（含设备设施、软件、文档等）、资产责任部门、重要程度和所处位置等。

2）L3-MMS1-05

【安全要求】

应根据资产的重要程度对资产进行标识管理，根据资产的价值选择相应的管理措施。

【要求解读】

重要程度不同的信息资产，在系统中起的作用不同。应综合考虑资产的价值及其在系统中的地位、作用等因素，按照重要程度的不同对资产进行分类、分级管理。分类的原则应在相关文档中进行明确，且需明确重要资产和非重要资产在资产管理环节（例如入库、维修、出库）的不同要求。

【测评方法】

（1）核查资产管理制度是否包括资产的标识方法及不同资产的管理措施。

（2）核查资产清单中的设备是否具有相应的标识。

（3）核查资产清单中的设备的标识方法是否符合相关要求。

【预期结果或主要证据】

（1）有资产管理制度，其内容包括资产的标识方法及不同资产的管理措施。

（2）资产清单中的设备有相应的标识。

（3）资产清单中的设备的标识方法符合相关要求。

3）L3-MMS1-06

【安全要求】

应对信息分类与标识方法作出规定，并对信息的使用、传输和存储等进行规范化管理。

【要求解读】

信息作为资产的一种，可根据其所属类别和重要程度的不同进行梳理和分类，一般可分为敏感、内部公开、对外公开等类别。不同类别的信息在使用、传输和存储等方面的管理要求也应不同。

【测评方法】

（1）核查安全管理制度中是否明确了对信息进行分类与标识的原则和方法。

（2）核查安全管理制度中是否明确了对不同类别的信息的使用、传输和存储等操作的要求。

【预期结果或主要证据】

（1）安全管理制度中有对信息进行分类与标识的原则和方法。

（2）安全管理制度中有对不同类别的信息的使用、传输和存储等操作的要求。

10.3　介质管理

数据存储介质主要包括磁带、磁盘、光盘、（从设备内拆卸下来的）硬盘、移动硬盘、U 盘、纸介质等。存储介质是用来存放与系统相关的数据的，如果不能妥善保存和管理，就可能造成数据的丢失与损坏。因此，要加强介质管理，对介质的存放、使用、传输、维护、销毁等操作进行严格的控制。

1）L3-MMS1-07

【安全要求】

应将介质存放在安全的环境中，对各类介质进行控制和保护，实行存储环境专人管理，并根据存档介质的目录清单定期盘点。

【要求解读】

介质类型包括纸介质、磁介质、光介质等。由于存储介质是用来存放与系统相关的数据的，所以介质管理工作非常重要，如果管理不善，就可能造成数据的丢失或损坏。应为存储介质提供安全的存放环境并进行妥善的管控。

【测评方法】

（1）访谈资产管理员/存储介质管理员，了解当前使用的存储介质的类型或数据存储方式。

（2）访谈资产管理员/存储介质管理员，了解当前使用的存储介质是否由专人管理。

（3）核查存储介质（主要指移动存储介质，例如脱机的硬盘、光盘、移动硬盘、U 盘等）管理记录的内容是否包括使用、归还、归档等方面。

【预期结果或主要证据】

（1）存储介质存放在指定的环境中。

（2）由指定的部门或人员负责存储介质的管理。

（3）已定期对存储介质进行盘点。

2）L3-MMS1-08

【安全要求】

应对介质在物理传输过程中的人员选择、打包、交付等情况进行控制，并对介质的归档和查询等进行登记记录。

【要求解读】

若系统中存在离线的备份存储介质，则应对其进行管控。例如，在对介质进行两地传输时，应遵循相应的管理要求，选择可靠的传送人员，并在打包交付过程中进行签字确认等。

【测评方法】

（1）访谈资产管理员/存储介质管理员，了解是否存在存储介质物理传输的情况。如果存在存储介质物理传输的情况，则核查安全管理制度中是否有明确的物理传输过程管理要求。

（2）核查介质物理传输管理记录的内容是否包括执行人、存储介质信息、存储介质打包、存储介质交付、存储介质归档、存储介质查询等方面。

【预期结果或主要证据】

（1）安全管理制度中有对介质物理传输的管理流程和要求。

（2）介质物理传输管理记录的内容包括执行人、存储介质信息、存储介质打包、存储介质交付、存储介质归档、存储介质查询等方面。

10.4　设备维护管理

等级保护对象使用的硬件设备包括网络设备、安全设备、服务器设备、存储设备和存储介质、供电和通信用线缆等。系统的正常运行依赖于对这些设备的正确使用和维护。为保证这些设备的正常运行，操作人员必须严格按照操作规程进行使用和维护，并认真做好使用和维护记录。

1）L3-MMS1-09

【安全要求】

应对各种设备（包括备份和冗余设备）、线路等指定专门的部门或人员定期进行维护管理。

【要求解读】

对设备进行有效的维护管理，在一定程度上可以降低系统发生安全问题的概率。应明确设备维护管理的责任部门或人员。

【测评方法】

（1）访谈设备管理员，了解是否指派了专门的部门或人员定期对各类设备进行维护管理。

（2）核查部门职责文档或人员岗位职责文档是否明确了设备的维护管理责任。

【预期结果或主要证据】

（1）由专门的部门或人员定期对各类设备进行维护。

（2）部门职责或人员岗位职责中有设备维护管理方面的内容。

2）L3-MMS1-10

【安全要求】

应建立配套设施、软硬件维护方面的管理制度，对其维护进行有效的管理，包括明确维护人员的责任、维修和服务的审批、维修过程的监督控制等。

【要求解读】

系统的正常运行依赖于对设备的正确使用和维护。为了保证对设备的正确使用和维护，应建立相应的管理规定或要求。相关人员必须严格按照管理规定或要求对设备进行使用和维护，并认真做好使用和维护记录。

【测评方法】

（1）核查设备维护管理制度是否明确了维护人员的责任、维修和服务的审批、维修过程的监督控制等方面的内容。

（2）核查是否有维修和服务的审批、维修过程等方面的记录，以及审批过程和记录内容是否与设备维护管理制度相符。

【预期结果或主要证据】

（1）有设备维护管理制度，已在制度中明确了维护人员的责任、维修和服务的审批、维修过程的监督控制等方面的内容。

（2）有维修和服务的审批、维修过程等方面的记录，审批过程和记录内容与设备维护管理制度相符。

3）L3-MMS1-11

【安全要求】

信息处理设备应经过审批才能带离机房或办公地点，含有存储介质的设备带出工作环境时其中重要数据应加密。

【要求解读】

信息处理设备的流转容易引起信息泄露，必须严加管控。因此，在将信息处理设备带离机房或办公室等常规使用地点时，必须经过审批或采取加密管控措施。

【测评方法】

（1）核查将设备带离机房的审批流程。

（2）核查将设备带离机房或办公地点的审批记录。

（3）核查将含有存储介质的设备带离机房的记录中是否有对重要数据的加密措施。

【预期结果或主要证据】

（1）有将设备带离机房的审批表单。

（2）有将设备带离机房或办公地点的审批记录。

（3）在将存有重要数据的存储介质带离工作环境前对其采取了加密措施。

4）L3-MMS1-12

【安全要求】

含有存储介质的设备在报废或重用前，应进行完全清除或被安全覆盖，保证该设备上的敏感数据和授权软件无法被恢复重用。

【要求解读】

存储介质在报废或重用时容易引起敏感信息的泄露，因此应采取相应的处理措施。

【测评方法】

核查含有存储介质的设备在报废或重用前所采取的清除措施或安全覆盖措施。

【预期结果或主要证据】

（1）有设备在报废或重用前必须采取措施进行处理的要求。

（2）有相应的处理记录。

10.5　漏洞和风险管理

漏洞和隐患会给等级保护对象造成安全风险，因此，需要采取必要的措施进行识别和评估，及时修补发现的漏洞和隐患，确保等级保护对象安全、稳定运行。

1）L3-MMS1-13

【安全要求】

应采取必要的措施识别安全漏洞和隐患，对发现的安全漏洞和隐患及时进行修补或评估可能的影响后进行修补。

【要求解读】

安全漏洞和隐患是安全问题的主要根源，因此，应采取有效措施及时识别系统中的漏洞和隐患，并根据评估的情况对识别出来的漏洞和隐患进行修补。

【测评方法】

（1）核查用于发现安全漏洞和隐患的措施。

（2）核查相关安全措施执行后的报告或记录。

（3）核查与修复漏洞或消除隐患相关的操作记录。

【预期结果或主要证据】

（1）定期进行漏洞扫描，对发现的漏洞及时进行修补或评估其可能造成的影响。

（2）漏洞扫描报告包含存在的漏洞、严重级别、原因分析和改进意见等方面的内容。

（3）漏洞报告时间与定期扫描要求相符。

2）L3-MMS1-14

【安全要求】

应定期开展安全测评，形成安全测评报告，采取措施应对发现的安全问题。

【要求解读】

定期开展安全测评工作，有利于及时发现系统中潜在的安全问题。安全测评的形式不限于风险评估、等级测评，只要是对系统进行全面测试评估的方法都可以。

【测评方法】

（1）核查以往的安全测评报告，确认测评工作是否定期开展。

（2）核查安全整改工作的相关文档，例如整改方案、整改报告、工作总结等。

【预期结果或主要证据】

（1）有安全测评报告。

（2）安全测评工作定期开展。

（3）有安全整改措施相关文档。

10.6　网络和系统安全管理

网络和系统的安全状况直接关系到等级保护对象能否正常运行。网络和系统安全管理涉及安全策略管理、操作账户管理、角色权限管理、配置参数管理、升级变更管理、日常操作管理、设备接入管理、运维日志管理等方面。

1）L3-MMS1-15

【安全要求】

应划分不同的管理员角色进行网络和系统的运维管理，明确各个角色的责任和权限。

【要求解读】

如果没有明确的责任和权限要求，就容易发生渎职事件。因此，应对管理员职责进行明确的划分并进行岗位职责定义。

【测评方法】

（1）核查管理员职责文档，确认是否划分了不同的管理员角色。

（2）核查管理员职责文档，确认是否明确了各角色的责任和权限。

【预期结果或主要证据】

（1）已划分不同的管理员角色。

（2）已明确各角色的责任和权限。

2）L3-MMS1-16

【安全要求】

应指定专门的部门或人员进行账户管理，对申请账户、建立账户、删除账户等进行控制。

【要求解读】

账户管理应由专门的部门或人员负责，并对账户的全生命周期进行管控。

【测评方法】

（1）访谈运维负责人，了解是否指派了进行账户管理的部门或人员（含网络层面、系统层面、数据库层面、业务应用层面）。

（2）核查账户管理记录的内容是否包括账户申请、建立、停用、删除、重置等相关审批情况。

【预期结果或主要证据】

（1）由指定部门（岗位）负责账户管理工作。

（2）有相关审批记录或流程，对申请账户、建立账户、删除账户等进行了有效的控制。

3）L3-MMS1-17

【安全要求】

应建立网络和系统安全管理制度，对安全策略、账户管理、配置管理、日志管理、日常操作、升级与打补丁、口令更新周期等方面作出规定。

【要求解读】

如果对系统和网络安全管理缺乏规范性指导或规范性指导规定不一致，就容易导致人员渎职或不作为。因此，应针对网络和系统安全建立相应的管理策略和规程类管理要求。

【测评方法】

（1）核查是否有网络和系统安全管理制度。

（2）核查网络和系统安全管理制度的内容是否包括安全策略、账户管理（用户责任、义务、风险、权限审批、权限分配、账户注销等）、配置文件的生成及备份、变更审批、授权访问、最小服务、升级与打补丁、审计日志管理、登录设备和系统的口令更新周期等。

【预期结果或主要证据】

（1）有网络和系统安全管理制度。

（2）网络和系统安全管理制度的内容至少包括网络和系统的安全策略，账户管理（用户责任、义务、风险、权限审批、权限分配、账户注销等），配置文件的生成、备份，变更审批和符合性检查，授权访问，最小服务，升级与打补丁，审计日志，登录设备和系统的口令更新周期等。

4）L3-MMS1-18

【安全要求】

应制定重要设备的配置和操作手册，依据手册对设备进行安全配置和优化配置等。

【要求解读】

配置规范和配置基线是保障等级保护对象安全运行的基本前提。应对设备的配置和操作建立配置规范和配置基线。

【测评方法】

（1）核查是否有重要设备的配置和操作手册（重要设备包括操作系统、数据库、网络设备、安全设备、应用和组件等）。

（2）核查重要设备的配置和操作手册的内容是否包括操作步骤、维护记录、参数配置等。

【预期结果或主要证据】

（1）有重要设备的配置和操作手册。

（2）重要设备的配置和操作手册的内容至少包括操作步骤、维护记录、参数配置。

5）L3-MMS1-19

【安全要求】

应详细记录运维操作日志，包括日常巡检工作、运行维护记录、参数的设置和修改等内容。

【要求解读】

运维操作日志缺失不利于安全事件的回溯或追踪。因此，应对日常运维操作进行详细的记录。

【测评方法】

核查运维操作日志的内容是否包括网络和系统的日常巡检、运行维护记录、参数的设置和修改等内容。

【预期结果或主要证据】

（1）有运维操作日志。

（2）运维操作日志的内容至少包括网络和系统的日常巡检、运行维护记录、参数的设置和修改等内容。

6）L3-MMS1-20

【安全要求】

应指定专门的部门或人员对日志、监测和报警数据等进行分析、统计，及时发现可疑行为。

【要求解读】

如果没有明确的职责要求，就容易引起人员渎职或不作为。因此，应指定专人负责对日志、监测和报警数据等进行分析和统计。

【测评方法】

（1）访谈网络和系统相关人员，了解是否已指派专门的部门或人员对日志、监测和报警数据等进行分析和统计。

（2）核查日志、监测和报警数据的统计分析报告。

【预期结果或主要证据】

（1）由专门的部门或人员对日志、监测和报警数据等进行分析和统计。

（2）有日志、监测和报警数据的统计分析报告。

7）L3-MMS1-21

【安全要求】

应严格控制变更性运维，经过审批后才可改变连接、安装系统组件或调整配置参数，操作过程中应保留不可更改的审计日志，操作结束后应同步更新配置信息库。

【要求解读】

变更管理不当极易引发安全问题。对运维过程中的变更操作需严格控制，在变更前审批，在变更过程中保留痕迹，在变更后更新变更内容。

【测评方法】

（1）核查配置变更审批程序，例如改变连接、安装系统组件或调整配置参数时的审批流程。

（2）核查配置变更审计日志。

（3）核查配置变更记录。

（4）核查配置信息库的更新记录。

【预期结果或主要证据】

（1）有配置变更审批程序。

（2）有配置变更审计日志。

（3）有配置变更记录。

（4）有配置信息库的更新记录。

8）L3-MMS1-22

【安全要求】

应严格控制运维工具的使用，经过审批后才可接入进行操作，操作过程中应保留不可更改的审计日志，操作结束后应删除工具中的敏感数据。

【要求解读】

IT 运维工具既包括专用的商业运维工具，也包括自行开发的运维工具。无论使用哪种工具，都需要进行严格的管控。

【测评方法】

（1）核查运维工具使用审批程序。

（2）核查运维工具使用审批记录。

（3）核查通过运维工具执行操作的审计日志。

【预期结果或主要证据】

（1）有运维工具使用审批程序。

（2）有运维工具使用审批记录。

（3）有通过运维工具执行操作的审计日志。

9）L3-MMS1-23

【安全要求】

应严格控制远程运维的开通，经过审批后才可开通远程运维接口或通道，操作过程中应保留不可更改的审计日志，操作结束后立即关闭接口或通道。

【要求解读】

远程运维是系统安全隐患之一，如果控制不当，就容易引发安全事件。因此，应对远程运维的开通进行严格的控制。如果确实需要开通远程运维，则应对操作过程日志进行留存并保证其不可更改，运维结束后应立即关闭远程运维。

【测评方法】

（1）核查远程运维的方式（使用的端口或通道）。

（2）核查开通远程运维的审批程序。

（3）核查开通远程运维的审批记录。

（4）核查通过远程运维执行操作的审计日志。

【预期结果或主要证据】

（1）远程运维使用规定的端口或通道。

（2）有开通远程运维的审批程序。

（3）有开通远程运维的审批记录。

（4）有通过远程运维执行操作的审计日志。

10）L3-MMS1-24

【安全要求】

应保证所有与外部的连接均得到授权和批准，应定期检查违反规定无线上网及其他违反网络安全策略的行为。

【要求解读】

对所有外部连接进行管控，并定期对违规外连行为进行检查。

【测评方法】

（1）核查开通对外连接的审批程序。

（2）核查开通对外连接的审批记录。

（3）核查开展违反规定无线上网及其他违反网络安全策略行为检查的记录。

【预期结果或主要证据】

（1）有开通对外连接的审批程序。

（2）有开通对外连接的审批记录。

（3）有开展违反规定无线上网及其他违反网络安全策略行为检查的记录。

10.7　恶意代码防范管理

恶意代码对等级保护对象的危害极大，传播途径和方式众多，防范比较困难。因此，不仅需要通过安装专用工具进行恶意代码防范，还需要加强宣贯，提高用户的恶意代码防范意识，建立完善的恶意代码防范管理制度并进行有效的落实。

1）L3-MMS1-25

【安全要求】

应提高所有用户的防恶意代码意识，对外来计算机或存储设备接入系统前进行恶意代码检查等。

【要求解读】

恶意代码对等级保护对象的危害极大，且传播途径和方式众多，因此，提升所有用户的防恶意代码意识是规避恶意代码的基本途径。防范恶意代码需要安装防恶意代码工具。为有效预防恶意代码的入侵，除了提高用户的防恶意代码意识，还应建立完善的恶意代码管理制度并有效实施。

【测评方法】

（1）核查是否有开展提升员工防恶意代码意识培训的记录或宣贯记录。

（2）核查是否有恶意代码防范管理制度。

（3）核查是否有在外来计算机或存储设备接入系统前进行恶意代码检查的记录。

【预期结果或主要证据】

（1）已开展提升员工防恶意代码意识培训或宣贯活动。

（2）有恶意代码防范管理制度。

（3）外来计算机或存储设备在接入系统前进行了恶意代码检查，或者只能接入指定的隔离区域。

2）L3-MMS1-26

【安全要求】

应定期验证防范恶意代码攻击的技术措施的有效性。

【要求解读】

防范恶意代码攻击的技术措施，最常见的是安装防恶意代码软件。该类措施的有效性保障就是定期升级恶意代码库，并对检测到的恶意代码进行分析。另外，采用可信计算技术也可以防范恶意代码攻击（需定期验证可信计算技术的有效性）。

【测评方法】

（1）核查是否有恶意代码防范措施。

（2）核查是否有恶意代码防范措施的执行记录。

（3）核查是否有恶意代码防范措施特征库的更新记录。

【预期结果或主要证据】

（1）有恶意代码防范措施，例如安装了杀毒软件、IDS、IPS、防毒墙、WAF 等。

（2）有恶意代码防范措施的执行记录。

（3）有恶意代码防范措施特征库的更新记录。

10.8　配置管理

等级保护对象配置数据的准确性关系到系统能否正常、稳定、安全地运行。对于系统配置信息，需要进行记录和保存；对于配置信息的变更，需要进行严格的管控。

1）L3-MMS1-27

【安全要求】

应记录和保存基本配置信息，包括网络拓扑结构、各个设备安装的软件组件、软件组件的版本和补丁信息、各个设备或软件组件的配置参数等。

【要求解读】

系统配置信息的准确性是系统正常、安全运行的有效保障。因此，应对系统的基本信息进行及时、有效的记录和保存。

【测评方法】

核查配置信息保存记录的内容是否包括网络拓扑结构、各个设备安装的软件组件、软件组件的版本和补丁信息、各个设备或软件组件的配置参数等。

【预期结果或主要证据】

已记录和保存基本配置信息，主要包括网络拓扑、软件组件、设备配置等。

2）L3-MMS1-28

【安全要求】

应将基本配置信息改变纳入变更范畴，实施对配置信息改变的控制，并及时更新基本配置信息库。

【要求解读】

配置信息及时同步是配置管理流程的重要环节。由于此项与变更管理、网络和系统管理中的相关要求项类似，所以应关注这些方面的信息是否一致。

【测评方法】

（1）核查是否有配置变更管理程序。

（2）核查是否有配置信息变更记录。

【预期结果或主要证据】

（1）有记录和保存配置信息的管理措施，且基本配置信息改变后会及时更新配置信息库。

（2）对配置信息的变更流程采取了相应的管控程序或手段。

10.9　密码管理

密码技术是保证信息保密性和完整性的重要技术。为保证密码技术使用过程的安全，在遵循相关国家标准和行业标准的基础上，应对涉及的产品、设备和密码加强管理。

1）L3-MMS1-29

【安全要求】

应遵循密码相关国家标准和行业标准。

【要求解读】

密码的生产需要授权许可。密码产品应符合国家和行业的相关标准。

【测评方法】

（1）访谈安全管理员，了解当前使用的密码产品的类型。

（2）如果使用了密码产品，则核查密码产品是否遵循其销售许可证明或国家相关部门出具的检测报告中指出的国家标准和行业标准。

【预期结果或主要证据】

（1）密码产品有明确的类别、型号。

（2）密码产品有销售许可证明。

（3）未使用密码产品的，此项不适用。

2）L3-MMS1-30

【安全要求】

应使用国家密码管理主管部门认证核准的密码技术和产品。

【要求解读】

系统使用的密码产品要有国家密码主管部门核发的相关型号证书。

【测评方法】

核查密码产品是否有销售许可证明或国家相关部门出具的检测报告。

【预期结果或主要证据】

密码产品有密码产品销售许可证明。

10.10　变更管理

等级保护对象在运行过程中会面临各种各样的变更操作。如果没有对变更过程进行有效的管理和控制，就会给等级保护对象带来重大的安全风险。因此，需要对变更操作实施全程管控，做到各项变更内容有章可循、有案可查，遇到问题有路可退，确保变更操作不给系统带来安全风险。

1）L3-MMS1-31

【安全要求】

应明确变更需求，变更前根据变更需求制定变更方案，变更方案经过评审、审批后方可实施。

【要求解读】

变更管理受控是减少系统变更所导致的安全问题的有效手段。因此，要对变更策略进行明确的规定，并对变更流程进行全程管控。

【测评方法】

（1）核查变更方案的内容是否包括变更类型、变更原因、变更过程、变更前评估等。

（2）核查变更方案评审记录的内容是否包括评审时间、参与人员、评审结果等。

（3）核查变更过程记录的内容是否包括变更执行人、执行时间、操作内容、变更结果等。

【预期结果或主要证据】

（1）有变更方案，其主要内容包括变更类型、变更原因、变更过程、变更前评估等。

（2）有变更方案评审记录和变更过程记录文档。

（3）对新建或未执行过变更操作的被测系统，此项不适用。

2）L3-MMS1-32

【安全要求】

应建立变更的申报和审批控制程序，依据程序控制所有的变更，记录变更实施过程。

【要求解读】

在执行变更操作时，应遵循变更管控的相关控制程序，约束变更过程，并进行有效的记录。

【测评方法】

（1）核查是否有变更的申报和审批控制程序。

（2）核查变更实施过程记录的内容是否包括申报的变更类型、申报流程、审批部门、批准人等。

【预期结果或主要证据】

（1）各类型的变更有相应的变更管控策略，例如变更类型、变更原因、变更影响分析等。

（2）有变更实施过程记录文档。

（3）新建或未执行过变更操作的被测系统，可以没有相关记录。

3）L3-MMS1-33

【安全要求】

应建立中止变更并从失败变更中恢复的程序，明确过程控制方法和人员职责，必要时对恢复过程进行演练。

【要求解读】

变更失败恢复程序一般会在变更方案中予以明确。变更方案用于描述变更过程中的操作，重要的是明确了变更失败后的恢复操作。

【测评方法】

（1）核查变更失败后的恢复程序、工作方法和相关人员的职责。

（2）核查是否有变更恢复演练记录。

【预期结果或主要证据】

（1）对变更失败后的恢复程序、工作方法和职责有文件形式的规定和要求。有变更失败后的恢复程序。

（2）有变更恢复演练记录和恢复流程。

（3）新建或未执行过变更操作的被测系统，可以没有相关记录。

10.11　备份与恢复管理

数据备份是保障等级保护对象在发生数据丢失或数据被破坏时恢复业务正常运行的重要措施。对等级保护对象的重要业务信息、系统数据、配置信息、软件程序等，需要制定明确的数据备份策略，定期开展备份操作，并针对备份文件的有效性进行恢复性测试和验证。

1）L3-MMS1-34

【安全要求】

应识别需要定期备份的重要业务信息、系统数据及软件系统等。

【要求解读】

对需要备份的信息进行识别，并制定相应的备份策略。

【测评方法】

（1）核查是否有数据备份策略。

（2）核查数据备份策略是否至少明确了备份周期、备份的信息类别或数据类型。

【预期结果或主要证据】

（1）有数据备份策略。

（2）数据备份策略的内容至少包括备份周期、备份的信息类别或数据类型。

2）L3-MMS1-35

【安全要求】

应规定备份信息的备份方式、备份频度、存储介质、保存期等。

【要求解读】

对需要备份的信息制定相应的备份策略，例如备份方式、备份频度、存储介质等。

【测评方法】

（1）核查是否有备份与恢复管理制度。

（2）核查备份与恢复管理制度是否至少明确了备份方式、备份频度、存储介质、保存期等。

【预期结果或主要证据】

（1）有备份与恢复管理制度。

（2）备份与恢复管理制度至少明确了备份方式、备份频度、存储介质、保存期等。

3）L3-MMS1-36

【安全要求】

应根据数据的重要性和数据对系统运行的影响，制定数据的备份策略和恢复策略、备份程序和恢复程序等。

【要求解读】

数据备份策略是指根据数据性质的不同选择不同的备份内容、备份方式等。

数据恢复策略是指在因各种事件导致数据丢失时利用介质中的备份数据进行恢复的方法和操作。

【测评方法】

（1）核查是否有数据备份策略和备份程序。

（2）核查是否有数据恢复策略和恢复程序。

【预期结果或主要证据】

（1）有数据备份策略和备份程序。

（2）有数据恢复策略和恢复程序。

10.12　安全事件处置

在等级保护对象的运行过程中会出现很多安全事件。需要对所有安全事件进行分类、分级，并为不同类型、不同级别的安全事件制定相应的响应流程，使安全事件能够得到及时、有效的处置，确保等级保护对象安全、稳定运行。

1）L3-MMS1-37

【安全要求】

应及时向安全管理部门报告所发现的安全弱点和可疑事件。

【要求解读】

如果发现系统中有潜在的弱点和可疑事件，则应及时向安全主管部门汇报，并提交相应的报告或信息。

【测评方法】

（1）核查运维管理制度中是否有在发现安全弱点和可疑事件后汇报的要求。

（2）核查是否有对以往发现的安全弱点和可疑事件的书面报告或记录。

【预期结果或主要证据】

（1）已在网络安全事件管理相关规定中明确告知用户，在发现安全弱点和可疑事件时应及时向安全管理部门报告。

（2）有与安全弱点和可疑事件对应的报告或记录文档。

2）L3-MMS1-38

【安全要求】

应制定安全事件报告和处置管理制度，明确不同安全事件的报告、处置和响应流程，规定安全事件的现场处理、事件报告和后期恢复的管理职责等。

【要求解读】

安全事件的分类分级标准可参考 GB/T 20986—2007《信息安全技术　信息安全事件分类分级指南》。

【测评方法】

核查运维管理制度中是否明确了不同安全事件的报告、处置和响应流程，以及是否规定了安全事件的现场处理、事件报告和后期恢复的管理职责等内容。

【预期结果或主要证据】

（1）安全事件报告和处置管理制度中明确了与安全事件有关的工作职责，包括报告单位（人）、接报单位（人）和处置单位等的工作职责。

（2）有安全事件报告模板文件。

3）L3-MMS1-39

【安全要求】

应在安全事件报告和响应处理过程中，分析和鉴定事件产生的原因，收集证据，记录处理过程，总结经验教训。

【要求解读】

应对安全事件报告和响应处理过程进行详细的记录，并对事件发生的原因进行分析和总结。

【测评方法】

（1）核查是否有以往的安全事件报告和响应处理记录或相关模板。

（2）核查相关文档的内容是否包括引发安全事件的系统弱点、安全事件发生的原因、处置过程、经验教训总结、补救措施等。

【预期结果或主要证据】

（1）如果未发生过网络安全事件，则此项不适用。

（2）发生过网络安全事件的，有安全事件报告和响应处理记录文件，文件内容符合安全事件报告模板的相关要求，包括安全事件发生的原因、处置过程、经验教训总结、补救措施等。

4）L3-MMS1-40

【安全要求】

对造成系统中断和造成信息泄漏的重大安全事件应采用不同的处理程序和报告程序。

【要求解读】

应对不同的安全事件制定不同的处理和报告程序。

【测评方法】

核查安全事件处理和报告程序文档是否针对重大安全事件制定了不同的处理和报告程序，以及是否明确了报告方式、报告内容、报告人等。

【预期结果或主要证据】

（1）针对不同的安全事件，有不同的处理和报告流程。

（2）发生过安全事件的，有安全事件报告文档。

10.13　应急预案管理

为了有效处理等级保护对象运行过程中可能发生的重大安全事件，需要在统一的框架下制定针对不同安全事件的应急预案，根据应急预案的内容对涉及的人员进行培训、演练，并根据等级保护对象的变化情况和安全策略的调整结果进行应急预案的评估、修订与完善。

1）L3-MMS1-41

【安全要求】

应规定统一的应急预案框架，包括启动预案的条件、应急组织构成、应急资源保障、事后教育和培训等内容。

【要求解读】

应急预案框架通常是单位总体应急预案管理的顶层文件，明确了应急组织构成、人员职责、应急预案启动条件、响应、后期处置、应急预案日常管理、应急资源保障等内容，与各类网络安全事件专项应急预案共同构成应急预案体系。

【测评方法】

核查应急预案框架的内容是否包括启动应急预案的条件、应急组织构成、应急资源保障、事后教育和培训等。

【预期结果或主要证据】

（1）有应急预案框架。

（2）应急预案框架覆盖启动应急预案的条件、应急组织构成、应急资源保障、事后教育和培训等方面。

2）L3-MMS1-42

【安全要求】

应制定重要事件的应急预案，包括应急处理流程、系统恢复流程等内容。

【要求解读】

对重要事件制定专项应急预案，并对应急处理流程、系统恢复流程进行明确的定义。

【测评方法】

核查重要事件应急预案的内容是否包括应急处理流程、系统恢复流程等。

【预期结果或主要证据】

（1）有重要事件专项应急预案，例如针对机房（断电、火灾、漏水等）、系统（病毒爆发、数据泄露等）、网络（断网、拥塞等）等层面的应急预案。

（2）专项应急预案的内容包括应急处理流程、系统恢复流程。

3）L3-MMS1-43

【安全要求】

应定期对系统相关的人员进行应急预案培训，并进行应急预案的演练。

【要求解读】

应急预案培训和演练是应急处理的重要环节。应定期组织相关人员进行培训和演练，以保证单位具有及时、有效处理应急事件的能力。

【测评方法】

（1）核查以往开展应急预案培训的记录，确认培训的频度，了解记录内容是否包括培训对象、培训内容、培训结果等。

（2）核查以往开展应急预案演练的记录，确认演练的频度，了解记录内容是否包括演练时间、主要操作内容、演练结果等。

【预期结果或主要证据】

（1）定期（每季度、每半年、每年）组织相关人员进行应急预案培训和演练。

（2）有应急预案培训记录文件，其内容主要包括培训对象、培训内容、培训结果等。

（3）有应急预案演练记录文件，其内容主要包括演练时间、主要操作内容、演练结果等。

4）L3-MMS1-44

【安全要求】

应定期对原有的应急预案重新评估，修订完善。

【要求解读】

应根据每次应急演练的情况，对应急预案进行重新评估和修订。

【测评方法】

核查应急预案修订记录的内容是否包括修订时间、参与人、修订内容、评审情况等。

【预期结果或主要证据】

应急预案修订记录的内容包括修订时间、参与人、修订内容、评审情况等。

10.14   外包运维管理

运维工作在等级保护对象生命周期中的持续时间最长，直接关系到系统能否安全、稳定运行。委托外部服务商执行运维工作的单位，要严格管控外包运维服务商的选择工作，在服务协议中明确外包运维服务商的能力、工作范围和工作内容等。

1）L3-MMS1-45

【安全要求】

应确保外包运维服务商的选择符合国家的有关规定。

【要求解读】

外包运维服务商应满足国家相关主管部门的规定和要求，以证明其具有相应的服务能力。

【测评方法】

（1）访谈系统运维负责人，了解是否有使用外包运维服务的情况。

（2）如果使用了外包运维服务，则核查外包运维服务商是否符合国家有关规定。

【预期结果或主要证据】

（1）若未使用外包运维服务，则此项不适用。

（2）若使用了外包运维服务，则有关于外包内容、外包运维服务单位名称及所承担服务的资质证明的文档。

2）L3-MMS1-46

【安全要求】

应与选定的外包运维服务商签订相关的协议，明确约定外包运维的范围、工作内容。

【要求解读】

外包运维服务商提供的服务内容应在相关协议中予以明确。

【测评方法】

核查外包运维服务协议是否包含外包运维的范围和工作内容。

【预期结果或主要证据】

（1）有外包运维服务协议。

（2）外包运维服务协议包含外包运维的范围和工作内容。

3）L3-MMS1-47

【安全要求】

应保证选择的外包运维服务商在技术和管理方面均应具有按照等级保护要求开展安全运维工作的能力，并将能力要求在签订的协议中明确。

【要求解读】

外包运维服务商应具有按照等级保护要求开展运维工作的能力，这意味着外包运维服务商应能提供以往根据等级保护要求开展运维工作的实例。

在选择外包运维服务商时，应重点考虑运维人员具备等级保护相关运维能力的（例如进行过等级保护相关培训的）。

【测评方法】

核查外包运维服务协议是否包含外包运维服务商具有按照等级保护要求开展安全运维工作能力的内容。

【预期结果或主要证据】

外包运维服务协议包含外包运维服务商具有按照等级保护要求开展安全运维工作能力的内容。

4）L3-MMS1-48

【安全要求】

应在与外包运维服务商签订的协议中明确所有相关的安全要求，如可能涉及对敏感信息的访问、处理、存储要求，对 IT 基础设施中断服务的应急保障要求等。

【要求解读】

应在与外包运维服务商签订的协议中明确相关网络安全要求，以确保单位和外包运维服务商在双方要履行的网络安全相关义务方面不存在误解和分歧。可能的网络安全要求包括可以访问的信息类型和访问方法、权限分配、数据保护、网络安全培训等。

【测评方法】

核查外包运维服务协议的内容是否包括可能涉及的对敏感信息的访问、处理、存储要求，以及对 IT 基础设施中断服务的应急保障要求等。

【预期结果或主要证据】

外包运维服务协议的内容包括可能涉及的对敏感信息的访问、处理、存储要求，以及对 IT 基础设施中断服务的应急保障要求等。

扩 展 要 求

第 11 章　云计算安全扩展要求

11.1　概述

11.1.1　云计算技术

　　云计算是一种颠覆性的技术，不仅可以增强协作，提高敏捷性、可扩展性及可用性，还可以通过优化资源分配、提高计算效率来降低成本。可以说，云计算构造了一个全新的 IT 世界，其组件不仅可以迅速调配、置备、部署和回收，还可以迅速扩充或缩减，从而提供按需的、类似于效用计算的分配和消费模式。

　　NIST 对云计算的定义是：云计算是一种模式，是一种无处不在的、便捷的、按需的、基于网络访问的、共享使用的、可配置的计算资源（例如网络、服务器、存储、应用和服务），可以通过最少的管理工作或与服务提供商的互动快速置备并发布。

　　对云的一种简单的描述是：云需要一组资源（例如处理器和内存），并将它们放到一个大的池中（在这种情况下使用虚拟化）；消费者从池中获得需要的东西（例如 8 个 CPU 和 16GB 内存）；云将这些资源分配给客户端，然后由客户端连接到网络并在网络上使用这些资源。

　　NIST 对云计算的定义包括五个基本特征、三种云服务模式、四个云部署模型。

　　云计算的五个基本特征如下。

- 按需自助。
- 无所不在的网络访问。
- 资源池化。
- 快速弹性。
- 可度量的服务。

云计算的三种服务模式如下。

- 软件即服务（Software as a Service，SaaS）：通过网络为最终用户提供应用服务。绝大多数 SaaS 应用是直接在浏览器中运行的，不需要用户下载和安装任何程序。SaaS 是由服务商管理和托管的完整应用软件，用户可以通过 Web 浏览器、移动应用或轻量级客户端应用访问它。

- 平台即服务（Platfrom as a Service，PaaS）：主要作用是将一个开发和运行平台作为服务提供给用户。PaaS 能够提供开发或应用平台，例如数据库、应用平台（如运行 Python、PHP 或其他代码的地方）、文件存储和协作，甚至专有的应用处理（如机器学习、大数据处理或通过 API 直接访问完整的 SaaS 应用的特性）。

- 基础设施即服务（Infrastructure as a Service，IaaS）：主要提供一些基础资源，包括服务器、网络、存储等服务。IaaS 由自动化的、可靠的、可扩展性强的动态计算资源构成，用户能够在其上部署和运行任意软件（包括操作系统和应用程序），无须管理或控制任何云计算基础设施，能够控制操作系统的选择、存储空间及部署的应用，还有可能获得网络组件的控制权。

云计算的四个部署模式如下。

- 公有云：云基础设施为公众或大型行业团体提供服务，由销售云计算服务的云平台所有。

- 私有云：云基础设施为单一的云平台专门运作，可以由该云平台或第三方管理并可以位于该云平台内部或外部。

- 社区云：云基础设施由若干个云平台共享，支持特定的、有共同关注点的社区（例如使命、安全要求、政策或合规性考虑等），可以由该云平台或第三方管理并可以位于该云平台内部或外部。

- 混合云：云基础设施由两个或多个云（私有云、社区云或公共云）组成，以独立实体的形式存在（通过标准的或专有的技术绑定在一起，这些技术促进了数据和应用的可移植性，例如云间的负载平衡），通常用于描述非云化数据中心与云服务提供商的互联。

11.1.2 云安全等级测评对象及安全职责

1. 云安全等测评范围

云计算环境由设施、硬件、资源抽象控制层、虚拟化计算资源等组成。

如图 11-1 所示，在不同的云计算服务模式中，云服务商和云服务客户对计算资源有不同的控制范围，而控制范围决定了等级测评过程中测评对象的选择及安全责任的边界。在 Iaas 模式下，云计算平台/系统由设施、硬件、资源抽象控制层组成；在 Paas 模式下，云计算平台/系统包括设施、硬件、资源抽象控制层、虚拟化计算资源和软件平台；在 Saas 模式下，云计算平台/系统包括设施、硬件、资源抽象控制层、虚拟化计算资源、软件平台和应用平台。在不同的部署模式下，云服务商和云服务客户的安全管理责任不同，测评对象也不同。

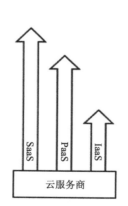
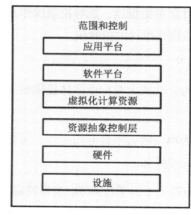
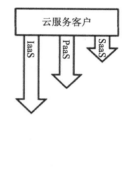

图 11-1

2. 云安全等级测评对象及安全责任

对于 IaaS 模式，云服务商的责任对象主要包括基础架构层硬件、虚拟化及云服务层的安全防护，云租户的责任对象主要包括虚拟机、数据库、中间件、业务应用和数据的安全防护。

对于 PaaS 模式，云服务商的责任对象主要包括基础架构层硬件、虚拟化及云服务层、虚拟机、数据库的安全防护，云租户的责任对象主要包括软件开发平台中间件、应用、数据的安全防护。

对于 SaaS 模式，云租户仅需关心与业务应用相关的安全配置、用户访问、用户账户、数据安全的防护，云服务商的责任对象则包括基础架构层硬件、虚拟化及云服务层、虚拟机、数据库、中间件、业务应用的安全防护。

如果云计算环境采用不同的服务部署模式，就会带来安全责任的变化。在确定安全责任时，应视系统的具体情况而定（例如，在自建私有云并独立承担云上业务的应用系统中，云计算平台及其上的云服务应用的责任主体是一致的）。任何云服务参与者都应承担相应的云安全责任。云计算是一种共享的技术模式，不同的云平台通常会承担实施、管理等不同的责任，因此，安全职责应由不同的云平台分担，且所有的云平台都包含在其中（即共享责任模型，它是一个依赖于特定云服务提供商的功能/产品、服务模式和部署模式的责任矩阵）。

11.2　安全物理环境

安全物理环境针对云计算平台/系统部署的物理机房及基础设施的位置提出了安全控制扩展要求，主要对象为物理机房、办公场地和云平台建设方案等，涉及的安全控制点包括基础设施位置。

基础设施位置

云计算机房、网络设备、安全设备、服务器、存储介质等基础设施的位置选取，对保障安全物理环境有重要的作用，是云计算环境安全的前提。

L3-PES2-01

【安全要求】

应保证云计算基础设施位于中国境内。

【要求解读】

云服务商在对机房进行选址时，应确保机房位于中国境内，并确保云计算服务器及运行关键业务和数据的物理设备等基础设施位于中国境内。

【测评方法】

（1）核查最新的机房设备清单及云计算平台建设方案。

（2）核查云计算服务器及运行关键业务和数据的物理设备等基础设施是否都在中国境内。

【预期结果或主要证据】

整个云计算环境的机房、云计算服务器及运行关键业务和数据的物理设备等基础设施均位于中国境内。

11.3　安全通信网络

安全通信网络针对云计算环境提出了安全控制扩展要求，主要对象为云计算网络环境的网络架构、虚拟资源、通信数据等，涉及的安全控制点包括网络架构。

网络架构

云计算是以计算、存储和网络为基础的。网络是云计算的重要基石，网络架构的安全性是云计算安全的重要一环。网络架构涉及可靠性、性能、可扩展性等方面。对大多数云计算环境而言，网络的性能决定了云计算的性能。因此，网络架构的安全对云计算的安全尤为重要。

1）L3-CNS2-01

【安全要求】

应保证云计算平台不承载高于其安全保护等级的业务应用系统。

【要求解读】

云服务商侧的云计算平台应作为单独的定级对象来定级。云租户侧的等级保护对象也应作为单独的定级对象来定级。云计算平台的安全保护等级应不低于云租户的业务应用系统的最高安全保护等级。

【测评方法】

（1）了解云计算平台及云上客户业务系统的安全保护等级，核查相关定级备案材料。

（2）核查是否存在云上客户业务系统的安全保护等级高于云计算平台的安全保护等级的情况（应为否）。

【预期结果或主要证据】

（1）有云计算平台及云上客户业务系统的定级备案材料。

（2）云上客户业务系统的安全保护等级不高于云计算平台/系统的安全保护等级。

2）L3-CNS2-02

【安全要求】

应实现不同云服务客户虚拟网络之间的隔离。

【要求解读】

同一物理主机上的虚拟机之间可能通过硬件背板进行通信，不同物理主机上的虚拟机之间可能通过网络进行通信。这些通信流量对传统的网络安全控制而言是不可见的，且无法进行监控或封堵。为了避免租户之间的相互影响甚至恶意攻击，确保租户及云平台的安全，应对不同的云服务客户的网络进行有效隔离，以保证云服务客户的访问与其他租户的访问得到有效隔离。

【测评方法】

（1）核查不同的云服务客户之间是否采取了隔离手段或措施。

（2）核查相关的隔离技术说明文档及隔离测试报告。

（3）测试验证不同的云服务客户之间的网络隔离措施是否有效。

【预期结果或主要证据】

（1）通过虚拟网络隔离技术（例如 VPC）实现了不同云服务客户的网络资源的隔离。

（2）云防火墙采用基于业务可视化的结果进行业务梳理和业务隔离的技术，帮助用户实现了云环境中东西向流量的隔离。

3）L3-CNS2-03

【安全要求】

应具有根据云服务客户业务需求提供通信传输、边界防护、入侵防范等安全机制的能力。

【要求解读】

为应对源自各个层面的攻击，云服务商应为云服务客户提供通信传输、边界防护、入侵防范等安全防护措施。云服务客户可根据业务安全防护需求选择适当的安全防护措施，提升业务系统的安全防护能力，从而应对外来的威胁和攻击。

【测评方法】

（1）核查云服务商提供的通信传输、边界防护、入侵防范等安全防护措施，并核查由这些安全防护措施形成的安全防护能力。

（2）核查云服务商提供的安全防护能力是否能够满足云服务客户的业务需求。

【预期结果或主要证据】

（1）有对通信传输、边界防护、入侵防范等安全产品或安全服务的说明。

（2）各安全产品的安全防护配置能够满足云服务客户的业务需求。

4）L3-CNS2-04

【安全要求】

应具有根据云服务客户业务需求自主设置安全策略的能力，包括定义访问路径、选择安全组件、配置安全策略。

【要求解读】

云服务客户可根据自身的业务需求，在云服务商提供的安全组件上自定义安全策略，例如定义安全访问路径、选择安全组件、配置安全策略。

【测评方法】

（1）了解云计算平台提供的安全组件有哪些，以及这些安全组件是否支持用户自定义安全策略。

（2）核查云服务客户是否能够自定义安全策略（包括定义访问路径、选择安全组件、配置安全策略）。

【预期结果或主要证据】

云安全产品提供了用户自主设置安全策略的能力，包括定义访问路径、选择安全组件、配置安全策略。

5）L3-CNS2-05

【安全要求】

应提供开放接口或开放性安全服务，允许云服务客户接入第三方安全产品或在云计算平台选择第三方安全服务。

【要求解读】

API 是一些预定义的函数，其目的是在应用程序和开发人员之间基于软件或硬件提供访问一组例程的能力（无须访问源代码或理解应用程序内部工作机制的细节）。API 本身是抽象的，仅定义了一个接口。云计算目前之所以会面临互操作性问题，一个重要的原因就是缺少被广泛认可和接受的 API 标准。为此，云服务商应提供了开放和公开的 API，允许第三方安全产品或安全服务接入。

【测评方法】

（1）了解是否提供了开放接口或开放性安全服务，查阅开放接口设计文档或开放性安全服务文档。

（2）核查并测试验证是否允许第三方安全产品或安全服务接入云计算平台。

【预期结果或主要证据】

（1）有允许第三方安全产品接入的开放接口设计说明。

（2）云计算平台部署了安全异构区，允许第三方安全产品接入。云安全生态支持用户选择第三方安全产品，允许通过联调的第三方安全产品接入。

11.4　安全区域边界

尽管云计算环境具有无边界、分布式的特性，但每个云数据中心的服务器仍然是局部规模化集中部署的。通过对每个云数据中心分别进行安全防护，可以实现云基础设施边界安全。通过在云计算服务的关键节点和服务入口实施重点防护，可以实现从局部到整体的严密联防。

安全区域边界针对云计算环境的物理网络边界和虚拟网络边界提出了安全控制扩展要求，主要对象为物理网络边界、虚拟网络边界等，涉及的安全控制点包括访问控制、入侵防范、安全审计。

11.4.1　访问控制

安全区域边界的访问控制是指通过技术措施防止越过网络边界进行未授权的访问，确保通过网络边界的访问都是合法的访问。在云计算网络边界安全方面，访问控制主要通过在网络边界及各网络区域间部署访问控制设备（例如 VPC、云防火墙、边界防火墙等），在访问控制设备上制定访问控制策略，依据策略执行连接操作来实现。

1）L3-ABS2-01

【安全要求】

应在虚拟化网络边界部署访问控制机制，并设置访问控制规则。

【要求解读】

位于云平台边界之外、云平台缺乏或缺失控制和管理的网络环境，被认为是不可信网络。与之对应的是云平台所管理和控制的内部可信网络。在可信网络与不可信网络之间实施有效的安全控制，对网络安全来说至关重要。通常使用虚拟防火墙进行可信网络与不可信网络之间的连接控制。通过防火墙的访问控制策略配置，仅允许必要的流量通过，其他流量均被禁止。

虚拟网络边界主要包括云计算平台和云服务客户业务系统虚拟网络边界、不同云服务客户之间的网络访问边界、云服务客户不同安全保护等级业务系统之间的网络边界。虚拟网络边界可以防止攻击者通过未授权的 IP 地址访问可信网络，或者以未授权的方式访问服务、协议或端口。

【测评方法】

（1）了解云计算平台的虚拟网络边界采用的访问控制机制并核查访问控制规则。

（2）核查并测试验证访问控制规则是否有效。

【预期结果或主要证据】

（1）通过 VPC 设置访问控制规则，安全组能够实现灵活的访问控制规则。

（2）云防火墙提供了针对应用层访问的检测能力，内置威胁入侵防御模块（IPS），支持失陷主机检测、主动外连行为阻断、业务间访问关系可视，实现集中管理 EIP，支持基于 IP 地址和端口的访问控制，支持基于域名和应用的访问控制。

2）L3-ABS2-02

【安全要求】

应在不同等级的网络区域边界部署访问控制机制，设置访问控制规则。

【要求解读】

云平台边界、云平台内的网络区域边界、云服务客户不同业务的边界，将网络划分为不同等级的安全域。结合边界访问控制技术实现整个系统的纵深防御，可以降低未授权访问或运行环境变更的风险。因此，应在不同等级的网络区域边界部署访问控制设备，设置访问控制规则。

【测评方法】

（1）查阅网络拓扑图，核查网络安全区域划分情况。

（2）核查各网络区域边界采用的安全控制机制，查看访问控制列表。

（3）核查访问控制规则是否有效，测试验证访问控制规则是否能够拒绝不同区域之间的非法访问。

【预期结果或主要证据】

（1）在不同等级的网络区域边界部署了边界防火墙、云防火墙和 VPC，并且设置了访问控制规则。

（2）在云平台内部采用 VPC 进行隔离，在 VPC 之间通过云防火墙实现了东西向流量的隔离。

11.4.2　入侵防范

入侵防范技术可以保障网络环境的安全。入侵检测技术是一种积极主动的安全防护技术，能够及时发现各种攻击企图、攻击行为或攻击后果，保证网络系统资源的机密性、完整性和可用性。入侵检测技术应用于云计算环境，能够为云计算的安全性和可靠性提供强大的保护。

1）L3-ABS2-03

【安全要求】

应能检测到云服务客户发起的网络攻击行为，并能记录攻击类型、攻击时间、攻击流量等。

【要求解读】

云平台应能够对云服务客户发起的访问进行入口流量镜像分析，对东西向、南北向的攻击行为进行深入分析，并结合相关云安全产品对异常流量进行处理，记录攻击类型、攻击时间、攻击流量等。

【测评方法】

（1）访谈云服务商，了解云平台是否已采取入侵防范措施（例如部署抗 APT 攻击系统、网络回溯系统、网络入侵保护系统等入侵防范设备或相关组件），是否能够对云服务客户发起的网络攻击行为进行检测和报警。

（2）核查相关入侵检测产品规则库的更新是否及时，对异常流量和未知威胁的监控策略、报警策略是否有效。

（3）核查相关入侵检测产品的技术白皮书及销售许可证。

【预期结果或主要证据】

（1）云平台部署了流量安全监控设备，能通过对云入口镜像流量包的深度解析实时检测各种攻击和异常行为。

（2）在虚拟机层面，部署了防恶意代码软件（例如阿里云安骑士）进行基线核查，已对恶意文件进行扫描、对恶意进程进行查杀，提供了入侵检测功能，规则库定期更新。

（3）部署了主机入侵检测系统，能实时检测云环境中的所有物理服务器主机，并能及时发现文件篡改、进程异常、网络连接异常、可疑端口监听等情况，规则库定期更新。

（4）部署了态势感知系统，能从攻击者的角度有效地捕捉高级攻击者使用的 0day 漏洞及新型病毒攻击事件，展示正在发生的攻击行为，实现了业务安全的可视化和可感知，解决了因网络攻击导致的数据泄露问题，并能通过溯源服务追踪攻击者的身份。

2）L3-ABS2-04

【安全要求】

应能检测到对虚拟网络节点的网络攻击行为，并能记录攻击类型、攻击时间、攻击流量等。

【要求解读】

应在云计算服务的关键节点（例如虚拟网络节点的出入口）实施安全防护，部署应用层防火墙、入侵检测和防御设备、流量清洗设备（提升对网络攻击的防范能力），对虚拟网络节点的网络攻击行为进行检测，并记录攻击类型、攻击时间、攻击流量等。

【测评方法】

（1）核查是否部署了网络攻击行为检测设备，或者相关组件是否能对虚拟网络节点的网络攻击行为进行防范，是否能记录了攻击类型、攻击时间、攻击流量等。

（2）核查网络攻击行为检测设备或相关组件的规则库是否为最新版本。

（3）测试验证网络攻击行为检测设备或相关组件对异常流量和未知威胁的监控策略是否有效。

【预期结果或主要证据】

（1）能够通过部署的流量安全监控设备对云入口镜像流量包进行深度解析，实时检测各种攻击和异常行为。

（2）部署了入侵检测设备并有相关攻击行为的原始日志，当检测到攻击行为时能在本地生成告警日志并将其保存至日志服务（Log Service）。

3）L3-ABS2-05

【安全要求】

应能检测到虚拟机与宿主机、虚拟机与虚拟机之间的异常流量。

【要求解读】

为避免异常流量影响虚拟机与宿主机的正常运行及虚拟机与宿主机、虚拟机与虚拟机之间的通信，应部署流量监测设备、入侵防护系统等，对虚拟机与宿主机、虚拟机与虚拟机之间的流量进行实时监测。

【测评方法】

（1）了解云计算平台是否具备虚拟机与宿主机、虚拟机与虚拟机之间的异常流量监测功能。

（2）查看异常流量的监测策略，测试验证对异常流量的监测策略是否有效。

【预期结果或主要证据】

虚拟机与虚拟机之间通过云防火墙、虚拟机与宿主机之间通过流量安全监控系统对流量进行监测，在发现异常流量时能进行告警，并将告警日志同步到日志管理平台进行统一分析。

4）L3-ABS2-06

【安全要求】

应在检测到网络攻击行为、异常流量情况时进行告警。

【要求解读】

应部署流量监测设备、入侵防护系统等对网络流量进行分析、检测，在检测到网络攻击行为、异常流量时提供告警机制，及时告知相关人员，避免网络攻击行为、异常流量影响系统的正常运行。

【测评方法】

（1）核查网络入侵检测设备有哪些。

（2）核查在检测到网络攻击行为、异常流量时是否能进行告警，查看相关告警记录。

（3）测试验证异常流量监测策略是否有效。

【预期结果或主要证据】

（1）流量安全监控系统具备相关告警功能，包括本地日志告警、短信告警、邮件告警等。

（2）主机入侵检测系统能实时检测云环境中的所有物理服务器主机，及时发现文件篡改、异常进程、异常网络连接、可疑端口监听等行为。

（3）云防火墙通过流量的可视化来甄别端口滥用情况、协助甄别流量是否安全，在检测到异常情况时可以进行短信或邮件告警。

11.4.3　安全审计

在云计算环境下建立完善的日志系统和审计系统，可以实现对资源分配、角色授权、角色登录后的操作行为的审计，提高系统对安全事故的审查和恢复能力。

1）L3-ABS2-07

【安全要求】

应对云服务商和云服务客户在远程管理时执行的特权命令进行审计，至少包括虚拟机删除、虚拟机重启。

【要求解读】

特权命令的操作可能超越系统、实体、网络、虚拟机和应用的控制。因此，针对特权命令，应对其执行进行严格控制，对其使用加以限制并严格控制，对其操作进行审计，防止出现滥用特权命令的情况。

【测评方法】

（1）了解是否已对特权命令的执行权限进行授权，是否已部署审计工具对云服务商和云服务客户执行特权命令的行为进行审计。

（2）核查审计记录是否有效，以及审计记录内容是否包括虚拟机删除、虚拟机重启。

（3）测试验证删除或重启测试虚拟机的行为是否能够被审计。

【预期结果或主要证据】

能够提供完整的审计回放和权限控制服务，能够对操作过程进行实时监控，支持以切断操作会话的方式阻断违规操作等异常行为。

2）L3-ABS2-08

【安全要求】

应保证云服务商对云服务客户系统和数据的操作可被云服务客户审计。

【要求解读】

云服务商应在云服务客户授权后才能访问云服务客户的系统和数据。为避免云服务商的恶意访问，规避和及时发现违规操作，云服务客户应对云服务商的操作行为进行审计。

【测评方法】

（1）访谈云服务商，了解其是否能访问云服务客户的系统和数据。

（2）了解是否采取了相关的审计机制，以及是否能够记录云服务商对云服务客户的系统和数据的操作，并核查审计记录的有效性。

【预期结果或主要证据】

如果云服务商要对云服务客户的系统进行操作，就需要提交工单并使用云服务客户提供的账户，且相关操作行为能够通过云服务客户的管理平台进行审计。

11.5　安全计算环境

安全计算环境针对云平台提出了安全控制扩展要求，主要对象为云平台内部的所有对象，包括网络设备、安全设备、服务器设备（物理机、虚拟机）、虚拟机镜像、虚拟机监视器、应用系统、数据对象和其他设备等，涉及的安全控制点包括身份鉴别、访问控制、入侵防范、镜像和快照保护、数据完整性和保密性、数据备份恢复、剩余信息保护。

11.5.1　身份鉴别

云服务商根据访问者的身份信息为其赋予相应的权限，从而允许其访问相应的功能，保护资源不被非法利用。因此，身份鉴别是云计算环境的首要安全机制，也是用户进行操作、云服务商提供服务的基本前提。

L3-CES2-01

【安全要求】

当远程管理云计算平台中设备时，管理终端和云计算平台之间应建立双向身份验证机制。

【要求解读】

认证是验证或确定用户提供的访问凭证是否有效的过程，是网络安全的第一道防线。在远程管理云计算平台的设备时，双向认证有助于保证双向安全，有效防止重放攻击和拒绝服务攻击。双向认证能够保证终端不会被伪装的服务器攻击、云计算平台不会被非法入侵，提高了云计算平台和终端设备连接的安全性。

【测评方法】

（1）访谈系统管理员，了解在远程管理云计算平台的设备时管理终端和云计算平台之间采用的身份验证机制是怎样的。

（2）核查并验证双向身份验证机制是否有效。

【预期结果或主要证据】

（1）认证方式为双向身份验证机制。

（2）统一身份认证中心对接入网络的所有用户进行身份认证。

11.5.2　访问控制

安全计算环境中的访问控制是一种基于预定模型和策略对资源访问过程进行实时控制的技术。访问控制为经过身份认证的合法用户提供其需要的、经过授权的服务，并拒绝用户的越权服务请求。访问控制除了负责对资源进行访问控制，还负责对访问控制策略的执行过程进行追踪审计。

1）L3-CES2-02

【安全要求】

应保证当虚拟机迁移时，访问控制策略随其迁移。

【要求解读】

虚拟机迁移包括不同云平台之间的迁移，以及将云平台中的服务器、应用和数据迁移至本地。对于虚拟机迁移，若缺乏安全保障措施，则监听者不仅可能通过监听源服务器与目标服务器之间的网络获得迁移过程中的全部数据，还可能修改传输的数据、植入恶意代码，从而控制虚拟机。因此，为保证虚拟机迁移安全，可以进行加密传输，或者通过链路加密模式同时迁移访问控制策略，以防止未授权的访问。

【测评方法】

（1）访谈系统管理员，了解是否对虚拟机进行了迁移，以及采取的迁移方式是什么。

（2）核查在虚拟机迁移过程中是否已将控制策略随迁，查看迁移记录。

【预期结果或主要证据】

能够提供虚机迁移前后安全组策略的对比截图。

2）L3-CES2-03

【安全要求】

应允许云服务客户设置不同虚拟机之间的访问控制策略。

【要求解读】

云平台在同一时间段内会承载多个或大量租户。若租户的虚拟机之间没有有效的访问控制策略，就可能导致虚拟机之间的非法访问、租户数据泄露等。在多租户环境下，多个用户共享计算、存储、网络等虚拟资源，若共享模块存在漏洞，租户就可能对其他租户的资源发起攻击，或者对自己的其他资源（例如虚拟机）进行攻击。因此，在云计算环境中，多个租户或同一租户的不同虚拟机应配置有效的访问控制策略。

【测评方法】

（1）访谈系统管理员，了解在不同虚拟机之间是否允许配置访问控制策略。

（2）核查访问控制策略是否真实、有效。

【预期结果或主要证据】

能够提供安全组、云防火墙的访问控制策略。

11.5.3　入侵防范

入侵防范是一种主动的安全防护技术，提供了对内部攻击、外部攻击和误操作的实时保护。安全计算环境层面的入侵防范是指在计算环境受到危害之前对入侵行为进行拦截和响应，对虚拟网络、虚拟机进行实时监测和保护，从而提升安全防护能力。

1）L3-CES2-04

【安全要求】

应能检测虚拟机之间的资源隔离失效，并进行告警。

【要求解读】

虚拟机和宿主机共享资源。若虚拟机之间的资源（CPU、内存和存储空间）隔离失效，云服务商未采取相应的措施检测恶意行为且没有告警措施，就可能导致虚拟机非法占用资源，使其他虚拟机无法正常运行。因此，应对虚拟机之间的资源隔离进行实时监控，并在检测到异常情况时进行告警，从而降低虚拟机出现异常的可能性。

【测评方法】

（1）访谈系统管理员，了解对虚拟机资源采取的隔离措施。

（2）核查是否已对虚拟机资源进行监控，是否能够检测到虚拟机资源隔离失效的状况并进行告警。

【预期结果或主要证据】

能够提供虚拟机资源监控、隔离措施，以及入侵告警方式和记录。

2）L3-CES2-05

【安全要求】

应能检测非授权新建虚拟机或者重新启用虚拟机，并进行告警。

【要求解读】

规范虚拟机的管理操作，可以强化虚拟化环境的安全性。所有的虚拟机新建或重启操作都应由系统管理员进行。若某些用户（例如开发人员、测试人员）需要重启虚拟机，则应通过系统管理员进行操作或授权。为避免和及时发现虚拟机的非授权创建或重启操作，应对所有虚拟机的运行状态进行检测，并提供异常告警机制。

【测评方法】

（1）核查非授权用户是否有权限新建或重启虚拟机（应为否）。

（2）访谈系统管理员，了解是否已采取相关措施对虚拟机新建或重启操作进行监视，并对虚拟机新建或重启行为进行安全审计。

（3）核查安全监视工具是否能对虚拟机新建或重启等操作进行告警。

【预期结果或主要证据】

能够提供新建或重启虚拟机的授权机制，已部署安全监视工具对新建或重启虚拟机等操作进行监视、审计，能够提供违规启停客户虚拟机的数据安全审计记录，能够提供告警方式及相关记录。

3）L3-CES2-06

【安全要求】

应能够检测恶意代码感染及在虚拟机间蔓延的情况，并进行告警。

【要求解读】

感染恶意代码可能导致虚拟机无法正常运行或被非法利用。虚拟机被非法利用后，可能被当成跳板机，若未采取有效的虚拟机隔离措施，则可能导致恶意代码在宿主机或虚拟机之间蔓延，从而破坏整个云环境。因此，应对整个云平台进行恶意代码检测，防止恶意代码入侵，并对恶意代码的感染和蔓延情况进行监测、报警，从而有效降低恶意代码感染的风险和造成的损失。

【测评方法】

（1）核查是否部署了用于对虚拟机进行恶意代码检测、告警的安全产品或服务。

（2）核查是否已采取虚拟机隔离或其他技术手段有效防止病毒蔓延至整个云环境。

（3）核查是否已采取相关安全措施检测恶意代码在虚拟机之间的蔓延情况并进行告警。

【预期结果或主要证据】

部署了能对恶意代码感染及蔓延情况进行检测、记录、分析、告警的安全防护产品。

11.5.4　镜像和快照保护

镜像是云服务器（ECS）实例运行环境的模板，一般包括操作系统和预装软件。快照是指在某一时间点上某个磁盘的数据备份。当用户目标数据源损坏或数据丢失时，镜像可用于迅速恢复所有数据，快照可用于恢复到最近的一个快照上。因此，对镜像和快照的保护，能够保证业务的连续性。

1）L3-CES2-07

【安全要求】

应针对重要业务系统提供加固的操作系统镜像或操作系统安全加固服务。

【要求解读】

应进行操作系统安全加固，关闭非必要的端口、协议和服务，减小系统的攻击面。在云环境中，所有的操作系统均需进行安全加固处理，操作系统仅提供必要的端口、协议和服务以满足业务需求。防恶意代码软件、文件完整性监控机制、日志记录均应作为基本的操作系统加固需求。通过安全加固，可以提升服务器的安全性，防御外来用户和木马病毒对服务器的攻击，保护云平台和云用户的安全。

应基于业内最佳实践，参考国际标准规范，形成操作系统安全加固指南或手册，应用到镜像或操作系统中，并及时对访问权限进行限制。

【测评方法】

（1）核查云服务商是否提供了操作系统安全加固基线或相关安全加固服务。

（2）核查安全加固基线是否合规，是否定期对安全加固基线进行更新。

【预期结果或主要证据】

云服务商能够提供经过加固的操作系统镜像。

2）L3-CES2-08

【安全要求】

应提供虚拟机镜像、快照完整性校验功能，防止虚拟机镜像被恶意篡改。

【要求解读】

虚拟机镜像、快照，无论是在静止状态，还是在运行状态，都有被窃取、篡改或替换的危险，攻击者可能是黑客，也可能是云服务商的员工。若虚拟机镜像、快照的完整性无法得到保证，就可能面临非法篡改、恶意代码植入、安全合规配置非授权更改等问题，使系统在虚拟机部署和运行时遭受攻击。虚拟机镜像、快照的完整性主要通过哈希校验的方式实现，一旦其发生变化，哈希值就会改变。因此，应在使用虚拟机镜像或快照前进行完整性校验，以保证其间未遭受非授权的更改。在对虚拟机进行补丁更新或安全配置更改时，都应进行审计记录并报警。一旦得到虚拟机镜像、快照的完整性验证结果，应立即通过短信、电子邮件等方式告知用户。

【测评方法】

（1）核查是否已对通过快照功能生成的镜像或快照文件进行完整性校验，是否有严格的校验记录机制来防止虚拟机镜像或快照被恶意篡改。

（2）测试验证是否能够对镜像、快照进行完整性验证。

【预期结果或主要证据】

已提供 ECS、虚拟机镜像和快照的完整性校验机制，并有相关的记录和结果。

3）L3-CES2-09

【安全要求】

应采取密码技术或其他技术手段防止虚拟机镜像、快照中可能存在的敏感资源被非法访问。

【要求解读】

数据加密技术是最基本的安全技术，被誉为信息安全的核心。如果采用密码技术将信息转换为密文，那么在存储或传输过程中，即使密文被非授权人员获得，也可以保证信息不为非授权人员所知。采用密码技术对虚拟机镜像、快照进行加密，可有效保证镜像、快照中的敏感数据的安全性。此外，通过访问控制的方式限制用户对虚拟机镜像、快照的非法访问，也可以保证其安全性。

【测评方法】

（1）核查是否已对虚拟机镜像、快照进行加密及采用何种加密技术。

（2）核查是否已采用访问控制或其他措施对虚拟机镜像、快照进行保护。

【预期结果或主要证据】

（1）已采用加密技术对虚拟机镜像、快照进行加密。

（2）已通过访问控制的方式限制虚拟机镜像、快照被非法访问。

11.5.5　数据完整性和保密性

数据完整性要求数据不会受到各种原因造成的破坏；数据保密性要求数据不会被泄露给未授权的用户。在云计算环境中，用户的大量数据都集中在云中，存储设备是共享的。因此，保证数据安全的基本目标就是确保数据的安全属性，即完整性、保密性和可用性。

1）L3-CES2-10

【安全要求】

应确保云服务客户数据、用户个人信息等存储于中国境内，如需出境应遵循国家相关规定。

【要求解读】

《网络安全法》第三十七条规定，基础设施运营者在中国境内运营中收集和产生的个人信息和重要数据应当在境内存储。为满足《网络安全法》的要求，云服务商提供的存储机制应保证云服务客户数据、用户个人信息等存储于中国境内；若需出境，则应当符合国家的相关规定。

【测评方法】

（1）查阅相关文档，了解云服务客户数据的存储方式，核查用于存储客户业务数据、用户个人信息等的服务器节点及与其存储相关的设备是否部署在中国境内的机房中。

（2）核查客户业务数据、用户个人信息等是否存在出境的情况，是否依据国家相关规定制定了数据出境的规定。

【预期结果或主要证据】

（1）机房部署及数据存储位置均位于中国境内。

（2）制定了云上数据出境的相关规定且内容符合国家相关要求。

2）L3-CES2-11

【安全要求】

应确保只有在云服务客户授权下，云服务商或第三方才具有云服务客户数据的管理权限。

【要求解读】

为避免云服务客户数据被非法访问，应对数据的管理权限进行控制，仅允许云服务客户管理员访问。若其他用户（云服务商或第三方用户）需要对数据进行管理，则必须由云服务客户进行授权。

【测评方法】

（1）核查云服务客户的数据访问授权机制，例如授权流程、授权方式及授权内容。

（2）核查云计算平台是否具有云服务客户数据的管理权限，以及是否具有相关的授权证明。

【预期结果或主要证据】

云服务客户根据根账户创建子账号供云服务商或第三方使用。云服务客户可以对子账号进行授权和收回。

3）L3-CES2-12

【安全要求】

应使用校验码或密码技术确保虚拟机迁移过程中重要数据的完整性，并在检测到完整性受到破坏时采取必要的恢复措施。

【要求解读】

为确保虚拟机迁移后业务能够正常切换和迅速运行，必须确保数据在迁移过程中的完整性。因此，云服务商应为迁移过程中的数据提供完整性校验措施或手段，并在发现数据完整性遭到破坏时提供恢复措施，以保证迁移后虚拟机的正常运行。

【测评方法】

（1）核查在虚拟机迁移过程中是否使用了校验码或密码技术。

（2）测试验证所使用的校验码或密码技术是否能够保证数据在迁移过程中的完整性。

（3）核查是否能在数据完整性受到破坏时提供相应的恢复手段以保证业务正常运行。

【预期结果或主要证据】

云服务商提供的虚拟机迁移技术，能保证在迁移过程中数据通过密码机加密传输，实现源机与目标机的数据同步及业务的正常切换。

4）L3-CES2-13

【安全要求】

应支持云服务客户部署密钥管理解决方案，保证云服务客户自行实现数据的加解密过程。

【要求解读】

在云计算环境中，云服务商和用户对密钥管理系统有不同的所有权和控制权。在云服务中，数据的所有权属于云服务客户，而数据保存在由云服务商控制的存储资源内。为保证云用户数据的机密性，云服务客户可自行部署或采用云服务商提供的密钥管理解决方案实现数据加解密。云服务商应支持云服务客户部署密钥管理解决方案，保证云服务客户能够自行实现数据的加解密过程。

【测评方法】

（1）核查云服务客户是否已部署密钥管理解决方案。

（2）核查云服务商为云服务客户提供的密钥管理解决方案。

（3）查阅密钥管理解决方案的相关文档，核查部署的密钥管理解决方案是否能够保证云服务客户自行实现数据的加解密过程。

【预期结果或主要证据】

云服务商或云服务客户部署了经国家密码管理局检测认证的硬件加密机，云服务客户能够借助此服务实现对加密密钥的完全控制及数据加解密操作。

11.5.6 数据备份恢复

数据丢失会对客户业务造成重大影响。在云服务中，用户数据存储在云中，会增加用户对这一安全问题的忧虑。数据的丢失，后果可能是灾难性的，甚至会引发社会工程学问题。因此，在云计算环境中，数据备份恢复尤为重要。数据能否快速恢复关系到企业业务能否正常运行。为避免数据无法及时恢复给企业带来的损失，不仅需要定期备份数据，还需要定期进行数据恢复演练。

1）L3-CES2-14

【安全要求】

云服务客户应在本地保存其业务数据的备份。

【要求解读】

在云服务中，大部分用户数据存储在云中，存在一定的安全风险。因此，云用户（租户）应将业务数据备份保存在本地，以防止数据意外丢失。

【测评方法】

（1）核查云服务商是否支持云服务客户将数据备份保存在本地。

（2）核查云服务客户是否已在本地保存业务数据备份。

【预期结果或主要证据】

（1）云服务商能够提供支持云服务客户将数据备份保存在本地的开放 API 的说明。

（2）云服务商支持云服务客户在本地保存业务数据备份和进行转存，并有数据备份的相关记录。

2）L3-CES2-15

【安全要求】

应提供查询云服务客户数据及备份存储位置的能力。

【要求解读】

在云环境中，大量用户数据存储在不同的物理位置，供应用程序及操作系统使用。在公有云、私有云、混合云中，数据都有可能发生移动，其存储地点可能位于同一数据中心的不同服务器或不同的数据中心。因此，云服务商应为云服务客户提供数据及备份存储位置查询服务。

【测评方法】

（1）核查云服务商是否提供了查询数据及备份存储位置的接口。

（2）测试验证是否能够查询用户数据备份的储存位置。

【预期结果或主要证据】

（1）能够提供 ECS 查询实例所在物理机房的截图。

（2）能够提供 RDS（关系型数据库服务）查询实例所在宿主机的机房位置的截图。

（3）能够提供 OSS（运营支撑系统）查询 Buket 所在服务器和资产系统查询此服务器所在机房地址的说明。

3）L3-CES2-16

【安全要求】

云服务商的云存储服务应保证云服务客户数据存在若干个可用的副本，各副本之间的内容应保持一致。

【要求解读】

云服务商为云服务客户提供云存储服务模式对用户数据进行备份，并将多个副本存储在不同的服务节点。为了降低成本，云服务商可能会减少数据备份量。网络攻击则可能使多个副本出现数据不一致的问题。为了确保备份数据的可用性、正确性和一致性，应定期核查数据是否由多个副本存储，并对多个副本数据的完整性进行检测，确保各副本数据的完整性和一致性。

【测评方法】

（1）核查云服务商为云服务客户提供的云存储模式是否由多个副本存储，以及各副本是否均可用。

（2）核查是否对多个副本进行了一致性比对，以及是否有比对记录。

【预期结果或主要证据】

有云服务商提供的数据存储说明，以及副本一致性比对机制及比对记录和结果。

4）L3-CES2-17

【安全要求】

应为云服务客户将业务系统及数据迁移到其他云计算平台和本地系统提供技术手段，并协助完成迁移过程。

【要求解读】

云服务商应为云服务客户提供迁移服务，以保证云服务客户的业务系统和有关数据能够迁移到新的服务器上正常运行。云服务商应为云服务客户提供迁移全程协助，保证迁移活动顺利完成，确保数据在迁移过程中的完整性。

【测评方法】

（1）核查云服务商是否支持云服务客户业务系统及数据的迁移，以及云服务商是否为云服务客户完成迁移提供了帮助。

（2）核查云服务商提供的迁移措施和手段。

【预期结果或主要证据】

有关于迁移服务的说明及对云服务商所提供的协助的说明。

11.5.7　剩余信息保护

剩余信息是指云计算资源的残余信息，其保护是指确保任何资源的任何残余信息内容在资源分配或释放时对所有的客体都是不可再利用的。应及时对剩余信息进行清除，以防止对剩余信息的未授权使用与访问。

1）L3-CES2-18

【安全要求】

应保证虚拟机所使用的内存和存储空间回收时得到完全清除。

【要求解读】

当用户退出云服务时，用户释放内存和存储空间后，云服务商需要彻底删除用户的数据，避免发生数据残留。数据残留是指存储介质中的数据被删除后并未被彻底清除，在存储介质中留下了数据存储痕迹。残留的数据信息可能被攻击者非法获取，造成严重的损失。一般来说，在销毁数据时可以采用覆盖、消磁、物理破坏等方法。云服务商应保证用户虚拟机释放的内存和存储空间中的数据被完全删除并采用完全清除机制。

【测评方法】

（1）核查在迁移或删除虚拟机后回收内存和存储空间时采用的删除机制是否能够完全清除数据。

（2）核查内存清零机制、数据删除机制，检测其是否能够实现数据的完全清除。

【预期结果或主要证据】

云租户之间的内存和持久化存储空间相对独立，当云租户释放资源时能够被释放和清除（内部系统鉴别信息被完全清除），当物理硬盘报废时使用随机数据多次写入的方法进行数据写入和清除。曾经存储用户数据的内存和磁盘一旦被释放和回收，其上的残留信息将被自动填零覆盖，释放的存储空间由分布式文件系统回收，禁止任何用户访问，并在再次使用前进行内容擦除，从而最大限度保证用户数据的安全性。

2）L3-CES2-19

【安全要求】

云服务客户删除业务应用数据时，云计算平台应将云存储中所有副本删除。

【要求解读】

为防止业务数据意外丢失，云服务客户的业务数据在云上一般采用多副本的方式存储。当云服务客户删除业务数据时，应采取数据清除机制将云存储中的所有副本删除。

【测评方法】

核查云服务客户在删除业务数据时采用的删除机制是否能够将云存储中的所有副本删除。

【预期结果或主要证据】

删除机制能够保证云服务客户的业务数据被删除时云存储中的所有副本都被删除。

11.6　安全管理中心

安全管理中心针对云计算环境提出了安全管理方面的技术控制扩展要求，通过技术手段实现云平台集中管理，涉及的安全控制点包括集中管控。

集中管控

在企业网络安全建设过程中，为了建设相对全面的防御体系，势必涉及不同类型、不同厂商的安全设备的部署。为了解决不同厂商的安全设备在配置方法上的差异问题，实现多类型安全设备的统一日志管理和事件关联分析，云安全集中管控平台应从资源管理、配置、监控、分析、响应及部署全周期的云安全管理功能的角度，为用户提供资源平台化、数据集中化的统一云安全管理机制。

1）L3-SMC2-01

【安全要求】

应能对物理资源和虚拟资源按照策略做统一管理调度与分配。

【要求解读】

云计算通过对物理资源的整合与再分配，提高了资源利用率，使一台物理机的资源能被多个虚拟机共享。对物理资源、虚拟资源的统一分配与调度，能够提高资源利用率。

【测评方法】

（1）核查是否部署了资源调度平台或其他平台，对物理资源、虚拟资源进行统一分配与调度。

（2）核查资源管理平台是否能够实现对物理资源、虚拟资源的统一分配与调度。

【预期结果或主要证据】

部署了资源调度平台，能按照策略对物理资源和虚拟资源进行统一分配与调度。

2）L3-SMC2-02

【安全要求】

应保证云计算平台管理流量与云服务客户业务流量分离。

【要求解读】

应通过带外管理或策略配置的方式将网管流量和业务流量分开。应为网管流量建立专属通道。在这个通道中，只传输管理流量，管理流量与业务流量分离，从而提高网管效率与可靠性，提升管理流量的安全性。

【测评方法】

（1）核查网络架构和配置策略，了解是否对云平台管理流量采取了带外管理或策略配置等方式。

（2）核查并测试云平台管理流量与云服务客户业务流量是否已经分离。

【预期结果或主要证据】

（1）云平台管理流量采取带外管理的方式，云服务客户业务流量由上层网络承载。云平台管理流量网络使用经典网络架构，与业务网络默认隔离。

（2）云平台管理流量与云服务客户业务流量完全分离。

3）L3-SMC2-03

【安全要求】

应根据云服务商和云服务客户的职责划分，收集各自控制部分的审计数据并实现各自的集中审计。

【要求解读】

在云运维方面，为缓解云服务商和云服务客户之间的不信任问题，应对云服务商和云服务客户进行明确的职责划分，使其各自收集审计数据，并对审计数据进行集中审计，从而实现云平台的全面信息审计，满足云计算环境下合规性、业务连续性、数据安全性等方面的审计要求，有效控制审计数据在云中面临的风险。

【测评方法】

（1）核查云服务商和云服务客户之间是否进行了职责划分。

（2）核查云平台是否支持云服务商和云服务客户各自收集审计数据。

（3）核查云服务商和云服务客户是否部署了集中审计平台以支持各自收集审计数据并进行集中审计。

【预期结果或主要证据】

（1）云平台运维侧部署了与租户侧不同的审计产品，负责采集云平台运维侧的日志并完成审计。

（2）云平台租户侧部署了租户的审计产品，负责采集租户侧的审计日志并完成审计。

4）L3-SMC2-04

【安全要求】

应根据云服务商和云服务客户的职责划分，实现各自控制部分，包括虚拟化网络、虚拟机、虚拟化安全设备等的运行状况的集中监测。

【要求解读】

为方便云服务商和云服务客户及时掌控系统运行情况，应明确划分云服务商和云服务客户的职责，使其对各自控制的虚拟资源（虚拟化网络、虚拟机、虚拟化安全设备等）的运行状况进行集中监测。

【测评方法】

（1）核查云服务商和云服务客户之间是否进行了职责划分。

（2）核查云平台是否支持云服务商和云服务客户集中监测各自控制的虚拟资源（虚拟化网络、虚拟机、虚拟化安全设备等）的运行状况。

【预期结果或主要证据】

（1）根据云服务商和云服务客户的职责划分，实现了其各自控制的设备的运行状况的集中监测。

（2）云监控中心提供资源实时监控、告警和通知服务，可监控云服务器、负载均衡、云数据库和对象存储的相关指标。云管平台能够对虚拟资源的运行状况进行集中监测。

11.7　安全建设管理

安全建设管理对云计算环境安全建设过程提出了安全控制扩展要求，涉及的安全控制点包括云服务商选择和供应链管理。

11.7.1　云服务商选择

1）L3-CMS2-01

【安全要求】

应选择安全合规的云服务商，其所提供的云计算平台应为其所承载的业务应用系统提供相应等级的安全保护能力。

【要求解读】

为确保云服务商提供的服务符合安全性需求，云服务客户应选择安全合规的云服务商，且云服务商提供的安全保护能力应具有相应的或高于业务应用系统需求的等级。

【测评方法】

（1）访谈系统建设负责人，确认云服务商所提供的云计算平台的安全保护等级，并核查云计算平台的安全保护等级证明。

（2）访谈系统管理员，了解业务应用系统的安全保护等级。

（3）核查云服务商所提供的云计算平台的安全防护能力是否能够满足业务应用系统的需求。

【预期结果或主要证据】

（1）有云服务商提供的云计算平台安全保护等级说明。

（2）云计算平台具有相应的或高于业务应用系统需求的安全防护能力。

2）L3-CMS2-02

【安全要求】

应在服务水平协议中规定云服务的各项服务内容和具体技术指标。

【要求解读】

云服务商与云服务客户应签订服务水平协议（SLA），协议内容可能因云服务客户、业务类型、服务形式等的不同而不同。协议内容应尽可能包含信息安全管理需求，明确云服务商所提供的云服务的内容及云服务商需要提供的技术指标。

【测评方法】

（1）核查是否与云服务商签订了服务水平协议或服务合同。

（2）核查服务水平协议或服务合同的内容是否对云服务商所提供的云服务的内容及云服务商需要提供的技术指标进行了规定。

【预期结果或主要证据】

（1）云服务商与云服务客户签订了服务水平协议。

（2）服务水平协议的内容包括云服务商所提供的云服务的内容及云服务商需要提供的技术指标。

3）L3-CMS2-03

【安全要求】

应在服务水平协议中规定云服务商的权限与责任，包括管理范围、职责划分、访问授权、隐私保护、行为准则、违约责任等。

【要求解读】

在云服务商与云服务客户签订的服务水平协议中，应对云服务商的权限和责任进行规定，并对云服务商的管理范围、职责划分、访问授权、隐私保护、行为准则、违约责任等进行规定。

【测评方法】

核查云服务商与云服务客户签订的服务水平协议是否对云服务商的权限和责任进行

了规定，协议内容是否包括云服务商的管理范围、职责划分、访问授权、隐私保护、行为准则、违约责任等。

【预期结果或主要证据】

（1）云服务商与云服务客户签订了服务水平协议。

（2）服务水平协议规定了云服务商的权限与责任，包括管理范围、职责划分、访问授权、隐私保护、行为准则、违约责任等。

4）L3-CMS2-04

【安全要求】

应在服务水平协议中规定服务合约到期时，完整提供云服务客户数据，并承诺相关数据在云计算平台上清除。

【要求解读】

云服务商与云服务客户签订的服务水平协议应包括业务关系到期和受其影响的用户数据的处理方案。应制定相关规定，确保云服务客户与云服务商的服务合约到期后，云服务商向云服务客户提供完整的数据，并保证将相关数据从云计算平台上完全清除。

【测评方法】

（1）核查云服务商与云服务客户签订的服务水平协议是否规定了业务关系到期和受其影响的用户数据的处理方案，以及是否规定了服务合约到期后云服务商应向云服务客户提供完整的数据。

（2）核查云服务商与云服务客户签订的服务水平协议是否规定了服务合约到期后云服务商应清除云计算平台上的数据。

【预期结果或主要证据】

（1）云服务商与云服务客户签订了服务水平协议。

（2）服务水平协议规定了业务关系到期和受其影响的用户数据的处理方案，以及服务合约到期后云服务商向云服务客户提供完整数据和清除数据的方案。

5）L3-CMS2-05

【安全要求】

应与选定的云服务商签署保密协议，要求其不得泄露云服务客户数据。

【要求解读】

云服务客户与云服务商应签署保密协议，协议应规定云服务商不得以任何理由泄露云服务客户的数据。

【测评方法】

（1）访谈云服务客户，了解其是否与云服务商签订了保密协议。

（2）核查保密协议是否规定云服务商不得以任何理由泄露云服务客户的数据。

【预期结果或主要证据】

（1）云服务商与云服务客户签订了保密协议。

（2）保密协议明确规定数据归云服务客户所有，云服务商不得以任何理由泄露云服务客户的数据。

11.7.2　供应链管理

由于云计算环境具有网络复杂性、数据安全传递性、服务动态性等特点，所以，应在云服务供应链安全管理过程中考虑数据安全、网络安全、供应商安全等方面的问题。保障云计算供应链管理的安全，有助于云服务商管理好合作伙伴、为用户提供足够的信心。

1）L3-CMS2-06

【安全要求】

应确保供应商的选择符合国家有关规定。

【要求解读】

在采购和使用安全产品、选择安全服务提供商及选择云服务商时，应确保产品和服务符合国家有关规定。

安全产品的采购和使用应符合国家有关规定，例如《公安部关于加强信息网络安全检测产品销售和使用管理的通知》《含有密码技术的信息产品政府采购规定》等。部分特殊行业，例如金融、电力、能源等，应有对安全产品的采购和使用的相关规定。

云服务商在选择安全服务提供商时，应充分考虑国家法律法规、行业规范等的要求，以保持云计算安全服务的持续性和合规性。例如，《商用密码管理条例》规定，若商用密码产品发生故障，则必须由国家密码管理机构指定的单位维修。

【测评方法】

（1）访谈系统管理员，确认所选择的云服务商。

（2）核查云服务商提供的产品或服务清单。核查所选择的供应商是否满足国家有关规定（例如具有安全产品销售许可证、加密服务资质证明）。

【预期结果或主要证据】

所选择的供应商符合国家有关规定，均具有相关资质（例如，能够提供安全产品销售许可证、加密服务资质证明等）。

2）L3-CMS2-07

【安全要求】

应将供应链安全事件信息或安全威胁信息及时传达到云服务客户。

【要求解读】

云服务商应及时向云服务客户传达供应链上的安全事件信息或安全威胁信息，采取相应的措施控制可能的风险。针对特定的信息安全事件（例如影响服务正常提供的事件或敏感信息泄露等重大问题），应及时向相关方提供信息，以便其采取应对措施。

【测评方法】

（1）核查云服务商是否定期向云服务客户通报安全事件。

（2）核查是否有相关的供应链安全事件报告或威胁报告。

（3）核查供应链安全事件报告或威胁报告，了解事件报告是否及时，以及报告内容是否明确了相关事件信息或威胁信息。

【预期结果或主要证据】

云服务商在第一时间向云服务客户推送安全事件信息。

3）L3-CMS2-08

【安全要求】

应将供应商的重要变更及时传达到云服务客户，并评估变更带来的安全风险，采取措施对风险进行控制。

【要求解读】

云服务商与云服务客户之间应有供应链协议。如果云服务商进行的变更有可能对云服务客户造成影响，则应评估变更带来的安全风险，及时告知云服务客户（或者事前得到云服务客户的授权），以便云服务客户采取措施应对可能的风险。

【测评方法】

（1）核查云服务商与云服务客户之间的供应链协议。核查云服务商进行的变更是否都已及时告知云服务客户或事前得到云服务客户的授权。

（2）核查云服务客户是否对变更的风险进行了安全评估，是否采取了相应的安全措施应对安全风险。

【预期结果或主要证据】

（1）云服务商通过云管平台推送通知和公告，云服务客户能通过自己的控制台查看相关风险和控制变更信息。

（2）云服务商对所有变更进行了变更流程控制，云服务客户可以根据需求查看自己感兴趣的风险信息。

11.8　安全运维管理

安全运维管理对云计算环境安全运维过程提出了安全控制要求，涉及的控制点包括云计算环境管理。

云计算环境管理

L3-MMS2-01

【安全要求】

云计算平台的运维地点应位于中国境内，境外对境内云计算平台实施运维操作应遵循国家相关规定。

【要求解读】

云计算平台的运维地点原则上应位于中国境内。若因业务需要确需由境外对境内云计算平台实施运维操作，则应满足国家相关规定。

【测评方法】

（1）访谈系统管理员，了解云计算平台的运维地点，核查云计算平台的运维地点是否在中国境内。

（2）访谈系统管理员，了解是否存在由境外对境内云计算平台进行运维操作的情况。若存在，则核查是否符合我国相关法律法规及标准等。

【预期结果或主要证据】

（1）有仅允许在中国境内进行云计算平台运维操作、禁止在其他地区进行云计算平台运维操作的规定。

（2）若存在由境外对境内云计算平台进行运维操作的情况，则有相关的运维制度且运维制度符合国家相关规定。

第12章 移动互联安全扩展要求

移动互联安全扩展要求是在等级保护通用要求基础上对采用移动互联技术的等级保护对象提出的扩展要求，重点对移动终端、移动应用和无线网络提出安全保护要求，防止非授权移动终端或设备接入、无线网络攻击、移动应用软件篡改等，从而降低或减少因引入移动互联技术给等级保护对象带来的安全风险，确保采用移动互联技术的等级保护对象正常运行。

采用移动互联技术的等级保护对象的安全防护，涉及安全通用要求和移动互联安全扩展要求。

本章将以三级等级保护对象为例，说明等级测评实施过程中对移动互联安全扩展要求的安全物理环境（无线接入点的物理位置）、安全区域边界（边界防护、访问控制、入侵防范）、安全计算环境（移动终端管控、移动应用管控）、安全建设管理（移动应用软件采购、移动应用软件开发）、安全运维管理（配置管理）等控制环节进行检查和获取证据的方法。

12.1 安全物理环境

无线接入点的物理位置

与传统设备部署在机房不同，无线网络接入设备一般部署在公共区域。因此，为无线网络接入设备选择安全的物理位置尤为重要，是无线网络安全防护的基础。

L3-PES3-01

【安全要求】

应为无线接入设备的安装选择合理位置，避免过度覆盖和电磁干扰。

【要求解读】

若无线接入设备的安装位置选择不当，则易被攻击者利用，特别是通过无线信号过度覆盖的弱点进行无线渗透攻击。因此，应选择合理的位置安装无线接入设备。

【测评方法】

（1）核查无线接入设备的物理位置，确定无线信号的覆盖范围。

（2）测试无线信号的覆盖范围，以及在一定范围内是否可以进行渗透攻击、电磁干扰等（应为否）。

【预期结果或主要证据】

（1）有无线接入设备部署方案。

（2）无线接入设备的物理位置合理。

（3）无线接入信号覆盖范围合理，未出现过度覆盖或电磁干扰。

12.2　安全区域边界

12.2.1　边界防护

为了防止无线网络边界与有线网络边界的混乱，要在无线网络与有线网络之间进行明确的网络安全边界划分。

L3-ABS3-01

【安全要求】

应保证有线网络与无线网络边界之间的访问和数据流通过无线接入网关设备。

【要求解读】

应保证无线网络与有线网络之间的网络边界隔离与安全访问控制。有线网络与无线网络边界之间的访问和数据流都应通过无线接入网关设备，以防止无线安全防护边界缺失。

【测评方法】

核查有线网络与无线网络边界之间是否部署了无线接入网关设备。

【预期结果或主要证据】

（1）网络拓扑结构图（含有线网络、无线网络）上有明确的边界划分。

（2）有线网络与无线网络边界之间部署了无线接入网关设备。

12.2.2　访问控制

为避免无线接入终端随意接入网络，保证无线接入终端可管可控，应通过无线接入设备实现访问控制。

L3-ABS3-02

【安全要求】

无线接入设备应开启接入认证功能，并支持采用认证服务器认证或国家密码管理机构批准的密码模块进行认证。

【要求解读】

为保证无线接入终端的安全接入，可以在无线接入设备上开启认证功能，部署认证服务器对无线接入终端进行认证，也可以采用国家密码管理机构批准的密码模块进行认证。

【测评方法】

核查是否开启了接入认证功能，以及是否采用认证服务器或国家密码管理机构批准的密码模块进行认证。

【预期结果或主要证据】

（1）无线接入设备开启了接入认证功能，无线接入终端接入时需要进行认证。

（2）采用认证服务器或国家密码管理机构批准的密码模块进行认证。

12.2.3　入侵防范

为防止非授权无线设备接入无线网络，需要对无线接入设备进行认证和监测，防止私搭乱建无线网络和非授权接入带来的安全风险。

1）L3-ABS3-03

【安全要求】

应能够检测到非授权无线接入设备和非授权移动终端的接入行为。

【要求解读】

应保证接入无线网络的无线接入设备均为已授权的设备，防止私搭乱建无线网络带来的安全隐患（例如用户自己搭建的非法 Wi-Fi 或恶意攻击者搭建的钓鱼 Wi-Fi 等）。

【测评方法】

（1）核查是否能够检测到非授权无线接入设备和非授权移动终端的接入行为。

（2）测试验证是否能够检测到非授权无线接入设备和非授权移动终端的接入行为。

【预期结果或主要证据】

（1）通过无线入侵检测系统/无线入侵防御系统（WIDS/WIPS）能够检测到非授权无线接入设备和非授权移动终端的接入行为。

（2）有非授权无线接入设备和非授权移动终端接入的检测日志。

2）L3-ABS4-04

【安全要求】

应能够检测到针对无线接入设备的网络扫描、DDoS 攻击、密钥破解、中间人攻击和欺骗攻击等行为。

【要求解读】

为保证无线接入设备的安全性，防止攻击者采用技术手段进行攻击，应能够对无线网络攻击行为进行检测与记录。

【测评方法】

（1）核查是否能够对网络扫描、DDoS 攻击、密钥破解、中间人攻击和欺骗攻击等行为进行检测。

（2）核查 WIDS/WIPS 规则库的更新是否及时。

【预期结果或主要证据】

（1）通过 WIDS/WIPS 能够检测到对无线网络的扫描和攻击行为。

（2）有无线网络攻击行为检测日志。

（3）有 WIDS/WIPS 规则库的版本号。

3）L3-ABS4-05

【安全要求】

应能够检测到无线接入设备的 SSID 广播、WPS 等高风险功能的开启状态。

【要求解读】

为保证无线接入设备的安全性，应检测内部无线网络接入设备的 SSID 广播、WPS 等高风险功能是否已经关闭；若发现未关闭，则应及时关闭相关高风险功能。

【测评方法】

核查是否能够检测到无线接入设备的 SSID 广播、WPS 等高风险功能的开启状态。

【预期结果或主要证据】

（1）通过 WIDS/WIPS 能够检测到无线接入设备的 SSID 广播、WPS 等高风险功能的开启状态。

（2）有无线接入设备的 SSID 广播、WPS 等高风险功能的开启状态的检测日志。

4）L3-ABS4-06

【安全要求】

应禁用无线接入设备和无线接入网关存在风险的功能，如：SSID 广播、WEP 认证等。

【要求解读】

为保证无线接入设备和无线接入网关的安全性，无线接入设备和无线接入网关应禁用存在风险的功能。例如，WEP 存在瑕疵，易被攻击者破解等。

【测评方法】

核查是否关闭了 SSID 广播、WEP 认证等存在风险的功能。

【预期结果或主要证据】

（1）有无线接入设备的 SSID 广播、WEP 认证等存在风险的功能的开启状态的检测日志。

（2）有将无线接入设备的 SSID 广播、WEP 认证等存在风险的功能关闭的配置。

5）L3-ABS4-07

【安全要求】

应禁止多个 AP 使用同一个认证密钥。

【要求解读】

为保证无线 AP 的安全性，应禁止多个 AP 使用同一个认证密钥。如果多个无线 AP 使用同一个认证密钥，那么一旦被破解，所有使用相同密钥的 AP 将面临相同的风险。

【测评方法】

核查多个无线 AP 是否分别使用不同的认证密钥。

【预期结果或主要证据】

（1）有无线 AP 的管理员登录口令配置。

（2）不同的无线 AP 管理员，登录口令不同。

6）L3-ABS4-08

【安全要求】

应能够阻断非授权无线接入设备或非授权移动终端。

【要求解读】

为保证接入无线网络的设备和终端均为授权终端，应定位和阻断非授权无线接入设备或非授权移动终端。若发现非授权无线接入设备或非授权移动终端，则应采用地址冲突等方式进行阻断。

【测评方法】

（1）核查是否能够阻断非授权无线接入设备或非授权移动终端的接入。

（2）测试验证是否能够阻断非授权无线接入设备或非授权移动终端的接入。

【预期结果或主要证据】

（1）通过已设置的策略，能够阻断非授权无线接入设备或非授权移动终端的接入。

（2）配置了能够定位与阻断非授权无线接入设备或非授权移动终端的策略（含黑白名单策略）。

12.3 安全计算环境

12.3.1 移动终端管控

为降低移动终端所面临的安全风险，保证移动终端安全可控，应在移动终端上安装移动终端客户端软件并进行统一的注册与管理。

1）L3-CES3-01

【安全要求】

应保证移动终端安装、注册并运行终端管理客户端软件。

【要求解读】

为保证移动终端的安全性，应按照统一的生命周期管理策略对移动终端进行管理，移动终端应安装、注册并运行终端管理客户端软件。

【测评方法】

核查移动终端是否已安装、注册并运行终端管理客户端软件。

【预期结果或主要证据】

移动终端已安装、注册并运行终端管理客户端软件。

2）L3-CES3-02

【安全要求】

移动终端应接受移动终端管理服务端的设备生命周期管理、设备远程控制，如：远程锁定、远程擦除等。

【要求解读】

为保证移动终端的远程可管可控，降低因设备丢失而造成数据泄漏等安全风险，移动终端应接受移动终端管理服务端的设备生命周期管理、设备远程控制，例如远程锁定、远程擦除。

【测评方法】

（1）核查移动终端管理系统是否设置了对移动终端进行设备远程控制及设备生命周期管理等安全策略。

（2）测试验证是否能够对移动终端进行远程锁定、远程擦除等。

【预期结果或主要证据】

移动终端管理服务端设置了安全策略，能够对移动终端进行远程控制及设备生命周期管理。

12.3.2　移动应用管控

为了加强移动终端应用软件在安装与使用过程中的安全性和可控性，需要采取移动应用软件白名单、验证指定证书签名、远程管控等措施，降低因应用软件安全问题带来的风险。

1）L3-CES3-03

【安全要求】

应具有选择应用软件安装、运行的功能。

【要求解读】

为保证移动终端应用软件安装与运行的可管可控，应对移动终端管理客户端上的应用软件的安装与运行进行管理，例如是否安装应用软件、运行哪些功能等。

【测评方法】

核查是否具有选择应用软件安装、运行的功能。

【预期结果或主要证据】

移动终端管理客户端设置了安全策略，能够对移动终端上的应用软件的安装与运行进行控制。

2）L3-CES3-04

【安全要求】

应只允许指定证书签名的应用软件安装和运行。

【要求解读】

为保证移动终端应用软件安装的可管可控，应使用指定的证书对移动应用软件进行签名，以保证安装文件的完整性，防止移动应用软件被恶意用户篡改。

【测评方法】

核查移动应用软件是否使用指定的证书进行签名。

【预期结果或主要证据】

移动应用软件使用指定的证书进行签名。

3）L3-CES3-05

【安全要求】

应具有软件白名单功能，应能根据白名单控制应用软件安装、运行。

【要求解读】

为了保证移动终端应用软件安装的可管可控，应在移动终端管理系统中添加白名单功能，控制移动终端应用软件的安装范围，仅允许安装、运行白名单内的移动应用软件。例如，设置白名单，仅允许安装企业自行建设的移动应用商店内的移动应用软件。

【测评方法】

（1）核查是否具有软件白名单功能。

（2）测试验证白名单功能是否能够控制应用软件的安装、运行。

【预期结果或主要证据】

移动终端管理服务端设置了白名单，能够对移动应用软件的安装进行控制。

12.4　安全建设管理

12.4.1　移动应用软件采购

为降低移动应用软件采购、下载及使用中的安全风险，应对移动应用软件的来源和开发者进行检查。

1）L3-CMS3-01

【安全要求】

应保证移动终端安装、运行的应用软件来自可靠分发渠道或使用可靠证书签名。

【要求解读】

移动终端安装、运行的应用软件应采用证书签名来保证完整性，或者使用可靠的移动应用软件分发渠道，降低安装移动应用软件带来的风险。

【测评方法】

核查移动应用软件是否来自可靠的分发渠道或使用可靠的证书签名。

【预期结果或主要证据】

移动应用软件是从官方网站或内部应用商店等可靠渠道下载的。

2）L3-CMS3-02

【安全要求】

应保证移动终端安装、运行的应用软件由指定的开发者开发。

【要求解读】

为保证移动终端上安装的移动应用软件的安全性，应安装由指定的开发者开发的移动应用软件。例如，移动终端安装、运行的移动终端管理软件应明确开发单位、开发者等。

【测评方法】

核查已安装的移动应用软件是否是由指定的开发者开发的。

【预期结果或主要证据】

（1）已安装的移动应用软件是由指定的开发者开发的。

（2）有移动应用软件开发单位、开发者的相关信息。

12.4.2　移动应用软件开发

为降低移动应用软件开发带来的安全风险，应对开发者的资格及证书签名的合法性等进行检查。

1）L3-CMS3-03

【安全要求】

应对移动业务应用软件开发者进行资格审查。

【要求解读】

为保证移动业务应用软件的安全性，应对开发者进行资格审查，包括工作经历、技术能力、资格证书、项目实施情况等。

【测评方法】

访谈系统建设负责人，了解是否对开发者进行了资格审查。

【预期结果或主要证据】

（1）移动应用开发者的资格符合要求。

（2）有移动应用开发者的资格审查记录或相关资质材料。

2）L3-CMS3-04

【安全要求】

应保证开发移动业务应用软件的签名证书合法性。

【要求解读】

开发移动业务应用软件的签名证书应具有合法性。

【测评方法】

核查开发移动业务应用软件的签名证书是否具有合法性。

【预期结果或主要证据】

开发移动业务应用软件的签名证书具有合法性。

12.5　安全运维管理

配置管理

为防止非授权无线设备的接入，加强无线设备安全运维管理，需要建立无线设备配置库来识别非授权设备。

L3-MMS3-01

【安全要求】

应建立合法无线接入设备和合法移动终端配置库，用于对非法无线接入设备和非法移动终端的识别。

【要求解读】

为保证无线接入设备和移动终端的安全接入，应对无线接入设备和移动终端的情况进行登记和记录，形成合法的设备配置库，在设备接入无线网络时进行比对。如果设备不在配置库内，就认为其为非法设备，不允许接入。

【测评方法】

核查是否建立了合法无线接入设备和合法移动终端配置库，是否能够通过配置库识别非法设备。

【预期结果或主要证据】

已建立合法无线接入设备和合法移动终端配置库，并可以对设备进行比对和识别。

第13章 物联网安全扩展要求

物联网是指将感知节点设备通过互联网等网络连接起来构成的系统。物联网通常可以从架构上分为三个逻辑层，即感知层、网络传输层和处理应用层，其中：感知层既包括感知节点设备和网关节点设备，也包括这些感知节点设备和网关节点设备之间的短距离通信（通常为无线）部分；网络传输层包括将感知数据远距离传输到处理中心的网络（互联网、移动网等），以及不同网络融合的部分；处理应用层包括对感知数据进行存储与智能处理并为业务应用终端提供服务的平台。

物联网安全扩展要求对物联网感知层提出了要求，主要对象为感知节点设备和网关节点设备，其中：感知节点设备是指对物体或环境进行信息采集和/或执行操作并能联网进行通信的装置，也称为感知终端；网关节点设备是指将感知节点所采集的数据进行汇总、适当处理或数据融合并进行转发的装置，也称为物联网网关。

对物联网进行安全防护，需要使用安全通用要求和物联网安全扩展要求。

本章将以三级等级保护对象为例，介绍等级测评实施过程中对物联网安全扩展要求的安全物理环境（感知节点设备物理防护）、安全区域边界（接入控制、入侵防范）、安全计算环境（感知节点设备安全、网关节点设备安全、抗数据重放、数据融合处理）、安全运维管理（感知节点管理）等控制环节进行检查和获取证据的方法。

13.1 安全物理环境

感知节点设备物理防护

感知节点设备物理防护能够从感知节点设备所处的物理环境、电力供应等方面为物联网的安全运行提供物理保障，尽量降低或避免感知节点设备所处物理环境不当或电力供应不足等对物联网造成的影响。

1）L3-PES4-01

【安全要求】

感知节点设备所处的物理环境应不对感知节点设备造成物理破坏，如挤压、强振动。

【要求解读】

许多感知节点资源受限，成本低廉，可能散布在无人值守的区域。如果物理环境对感知节点设备造成了物理破坏，就会导致感知节点无法正常工作，而且这种情况很难被及时发现。

【测评方法】

（1）核查感知节点设备所处物理环境的设计或验收文档中是否有对感知节点设备所处物理环境的防挤压、防强振动等能力的说明，以及说明内容是否与实际情况一致。

（2）核查感知节点设备所处的物理环境是否采取了防挤压、防强振动的措施。

【预期结果或主要证据】

（1）感知节点设备所处物理环境的设计或验收文档明确了感知节点设备所处物理环境的防物理破坏要求，例如有防挤压、防强振动等方面的说明。

（2）感知节点设备所处的物理环境采取了防物理破坏的措施。例如，在安装室外监控摄像机的外部装置时，需要在建筑物的外墙上打安装孔以便安装支架，在此过程中应避免产生强烈的撞击。

2）L3-PES4-02

【安全要求】

感知节点设备在工作状态所处物理环境应能正确反映环境状态（如温湿度传感器不能安装在阳光直射区域）。

【要求解读】

应避免感知节点设备所处物理环境错误导致采集到错误信息或采集不到信息。

【测评方法】

（1）核查感知节点设备所处物理环境的设计或验收文档中是否有对感知节点设备在工作状态所处的物理环境的说明，以及说明内容是否与实际情况一致。

（2）核查感知节点设备所处的物理环境是否能正确反映环境状态。

【预期结果或主要证据】

（1）感知节点设备所处物理环境的设计或验收文档明确了感知节点设备在工作状态所处的物理环境。

（2）感知节点设备所处的物理环境能正确反映环境状态，例如已避免将温湿度传感器安装在阳光直射区域、不存在监控摄像机的镜头对准强光的情况。

3）L3-PES4-03

【安全要求】

感知节点设备在工作状态所处物理环境应不对感知节点设备的正常工作造成影响，如强干扰、阻挡屏蔽等。

【要求解读】

感知节点设备资源有限，经常采用短距离无线通信方式。如果所处环境存在强干扰、阻挡屏蔽等情况，就容易导致感知节点设备无法传输信息。

【测评方法】

（1）核查感知节点设备所处物理环境的设计或验收文档中是否有对感知节点设备所处物理环境防强干扰、防阻挡屏蔽等能力的说明，以及说明内容是否与实际情况一致。

（2）核查感知节点设备所处的物理环境是否采取了防强干扰、防阻挡屏蔽等措施。

【预期结果或主要证据】

（1）感知节点设备所处物理环境的设计或验收文档中有对感知节点设备所处物理环境防强干扰、防阻挡屏蔽等能力的说明。例如，避免将红外摄像机安装在潮湿、多尘、强电磁辐射场所。

（2）感知节点设备所处的物理环境采取了防强干扰、防阻挡屏蔽等措施。例如，如果室外监控摄像机探头经常因遇上热气而起雾，则安装镜头除雾器；如果监控摄像机探头安装在玻璃后面，则确保镜头靠近玻璃（若镜头与玻璃距离太远，则玻璃容易反射图像，导致监控摄像机无法透过玻璃监控室外情况）。

4）L3-PES4-04

【安全要求】

关键感知节点设备应具有可供长时间工作的电力供应（关键网关节点设备应具有持久稳定的电力供应能力）。

【要求解读】

感知节点设备和网关节点设备往往 24 小时开机，无专人值守。如果关键感知节点设备没有可供长时间工作的电力供应，就会因电力耗尽而无法正常工作。

【测评方法】

（1）核查关键感知节点设备（关键网关节点设备）的电力供应设计或验收文档中是否有明确的电力供应要求，其中是否有明确的保障关键感知节点设备长时间工作（关键网关节点设备持久稳定运行）的电力供应措施。

（2）核查是否有相关电力供应措施的运行维护记录，记录内容是否与电力供应措施设计文档的要求一致。

【预期结果或主要证据】

（1）关键感知节点设备（关键网关节点设备）的电力供应设计或验收文档中有明确的电力供应要求，其中有明确的保障关键感知节点设备长时间工作（关键网关节点设备持久稳定运行）的电力供应措施。例如，监控摄像机交流电压适用范围一般是 200～240V，抗电源电压变化能力较弱，使用时需要配置稳压电源。

（2）相关电力供应措施的运行维护记录的内容与电力供应措施设计文档的要求一致。

13.2　安全区域边界

13.2.1　接入控制

接入控制从感知节点接入网络时开始进行，保证只有授权感知节点可以接入，实现方法通常为使各类感知终端和接入设备在接入网络时具备唯一标识、设置访问控制策略等。

L3-ABS4-01

【安全要求】

应保证只有授权的感知节点可以接入。

【要求解读】

感知节点数量巨大，无专人值守，可能被劫持或被物理破坏。非法感知节点可能会伪装成客户端或应用服务器来发送数据信息、执行操作。因此，需要对感知节点进行标识和鉴别，以保证只有授权的感知节点可以接入。

【测评方法】

（1）核查感知节点接入机制设计文档是否包括对防止非法感知节点设备接入网络的机制及身份鉴别机制的描述。

（2）对边界和感知层网络进行渗透测试，核查是否存在绕过白名单或相关接入控制措施及身份鉴别机制的方法（应为否）。

【预期结果或主要证据】

（1）感知节点接入机制设计文档中有对防止非法感知节点设备接入网络的机制及身份鉴别机制的描述。各类感知终端和接入设备在接入网络时具备唯一标识，并禁用了闲置端口、设置了访问控制策略。例如，在视频专网中部署视频接入安全管理系统，对摄像机及其他前端 IP 设备进行品牌、型号、IP 地址、MAC 地址等的绑定，并进行准入策略管控，只允许通过认证的设备接入。

（2）已对边界和感知层网络进行渗透测试，未发现绕过白名单或相关接入控制措施及身份鉴别机制的方法。

13.2.2　入侵防范

入侵防范通过限制与感知节点和网关节点通信的目标地址，避免对陌生地址的攻击行为。应尽量降低或避免感知节点和网关节点被攻陷后参与 DDoS 攻击或成为攻击跳板的可能性。

1）L3-ABS4-02

【安全要求】

应能够限制与感知节点通信的目标地址，以避免对陌生地址的攻击行为。

【要求解读】

应对感知节点通信的目标地址进行限制，防止其在被攻陷后参与 DDoS 攻击或成为攻击跳板。

【测评方法】

（1）核查感知层安全设计文档中是否有对感知节点通信目标地址的控制措施的说明。

（2）核查感知节点设备是否配置了对感知节点通信目标地址的控制措施，以及相关配置参数是否符合设计要求。

（3）对感知节点设备进行渗透测试，核查是否能够限制感知节点设备对违反访问控制策略的通信目标地址进行的访问或攻击。

【预期结果或主要证据】

（1）感知层安全设计文档中有对感知节点通信目标地址的控制措施的说明。例如，在网络摄像机的汇聚交换机上划分 VLAN。

（2）感知节点设备配置了对感知节点通信目标地址的控制措施，且相关配置参数符合设计要求。例如，已在汇聚交换机上划分 VLAN，已在汇聚交换机的接口上配置相关的 VLAN 数据。

（3）对感知节点设备进行渗透测试，结果为能够限制感知节点设备对违反访问控制策略的通信目标地址进行的访问或攻击。

2）L3-ABS4-03

【安全要求】

应能够限制与网关节点通信的目标地址，以避免对陌生地址的攻击行为。

【要求解读】

应对网关节点通信的目标地址进行限制，以防止其被攻陷后参与 DDoS 攻击或成为攻击跳板。

【测评方法】

（1）核查感知层安全设计文档中是否有对网关节点通信目标地址的控制措施的说明。

（2）核查网关节点设备是否配置了对网关节点通信目标地址的控制措施，以及相关配置参数是否符合设计要求。

（3）对网关节点设备进行渗透测试，核查是否能够限制网关节点设备对违反访问控制策略的通信目标地址进行的访问或攻击。

【预期结果或主要证据】

（1）感知层安全设计文档中有对网关节点通信目标地址的控制措施的说明。例如，通过防火墙或配置交换机 VLAN，对网关节点通信目标地址进行控制。

（2）网关节点设备配置了对网关节点通信目标地址的控制措施，且相关配置参数符合设计要求。例如，相关防火墙或交换机 VLAN 的配置参数符合设计要求。

（3）对网关节点设备进行渗透测试，结果为能够限制网关节点设备对违反访问控制策略的通信目标地址进行的访问或攻击。

13.3　安全计算环境

13.3.1　感知节点设备安全

感知节点设备安全保证只有授权用户可以对感知节点设备上的软件应用进行配置或变更，以及对其连接的网关节点设备（包括读卡器）和其他感知节点设备（包括路由节点）进行身份标识和鉴别。应尽量减少或避免非授权用户对设备上的软件应用进行配置或变更，以防止监测数据泄露或设备被非法关闭。

1）L3-CES4-01

【安全要求】

应保证只有授权的用户可以对感知节点设备上的软件应用进行配置或变更。

【要求解读】

感知节点设备数量巨大，通常在线批量进行软件应用配置或变更。如果没有采取一定的技术手段防止非授权用户对设备上的软件应用进行配置或变更，就容易导致感知节点监测数据泄露或设备被非法关闭。

【测评方法】

（1）核查感知节点设备是否采取了一定的技术手段防止非授权用户对设备上的软件应用进行配置或变更。

（2）尝试接入和控制传感网，访问未授权的资源，测试验证感知节点设备的访问控制措施对非法访问和非法使用感知节点设备资源的行为的控制是否有效。

【预期结果或主要证据】

（1）感知节点设备已采取一定的技术手段防止非授权用户对设备上的软件应用进行配置或变更。例如，为感知节点设备配置了安全性较高的用户名和登录密码。

（2）感知节点设备的访问控制措施对非法访问和非法使用感知节点设备资源的行为的控制是有效的。

2）L3-CES4-02

【安全要求】

应具有对其连接的网关节点设备（包括读卡器）进行身份标识和鉴别的能力。

【要求解读】

很多物联网感知节点是无人值守的，这给了攻击者可乘之机（从无人值守设备中获得用户身份等隐私信息，并通过此设备对通信网络进行攻击）。因此，需要具备对感知节点设备连接的网关节点设备（包括读卡器）进行身份标识和鉴别的能力。

【测评方法】

（1）核查是否已对感知节点设备连接的网关节点设备（包括读卡器）进行身份标识与鉴别，以及是否配置了符合安全策略的参数。

（2）测试验证是否存在能够绕过身份标识与鉴别功能的方法（应为否）。

【预期结果或主要证据】

（1）已对感知节点设备连接的网关节点设备（包括读卡器）进行身份标识与鉴别，配置了符合安全策略的参数。

（2）不存在能够绕过身份标识与鉴别功能的方法。

3）L3-CES4-03

【安全要求】

应具有对其连接的其他感知节点设备（包括路由节点）进行身份标识和鉴别的能力。

【要求解读】

攻击者假冒网络中已有的感知节点或网关节点，可以监听传感网络中传输的信息，向传感网络发布假的路由信息或传送假的数据信息、进行拒绝服务攻击等。因此，需要具备对感知节点设备连接的其他感知节点设备（包括路由节点）进行身份标识和鉴别的能力。

【测评方法】

（1）核查是否已对感知节点设备连接的其他感知节点设备（包括路由节点）进行身份标识与鉴别，以及是否配置了符合安全策略的参数。

（2）测试验证是否存在能够绕过身份标识与鉴别功能的方法（应为否）。

【预期结果或主要证据】

（1）已对感知节点设备连接的其他感知节点设备（包括路由节点）进行身份标识与鉴别，配置了符合安全策略的参数。

（2）不存在能够绕过身份标识与鉴别功能的方法。

13.3.2　网关节点设备安全

网关节点设备安全要求网关节点设备可以设置最大并发连接数，对合法连接设备进行标识和鉴别，过滤非法节点和伪造节点发送的数据，并保证授权用户能够在使用设备的过程中对关键密钥和关键配置参数进行在线更新。应尽量减少或避免网关节点超负荷运行，防止非法节点和伪造节点影响物联网的安全运行，保证授权用户在设备使用过程中的在线维护安全。

1）L3-CES4-04

【安全要求】

应具备对合法连接设备（包括终端节点、路由节点、数据处理中心）进行标识和鉴别的能力。

【要求解读】

物联网感知层大量使用无线通信和电子标签技术，大部分设备为无人值守设备，导致隐私信息威胁问题突出。如果用户隐私信息被攻击者非法获取，就会给用户带来安全隐患。网关节点设备需要具备对合法连接设备（包括终端节点、路由节点、数据处理中心）进行标识和鉴别的能力，降低隐私数据被攻击者非法获取的风险。

【测评方法】

（1）核查网关节点设备是否能够对合法连接设备（包括终端节点、路由节点、数据处理中心）进行标识，以及是否配置了鉴别功能。

（2）测试验证是否存在能够绕过身份标识与鉴别功能的方法（应为否）。

【预期结果或主要证据】

（1）网关节点设备能够对合法连接设备（包括终端节点、路由节点、数据处理中心）进行标识并配置了鉴别功能，或者部署了接入安全管理系统以进行准入策略管控（只有通过认证的设备才允许接入）。

（2）不存在能够绕过身份标识与鉴别功能的方法。

2）L3-CES4-05

【安全要求】

应具备过滤非法节点和伪造节点所发送的数据的能力。

【要求解读】

攻击者假冒网络中已有的感知节点或网关节点，可以监听传感网络中传输的信息，向传感网络发布假的路由信息或传送假的数据信息、进行拒绝服务攻击等。因此，需要具备过滤非法节点和伪造节点所发送的数据的能力。

【测评方法】

（1）核查是否具备过滤非法节点和伪造节点所发送的数据的能力。

（2）测试验证是否能够过滤非法节点和伪造节点所发送的数据。

【预期结果或主要证据】

（1）具备过滤非法节点和伪造节点所发送的数据的能力。例如，部署了视频专用防火墙，仅允许相关视频网络协议通行，对其他协议进行拦截，并启动了终端准入策略，根据注册终端、未注册终端、未知设备、替换设备等不同类型采取不同的阻断和记录策略。

（2）能够过滤非法节点和伪造节点所发送的数据。

3）L3-CES4-06

【安全要求】

授权用户应能够在设备使用过程中对关键密钥进行在线更新。

【要求解读】

物联网中的感知节点和网关节点数量巨大，部署位置众多，使人工更新关键密钥变得困难。因此，需要提供授权用户在设备使用过程中对关键密钥进行在线更新的能力。

【测评方法】

核查感知节点设备是否支持对其关键密钥进行在线更新。

【预期结果或主要证据】

感知节点设备支持对其关键密钥进行在线更新。

4）L3-CES4-07

【安全要求】

授权用户应能够在设备使用过程中对关键配置参数进行在线更新。

【要求解读】

物联网中的感知节点和网关节点数量巨大，部署位置众多，使人工更新关键配置参数变得困难。因此，需要提供授权用户在设备使用过程中对关键配置参数进行在线更新的能力。

【测评方法】

核查感知节点设备是否支持对其关键配置参数进行在线更新，以及在线更新方式是否有效。

【预期结果或主要证据】

感知节点设备支持对其关键配置参数进行在线更新，且在线更新方式有效。

13.3.3　抗数据重放

抗数据重放要求感知节点设备能够在读取或状态控制过程中提供数据传输新鲜性保护机制（例如时间戳、序列号等）且能够鉴别历史数据被非法修改的状况，避免数据遭受修改重放攻击。

1）L3-CES4-08

【安全要求】

应能够鉴别数据的新鲜性，避免历史数据的重放攻击。

【要求解读】

数据新鲜性是指对接收的历史数据或超出时限的数据进行识别的特性。可以使用时间戳或计数器来实现数据新鲜性保护机制。在联网监控视频系统中，数据新鲜性保护机制用于防止攻击者替换监控视频（掩饰非法活动）。

【测评方法】

（1）核查感知节点设备采取的鉴别数据新鲜性的措施是否能避免历史数据重放。

（2）对感知节点设备的历史数据进行重放测试，验证其保护措施是否有效。

【预期结果或主要证据】

（1）感知节点设备能够在读取或状态控制过程中提供数据传输新鲜性保护机制，例如时间戳、序列号等。

（2）将感知节点设备的历史数据重放，感知节点设备能够在读取或状态控制过程中发现时间戳、序列号或其他数据新鲜性保护信息不符合要求的情况。

2）L3-CES4-09

【安全要求】

应能够鉴别历史数据的非法修改，避免数据的修改重放攻击。

【要求解读】

物联网的感知节点往往是大规模部署的，其中包括大量的无人值守设备，这些设备有可能被劫持。攻击者假冒网络中已有的感知节点或网关节点，可以对历史数据进行非法修改，向传感网络发布假的路由信息或传送假的数据信息。因此，应能够鉴别历史数据被非法修改的状况，避免数据遭受修改重放攻击。

【测评方法】

（1）核查感知层是否具备检测非法篡改感知节点设备历史数据的行为的措施，以及在检测到历史数据被修改时是否能够采取必要的恢复措施。

（2）测试验证是否能够避免数据的修改重放攻击。

【预期结果或主要证据】

（1）具备网关节点存储数据完整性检测机制，能够实现对鉴别信息、协议转换规则、审计记录等重要数据的完整性的检测。具备传输数据完整性校验机制，例如校验码、消息摘要、数字签名等，能够实现对重要业务数据传输的完整性的保护。

（2）具有对通信延时和中断的处理机制，能够避免数据的修改重放攻击。

13.3.4　数据融合处理

传感网和通信网组成了异构网。为了防范异构网接入风险，需要对来自传感网的数据进行数据融合处理，使不同种类的数据可以在同一个平台被使用，确保异构网接入的数据完整性。

L3-CES4-10

【安全要求】

应对来自传感网的数据进行数据融合处理，使不同种类的数据可以在同一个平台被使用。

【要求解读】

在进行异构网数据汇总时，攻击者可以利用传感网的特点伪造通信网的信令指示，使物联网设备断开连接或进行错误的操作/响应，或者诱使物联网设备向通信网发送假冒的请求或响应，使通信网作出错误的判断，进而对网络安全造成影响。因此，需要对来自传感网的数据进行融合处理，使不同种类的数据可以在同一个平台被使用。

【测评方法】

（1）核查是否提供了对来自传感网的数据进行融合处理的功能。

（2）测试验证数据融合处理功能是否能够处理不同种类的数据。

【预期结果或主要证据】

（1）具有对来自传感网的数据进行融合处理的功能，能实现对感知数据、控制数据及服务关联数据的加工、处理和协同，为物联网用户提供感知和操控物理世界对象的接口。

（2）数据融合处理功能能够处理不同种类的数据，将感知对象和控制对象与传感网系统、标签识别系统、智能设备接口系统等以非数据通信类接口或数据通信类接口的方式进行关联，实现物理世界和虚拟世界的接口绑定。

13.4　安全运维管理

感知节点管理

物联网的感知节点设备和网关节点设备数量巨大，部署位置众多，且大量设备为无人值守设备，因此，需要由专门的人员进行定期维护。同时，对感知节点设备、网关节点设备的部署环境应有保密性管理要求，对设备入库、存储、部署、携带、维修、丢失和报废等过程应进行全程管理。感知节点设备和网关节点设备到期废弃后，需要及时对原来采集的数据、访问日志等进行备份或销毁处理，对存储高敏感数据的存储介质采取物理销毁的方式进行销毁。

1）L3-MMS4-01

【安全要求】

应指定人员定期巡视感知节点设备、网关节点设备的部署环境，对可能影响感知节点设备、网关节点设备正常工作的环境异常进行记录和维护。

【要求解读】

一旦感知节点设备、网关节点设备被非法关闭或发生损坏，相关数据将无法被采集。例如，在联网监控视频系统中发生该现象，将导致非法活动不能被及时发现和追溯。

【测评方法】

（1）访谈系统运维负责人，了解是否由专门的人员对感知节点设备、网关节点设备进行定期维护（由何部门或何人负责、维护周期有多长）。

（2）核查感知节点设备、网关节点设备部署环境维护记录是否包含维护日期、维护人、维护设备、故障原因、维护结果等方面的内容。

【预期结果或主要证据】

（1）由专门的人员对感知节点设备、网关节点设备进行定期维护。如果物联网的定期维护是由第三方进行的，则已对人员资质、身份审核、可信证明、诚信承诺等提出要求，以确保其在物联网系统维护过程中是安全可信的。

（2）感知节点设备、网关节点设备部署环境维护记录包含维护日期、维护人、维护设备、故障原因、维护结果等方面的内容。

2）L3-MMS4-02

【安全要求】

应对感知节点设备、网关节点设备入库、存储、部署、携带、维修、丢失和报废等过程作出明确规定，并进行全程管理。

【要求解读】

物联网的感知节点设备和网关节点设备部署位置众多，且大量设备为无人值守设备，因此，需要对感知节点设备、网关节点设备的入库、存储、部署、携带、维修、丢失和报废等过程作出明确规定，并进行全程管理。

【测评方法】

核查感知节点设备、网关节点设备安全管理文档的内容是否覆盖感知节点设备、网关节点设备的入库、存储、部署、携带、维修、丢失和报废等方面。

【预期结果或主要证据】

（1）感知节点设备、网关节点设备安全管理文档的内容覆盖感知节点设备、网关节点设备的入库、存储、部署、携带、维修、丢失和报废等方面。

（2）对远程维护设备，有远程维护安全规范。

（3）感知节点设备、网关节点设备安全管理文档明确了感知节点设备、网关节点设备到期废弃后需及时对原来采集的数据、访问日志等进行备份或销毁处理，部分设备在复用之前需进行必要的初始化状态重置、缓存数据清理等操作，以避免原系统信息泄露。对存储高敏感数据的存储介质，已采取物理销毁的方式进行销毁。

3）L3-MMS4-03

【安全要求】

应加强对感知节点设备、网关节点设备部署环境的保密性管理，包括负责检查和维护的人员调离工作岗位应立即交还相关检查工具和检查维护记录等。

【要求解读】

物联网的感知节点和网关节点往往会存储用户隐私数据。一旦用户隐私数据被非法获取，将导致隐私泄漏或造成恶意跟踪，给用户带来安全隐患。因此，需要加强对感知节点设备、网关节点设备部署环境的保密性管理，包括负责检查和维护的人员调离工作岗位应立即交还相关检查工具和检查维护记录等。

【测评方法】

（1）核查感知节点设备、网关节点设备部署环境管理文档是否包含负责检查和维护的人员调离工作岗位应立即交还相关检查工具和检查维护记录等内容。

（2）核查是否有感知节点设备、网关节点设备部署环境的相关保密性管理记录。

【预期结果或主要证据】

（1）感知节点设备、网关节点设备部署环境管理文档包含负责检查和维护的人员调离工作岗位应立即交还相关检查工具和检查维护记录等内容。

（2）有感知节点设备、网关节点设备部署环境的相关保密性管理记录。

第14章 工业控制系统安全扩展要求

工业控制系统通常对实时性要求较高。工业控制系统安全扩展要求重点对现场设备层和现场控制层的设备提出了补充要求，同时在安全通用要求的基础上对工业控制系统的网络架构、通信传输、访问控制等提出了特殊要求。

本章将以三级等级保护对象为例，说明等级测评实施过程中对工业控制系统安全扩展要求的安全物理环境（室外控制设备物理防护）、安全通信网络（网络架构、通信传输）、安全区域边界（访问控制、拨号使用控制、无线使用控制）、安全计算环境（控制设备安全）、安全建设管理（产品采购和使用、外包软件开发）等控制环节进行检查和获取证据的方法。

14.1 安全物理环境

室外控制设备物理防护

为了防止被盗及免受火灾、雨水、电磁干扰、高温等外部环境的影响，室外控制设备需采用防火箱体装置及远离强电磁干扰、强热源等措施进行物理防护。

1）L3-PES5-01

【安全要求】

室外控制设备应放置于采用铁板或其他防火材料制作的箱体或装置中并紧固；箱体或装置具有透风、散热、防盗、防雨和防火能力等。

【要求解读】

对室外控制设备，需保证其物理环境安全。

应将室外控制设备放置在采用铁板或其他防火材料制作的箱体或装置中，并紧固于箱体或装置中。箱体或装置应具有透风、散热、防盗、防雨和防火能力等，确保控制系统的可用性，使控制设备在其正常工作温度范围内工作，保护控制设备免受外部环境影响，避免控制设备因宕机、线路短路、火灾、被盗等引发其他生产事故，从而影响整体生产运行。

【测评方法】

（1）核查室外控制设备是否放置于采用铁板或其他防火材料制作的箱体或装置中，并紧固于箱体或装置中。

（2）核查放置室外控制设备的箱体或装置是否具有通风、散热、防盗、防雨和防火能力等。

【预期结果或主要证据】

（1）室外控制设备均放置于采用铁板或其他防火材料制作的箱体或装置中，并紧固于箱体或装置中。

（2）有箱体使用铁板或其他防火材料制作的证明。

（3）箱体或装置有通风散热口、散热孔或排风装置，能通风、散热，或者环境温度在室外控制设备的正常工作温度范围内。

（4）箱体或装置有防盗措施。

（5）箱体或装置有防雨能力；箱体或装置内无雨水痕迹。

2）L3-PES5-02

【安全要求】

室外控制设备放置应远离强电磁干扰、强热源等环境，如无法避免应及时做好应急处置及检修，保证设备正常运行。

【要求解读】

高电压、高场强等强电磁干扰，可能使控制设备工作信号失真、性能发生有限度的降级，甚至可能使系统或设备失灵，严重时会使系统或设备发生故障或事故。高温等强热源会导致环境温度偏高，若超过控制设备的最高工作温度，则会导致其无法正常工作并加速老化。因此，室外控制设备应远离雷电、沙暴、尘爆、太阳噪声、大功率启停设备、高压输电线等强电磁干扰环境及加热炉、反应釜、蒸汽等强热源环境，确保环境电磁干扰水平和环境温度在控制设备的正常工作范围内，从而保证控制系统的正常运行。

对确实无法远离强电磁干扰、强热源环境的室外控制设备，应做好应急处置及检修工作，保证设备的正常运行。

【测评方法】

（1）核查室外控制设备的放置位置是否远离强电磁干扰、强热源等环境。

（2）当干扰无法避免时，核查是否有应急处置及检修维护记录。

【预期结果或主要证据】

（1）室外控制设备远离雷电、沙暴、尘爆、太阳噪声、大功率启停设备、高压输电线等强电磁干扰环境及加热炉、反应釜、蒸汽等强热源环境。

（2）对无法远离强电磁干扰、强热源等环境的室外控制设备，有应急处置及检修维护记录，检修维护记录显示设备均正常运行。

14.2　安全通信网络

14.2.1　网络架构

根据工业控制系统分层分域的特点，应从网络架构上进行分层分域隔离。应根据隔离强度的不同采取不同的安全隔离措施，保证工业控制系统通信网络架构的安全。

1）L3-CNS5-01

【安全要求】

工业控制系统与企业其他系统之间应划分为两个区域，区域间应采用单向的技术隔离手段。

【要求解读】

在工业控制系统中，现场设备层、现场控制层、过程监控层、生产管理层与生产过程是强相关的，而企业资源管理层等企业其他系统与生产过程是弱相关的，同时，企业其他系统可能与互联网相连。因此，应将工业控制系统与企业其他系统划分为两个区域，区域间应采用单向的技术隔离手段，保证数据流只能从工业控制系统单向流向企业其他系统（即只读，不允许进行写操作）。

【测评方法】

（1）核查工业控制系统和企业其他系统之间是否部署了单向隔离设备。

（2）核查是否采用了有效的单向隔离策略来实施访问控制。

（3）核查使用无线通信的工业控制系统边界是否采用了与企业其他系统隔离强度相同的措施。

【预期结果或主要证据】

（1）工业控制系统和企业其他系统之间部署了单向隔离设备。

（2）单向隔离设备设置了有效的隔离措施，保证数据只能从工业控制系统单向流向企业其他系统，且不存在多余的策略。

（3）使用无线通信的工业控制系统边界采用了与企业其他系统隔离强度相同的措施。

2）L3-CNS5-02

【安全要求】

工业控制系统内部应根据业务特点划分为不同的安全域，安全域之间应采用技术隔离手段。

【要求解读】

应根据工业控制系统内部承载业务和网络架构的不同，合理地进行区域划分。通常将具有相同业务特点的工业控制系统划分为独立区域，将具有不同业务特点的工业控制系统划分为不同的安全域，在不同的安全域之间采用工业防火墙、虚拟局域网等技术手段进行隔离。

【测评方法】

（1）核查工业控制系统内部是否根据业务特点划分了不同的安全域。

（2）核查各安全域之间的访问控制设备是否配置了有效的访问控制策略将各安全域隔离。

【预期结果或主要证据】

（1）工业控制系统内部根据业务特点划分了不同的安全域。

（2）不同安全域之间的访问控制设备运行正常，且配置了有效的访问控制策略，没有无效的或多余的访问控制策略。

3) L3-CNS5-03

【安全要求】

涉及实时控制和数据传输的工业控制系统，应使用独立的网络设备组网，在物理层面上实现与其他数据网及外部公共信息网的安全隔离。

【要求解读】

涉及实时控制和数据传输的工业控制系统，应使用独立的网络设备进行组网，禁止与其他数据网共用网络设备，在物理层面上实现与其他数据网及外部公共信息网的安全隔离，禁止生产网与其他网络直接通信。

【测评方法】

核查涉及实时控制和数据传输的工业控制系统是否在物理层面上独立组网。

【预期结果或主要证据】

涉及实时控制和数据传输的工业控制系统使用独立的网络设备组网，在物理上与其他数据网及外部公共信息网安全隔离、无连接。

14.2.2　通信传输

为了防止控制指令或相关数据被窃取及系统被非授权访问和恶意控制，工业控制系统在广域网中进行控制指令或相关数据交换时应采用加密认证手段进行身份认证、访问控制和数据加密传输，保证工业控制系统控制指令或相关数据交换的通信传输安全。

L3-CNS5-04

【安全要求】

在工业控制系统内使用广域网进行控制指令或相关数据交换的应采用加密认证技术手段实现身份认证、访问控制和数据加密传输。

【要求解读】

SCADA、RTU 等工业控制系统可能会使用广域网进行控制指令或相关数据交换。在控制指令或相关数据交换过程中，应采用加密认证手段实现身份认证、访问控制和数据加密传输，只有目标身份认证通过后才能进行数据交互。在数据交互过程中，需要进行访问控制，即对通信的五元组甚至控制指令进行管控，并在广域网传输过程中进行数据加密，防止非授权用户和恶意用户进入工业控制系统及控制指令或相关数据被窃取。

【测评方法】

核查工业控制系统中使用广域网传输的控制指令或相关数据是否已采用加密认证技术实现身份认证、访问控制和数据加密传输。

【预期结果或主要证据】

工业控制系统中通过广域网传输的控制指令或相关数据已采用加密认证技术实现身份认证、访问控制和数据加密传输。

14.3 安全区域边界

14.3.1 访问控制

为了防止跨越工业控制系统安全域造成的网络安全风险，在工业控制系统和企业其他系统之间应采取访问控制措施，对通用网络服务穿越区域边界的行为进行限制及告警，保证工业控制系统的安全性不受通用网络服务的影响，同时，对安全域之间的策略失效进行告警，避免边界防护机制失效。

1）L3-ABS5-01

【安全要求】

应在工业控制系统与企业其他系统之间部署访问控制设备，配置访问控制策略，禁止任何穿越区域边界的 E-Mail、Web、Telnet、Rlogin、FTP 等通用网络服务。

【要求解读】

工业控制系统通常使用工业专有协议和专有应用系统，而 E-Mail、Web、Telnet、Rlogin、FTP 等通用应用和协议是网络攻击的常用载体，因此，应在工业控制系统区域边界、工业控制系统与企业其他系统之间部署访问控制设备，在保证业务正常通信的情况下采用最小化原则，即只允许工业控制系统使用的专有协议通过，拒绝 E-Mail、Web、Telnet、Rlogin、FTP 等通用网络服务穿越区域边界进入工业控制系统网络。

【测评方法】

（1）核查工业控制系统与企业其他系统之间是否部署了访问控制设备，以及是否配置了访问控制策略。

（2）核查设备安全策略是否已禁止 E-Mail、Web、Telnet、Rlogin、FTP 等通用网络服务穿越区域边界。

【预期结果或主要证据】

工业控制系统与企业其他系统之间部署了访问控制设备，配置了访问控制策略，禁止 E-Mail、Web、Telnet、Rlogin、FTP 等通用网络服务穿越区域边界。

2）L3-ABS5-02

【安全要求】

应在工业控制系统内安全域和安全域之间的边界防护机制失效时，及时进行报警。

【要求解读】

当工业控制系统内安全域和安全域之间发生边界防护安全管控故障，或者边界防护机制失效时，应通过相应的检测机制及时进行报警，以便安全管理员及时处理，避免边界防护机制失效，防止出现大范围防护盲区。

【测评方法】

（1）核查设备是否能在边界防护机制失效时进行报警。

（2）核查是否部署了监控预警系统或相关模块在边界防护机制失效时及时进行报警。

【预期结果或主要证据】

（1）当工业控制系统内安全域和安全域之间的边界防护机制失效时能进行报警。

（2）已部署或存在监控预警系统或模块，当边界防护机制失效时可及时进行报警。

14.3.2　拨号使用控制

为防止拨号访问服务被窃听、被篡改及通信被假冒，工业控制系统使用拨号访问服务的，拨号服务器和客户端操作系统需进行安全加固，限制用户数量，并采取身份认证、传输加密和访问控制等安全措施，保证工业控制系统拨号访问服务的安全使用，同时将对工业控制系统正常安全运行的影响降到最低。

1）L3-ABS5-03

【安全要求】

工业控制系统确需使用拨号访问服务的，应限制具有拨号访问权限的用户数量，并采取用户身份鉴别和访问控制等措施。

【要求解读】

对使用拨号方式进行网络访问的工业控制系统，在网络访问过程中应对用户数量、用户的连接数量及会话数量进行限制，同时对网络访问者进行身份鉴别验证（通过后才能建立连接），并对使用拨号方式的用户进行访问控制，限制用户的访问权限。

【测评方法】

（1）核查拨号设备是否对有拨号访问权限的用户的数量进行了限制。

（2）核查拨号服务器和客户端是否使用了账户/口令等身份鉴别方式。

（3）核查拨号服务器和客户端是否使用了控制账户权限等访问控制措施。

【预期结果或主要证据】

（1）拨号设备对有拨号访问权限的用户的数量进行了限制。

（2）拨号服务器和客户端使用了账户/口令等身份鉴别方式。

（3）拨号服务器和客户端使用了控制账户权限等访问控制措施。

2）L3-ABS5-04

【安全要求】

拨号服务器和客户端均应使用经安全加固的操作系统，并采取数字证书认证、传输加密和访问控制等措施。

【要求解读】

拨号服务器和客户端使用的操作系统可能存在安全漏洞。例如，安装、配置不符合安全需求，参数配置错误，使用、维护不符合安全需求，没有及时修补安全漏洞，滥用应用服务和应用程序，开放非必要的端口和服务等。一旦这些安全漏洞被有意或无意利用，就会给系统运行造成不利影响。因此，需要对拨号服务器和客户端使用的操作系统进行安全加固，包括拨号服务器和客户端所使用的操作系统的账户管理和认证授权、日志、安全配置、文件权限、服务安全、安全选项等方面。同时，在拨号服务器与客户端进行通信时，应采取数字证书认证方式对通信内容进行加密（以保证通信内容的保密性），并对客户端进行访问控制。

【测评方法】

核查拨号服务器和客户端使用的是否为经安全加固的操作系统，是否采取了加密、数字证书认证和访问控制等安全防护措施。

【预期结果或主要证据】

拨号服务器和客户端使用的是经安全加固的操作系统，采取了数字证书认证、传输加密和访问控制等安全防护措施。

14.3.3　无线使用控制

为防止无线通信内容被窃听、被篡改及无线通信被假冒，需要对无线通信进行加密处理。应对参与无线通信的用户进行标识和鉴别、授权和使用限制，识别非授权无线设备接入行为并进行告警，保证工业控制系统的无线使用安全。

1）L3-ABS5-05

【安全要求】

应对所有参与无线通信的用户（人员、软件进程或者设备）提供唯一性标识和鉴别。

【要求解读】

无线通信网络是一个开放的网络，它使无线通信用户不像有线通信用户那样受通信电缆的限制（可以在移动中通信）。无线通信网络在赋予用户通信自由的同时，给无线通信网络带来了一些不安全因素，例如通信内容容易被窃听、通信内容可以被更改、通信双方可能被假冒。因此，需要对无线通信用户进行身份鉴别：在借助运营商（无线）网络的组网中，需要为通信端（通信应用设备或通信网络设备）建立基于用户的标识（用户名、证书等），标识应具有唯一性且支持对该属性进行鉴别；在工业现场自建无线（Wi-Fi、WirelessHART、ISA100.11a、WIA-PA）网络的组网中，通信网络设备应具备唯一标识，且支持对设备属性进行鉴别。

【测评方法】

（1）核查无线通信用户在登录时是否已通过身份鉴别措施的验证。

（2）核查无线通信用户身份标识是否具有唯一性。

【预期结果或主要证据】

（1）无线通信用户在登录时已通过身份鉴别措施的验证。

（2）无线通信用户身份标识具有唯一性。

2）L3-ABS5-06

【安全要求】

应对所有参与无线通信的用户（人员、软件进程或者设备）进行授权以及执行使用进行限制。

【要求解读】

无线通信应用设备或网络设备需支持对无线通信策略进行授权，非授权设备或非授权应用不能接入无线网络。非授权功能不能在无线通信网络中执行响应动作。应对授权用户执行使用权限的行为进行策略控制。

【测评方法】

核查是否已在无线通信过程中对用户进行授权，具体权限是否合理，以及未授权的使用是否能被发现及告警。

【预期结果或主要证据】

在无线通信过程中对用户进行了授权，用户权限合理，未授权的使用能被发现并告警。

3）L3-ABS5-07

【安全要求】

应对无线通信采取传输加密的安全措施，实现传输报文的机密性保护。

【要求解读】

由于无线通信内容容易被窃听，所以，在无线通信过程中，应对传输报文进行加密处理（加密方式包括对称加密/非对称加密、脱敏加密、私有加密等），以保证无线通信过程的机密性。

【测评方法】

核查无线通信过程中是否采用了加密措施保证传输报文的机密性。

【预期结果或主要证据】

无线通信过程中采用了加密措施保证传输报文的机密性。

4）L3-ABS5-08

【安全要求】

对采用无线通信技术进行控制的工业控制系统，应能识别其物理环境中发射的未经授权的无线设备，报告未经授权试图接入或干扰控制系统的行为。

【要求解读】

使用无线通信技术的工业生产环境应具备识别、检测环境中未经授权的无线设备发出的射频信号的能力，并能对未经授权的无线接入行为和应用进行审计、报警及联动管控，从而避免无线信号干扰生产、非授权用户通过无线接入控制系统对生产环境造成破坏。

【测评方法】

（1）核查工业控制系统是否可以实时检测其物理环境中未经授权的无线设备。

（2）核查当检测到未经授权的无线设备时是否能及时告警并对试图接入的无线设备进行屏蔽。

【预期结果或主要证据】

（1）工业控制系统可以实时检测其物理环境中未经授权的无线设备。

（2）检测设备能发现未经授权的无线设备试图接入或干扰控制系统的行为并及时进行告警。

14.4　安全计算环境

控制设备安全

为降低控制设备非授权访问带来的安全风险，控制设备应实现身份鉴别、访问控制和安全审计，关闭、拆除和控制非必要外设接口，专设专用，在上线前进行安全检测，避免控制设备固件中存在恶意代码，保证控制设备计算环境的安全。在充分进行测试评估后方可进行控制设备的补丁和固件更新工作，以保证控制设备的可用性。

1）L3-CES5-01

【安全要求】

控制设备自身应实现相应级别安全通用要求提出的身份鉴别、访问控制和安全审计等安全要求，如受条件限制控制设备无法实现上述要求，应由其上位控制或管理设备实现同等功能或通过管理手段控制。

【要求解读】

控制设备自身应实现对应级别安全通用要求提出的身份鉴别、访问控制和安全审计等安全要求。考虑到控制系统历史原因、更新速度慢、自主可控范围小等方面，在其自身不满足上述条件时，需通过上位控制或管理设备实现同等功能或通过管理手段进行控制。

【测评方法】

（1）核查控制设备是否具备身份鉴别、访问控制和安全审计等功能。如果控制设备具备上述功能，则按照通用要求进行测评。

（2）如果控制设备不具备上述功能，则核查是否由其上位控制或管理设备实现同等功能或通过管理手段进行控制。

【预期结果或主要证据】

（1）控制设备自身具备身份鉴别、访问控制和安全审计等功能的，参考对应级别的安全通用要求。

（2）控制设备自身不具备身份鉴别、访问控制和安全审计等功能的，由上位控制或管理设备实现身份鉴别、访问控制和安全审计同等功能。

（3）上位控制或管理设备未实现身份鉴别、访问控制和安全审计同等功能的，有进行身份鉴别、访问控制和安全审计控制的管理措施。

2）L3-CES5-02

【安全要求】

应在经过充分测试评估后，在不影响系统安全稳定运行的情况下对控制设备进行补丁更新、固件更新等工作。

【要求解读】

由于工业控制系统中专用软件较多，所以相关应用软件和补丁可能存在兼容性问题。考虑到工业控制系统需长期稳定运行，在对控制设备进行补丁更新、固件更新时，需要对控制系统进行充分的测试验证、兼容性测试及严格的安全评估，在停产维修阶段对离线系统进行更新和升级，以保证控制系统的可用性。

【测评方法】

（1）核查是否有测试报告或测试评估记录。

（2）核查控制设备版本、补丁及固件是否在经过充分测试评估后进行了更新。

【预期结果或主要证据】

对控制设备进行的补丁更新、固件更新等工作经过了充分的测试评估，有测试报告或测试评估记录。

3）L3-CES5-03

【安全要求】

应关闭或拆除控制设备的软盘驱动、光盘驱动、USB 接口、串行口或多余网口等，确需保留的应通过相关的技术措施实施严格的监控管理。

【要求解读】

软盘驱动、光盘驱动、USB 接口、串行口、多余网口等控制设备/外设，为病毒、木马、蠕虫等恶意代码入侵提供了途径。关闭或拆除控制设备上不需要的外设接口，可以降低控制设备被病毒、木马、蠕虫等感染的风险，避免不需要的外设接口对工业控制系统造成破坏。如果不具备拆除条件或确需保留，可采用主机外设统一管理设备、隔离存放有外设接口的工业主机/控制设备等安全管理技术手段进行严格管控。

【测评方法】

（1）核查控制设备是否关闭或拆除了软盘驱动、光盘驱动、USB 接口、串行口、多余网口等。

（2）核查保留的软盘驱动、光盘驱动、USB 接口、串行口、多余网口等是否已通过相关措施实施严格的监控管理。

【预期结果或主要证据】

（1）控制设备关闭或拆除了软盘驱动、光盘驱动、USB 接口、串行口、多余网口等。

（2）保留的软盘驱动、光盘驱动、USB 接口、串行口、多余网口等已通过相关技术措施进行严格的监控管理。

4）L3-CES5-04

【安全要求】

应使用专用设备和专用软件对控制设备进行更新。

【要求解读】

对控制设备，应使用专用设备和专用软件进行更新，以确保专用设备和专用软件的独立性，防止交叉感染。

【测评方法】

核查是否已使用专用设备和专用软件对控制设备进行更新。

【预期结果或主要证据】

已使用专用设备和专用软件对控制设备进行更新，有明显的标识和相应的登记记录。

5）L3-CES5-05

【安全要求】

应保证控制设备在上线前经过安全性检测，避免控制设备固件中存在恶意代码程序。

【要求解读】

控制设备上线前需要进行脆弱性检测及恶意代码检测，以确保控制设备固件中不存在恶意代码程序。

【测评方法】

检查由相关部门出具或认可的控制设备检测报告，核查控制设备固件中是否存在恶意代码程序（应为否）。

【预期结果或主要证据】

控制设备有相关部门出具或认可的检测报告，其中已明确说明控制设备固件中不存在恶意代码程序。

14.5　安全建设管理

14.5.1　产品采购和使用

工业控制系统重要设备应通过专业机构的安全性检测后方可采购使用，以保证工业控制系统重要设备的安全性。

L3-CMS5-01

【安全要求】

工业控制系统重要设备应通过专业机构的安全性检测后方可采购使用。

【要求解读】

工业企业在采购重要及关键控制系统或网络安全专用产品时，应了解产品是否符合国家相关认证标准及是否已通过相关专业机构的安全性检测；在采购重要设备时，可参考国家互联网信息办公室会同工业和信息化部、公安部、国家认证认可的监督管理委员会等部门制订的《网络关键设备和网络安全专用产品目录》。

【测评方法】

（1）访谈安全管理员，了解所使用的工业控制系统重要设备及网络安全专用产品是否已通过专业机构的安全性检测。

（2）核查工业控制系统是否有由专业机构出具的安全性检测报告。

【预期结果或主要证据】

工业控制系统重要设备及网络安全专用产品有由专业机构出具的安全性检测报告。

14.5.2　外包软件开发

为防止外包软件泄密和关键技术扩散，需在外包开发合同中对开发单位和供应商的保密、技术扩散等设置约束条款，保证外包软件开发过程的安全。

L3-CMS5-02

【安全要求】

应在外包开发合同中规定针对开发单位、供应商的约束条款，包括设备及系统在生命周期内有关保密、禁止关键技术扩散和设备行业专用等方面的内容。

【要求解读】

工业企业在实施项目外包时，应与外包公司及控制设备提供商签署保密协议或合同，使其不会将本项目重要建设过程和内容进行宣传及案例复用，从而保障工业企业的敏感信息、重要信息等不被泄露。

【测评方法】

核查外包开发合同中是否有对开发单位、供应商的约束条款（包括设备及系统在生命周期内有关保密、禁止关键技术扩散和设备行业专用等方面的内容）。

【预期结果或主要证据】

外包开发合同中有对开发单位、供应商的约束条款，包括设备及系统在生命周期内有关保密、禁止关键技术扩展和设备行业专用等方面的内容。

测 试 详 解

第 15 章　工具测试

等级测评采用的基本方法是访谈、核查和测试，其中测试通常需要使用工具来完成。

本章将介绍利用各种测试工具获得有效证据的方法，包括：通过对目标系统的扫描、探测等操作，使其产生特定的响应等活动；通过查看、分析响应结果获取证据，证明安全保护措施是否得到了有效实施。

15.1　测试目的

工具测试分为很多种类，不同的行业有各自的工具测试方法。这里的"工具测试"特指等级保护测评过程中的工具测试，即通过对目标系统进行工具扫描、探测等操作获取证据，以证明按照《基本要求》落实的安全保护措施是否有效。

15.2　测试作用

利用工具测试，不仅可以直接获取目标系统本身存在的操作系统、应用等方面的漏洞，也可以通过在不同的区域接入测试工具所得到的测试结果判断不同区域之间的访问控制情况。将工具测试与其他核查手段结合，可以为测试结果的客观性和准确性提供保证。

工具测试作为一种灵活的辅助测试手段，在等级测评工作中发挥着重要的作用。下面以《基本要求》对三级等级保护对象的要求为例，说明工具测试在等级测评过程中发挥的作用。

1. 安全通信网络

通过工具测试，可以验证区域划分手段的有效性，有时也能简单有效地发现一些 VLAN 划分方面的问题。《基本要求》中的相关内容如下。

8.1.2.1　网络架构

本项要求包括：

a.　应保证网络设备的业务处理能力满足业务高峰期需要；

b.　应保证网络各个部分的带宽满足业务高峰期需要；

c.　应划分不同的网络区域，并按照方便管理和控制的原则为各网络区域分配地址；

d.　应避免将重要网络区域部署在边界处，重要网络区域与其他网络区域之间应采取可靠的技术隔离手段；

e.　应提供通信线路、关键网络设备和关键计算设备的硬件冗余，保证系统的可用性。

2.　安全区域边界

通过工具测试，可以验证网络边界访问控制策略的有效性，有时也能验证访问控制粒度。《基本要求》中的相关内容如下。

8.1.3.2　访问控制

本项要求包括：

a.　应在网络边界或区域之间根据访问控制策略设置访问控制规则，默认情况下除允许通信外受控接口拒绝所有通信；

b.　应删除多余或无效的访问控制规则，优化访问控制列表，并保证访问控制规则数量最小化；

c.　应对源地址、目的地址、源端口、目的端口和协议等进行检查，以允许/拒绝数据包进出；

d.　应能根据会话状态信息为进出数据流提供明确的允许/拒绝访问的能力；

e.　应对进出网络的数据流实现基于应用协议和应用内容的访问控制。

通过工具测试，可以验证 IDS/IPS 的检查能力和报警功能。向特定区域发送一部分模拟攻击或扫描数据包，可以同时观察 IDS/IPS 设备的日志及报警情况等。《基本要求》中的相关内容如下。

8.1.3.3　入侵防范

本项要求包括：

a.　应在关键网络节点处检测、防止或限制从外部发起的网络攻击行为；

b.　应在关键网络节点处检测、防止或限制从内部发起的网络攻击行为；

c.　应采取技术措施对网络行为进行分析，实现对网络攻击特别是新型网络攻击行为的分析；

d.　当检测到攻击行为时，记录攻击源IP地址、攻击类型、攻击目标、攻击时间，在发生严重入侵事件时应提供报警。

3. 安全计算环境

通过工具测试，可以列出系统中的默认口令、多余账户、弱口令等，辅助验证设备访问控制策略的有效性或存在的缺陷。《基本要求》中的相关内容如下。

8.1.4.2　访问控制

本项要求包括：

a.　应对登录的用户分配账户和权限；

b.　应重命名或删除默认账户，修改默认账户的默认口令；

c.　应及时删除或停用多余的、过期的账户，避免共享账户的存在；

d.　应授予管理用户所需的最小权限，实现管理用户的权限分离；

e.　应由授权主体配置访问控制策略，访问控制策略规定主体对客体的访问规则；

f.　访问控制的粒度应达到主体为用户级或进程级，客体为文件、数据库表级；

g.　应对重要主体和客体设置安全标记，并控制主体对有安全标记信息资源的访问。

通过工具测试，可以验证设备服务端口的关闭情况，设备是否存在漏洞，以及对漏洞的修补情况。《基本要求》中的相关内容如下。

8.1.4.4　入侵防范

本项要求包括：

a. 应遵循最小安装的原则，仅安装需要的组件和应用程序；

b. 应关闭不需要的系统服务、默认共享和高危端口；

c. 应通过设定终端接入方式或网络地址范围对通过网络进行管理的管理终端进行限制；

d. 应提供数据有效性检验功能，保证通过人机接口输入或通过通信接口输入的内容符合系统设定要求；

e. 应能发现可能存在的已知漏洞，并在经过充分测试评估后，及时修补漏洞；

f. 应能够检测到对重要节点进行入侵的行为，并在发生严重入侵事件时提供报警。

15.3　测试流程

15.3.1　收集信息

实施工具测试，首先需要制定工具测试方案。为了制定工具测试方案，需要收集目标系统网络设备、安全设备、服务器及目标系统网络拓扑结构等相关信息。

1. 网络设备

● 目标网络设备的基本信息，例如路由器、交换机的型号等。

● 目标网络设备的物理端口情况，例如是否具备接入测试工具的条件。

● 目标网络设备的 IP 地址。

2. 安全设备

● 目标安全设备的基本信息，例如防火墙、IDS 或特殊安全设备的型号等。

● 目标安全设备的 IP 地址（注意：防火墙、IDS 等可能工作在透明模式下或没有 IP 地址）。

3. 服务器

- 目标服务器的基本信息，包括主机操作系统、运行的主要应用等。

- 目标服务器的 IP 地址。

- 目标服务器的主要业务时间段（为选择工具测试时间段做准备）。

4. 网络拓扑结构

- 目标系统的网络区域划分，例如应用区、数据库区等。

- 目标系统中各个网络设备、安全设备的位置。

- 目标系统不同区域之间的关系，例如区域级别的关系及区域之间的大致业务数据流程。

15.3.2　规划接入点

工具测试的首要原则是在不影响目标系统正常运行的前提下严格按照方案选定范围进行测试。这就意味着，工具测试不能影响或改变目标系统正常的运行状态，测试对象严格控制在方案选定的被测对象范围内。

接入点的规划根据网络结构、访问控制策略、主机位置等情况的不同而有所不同，没有固定的模式可循。根据测试经验，能够总结出一些基本的、具有共性的规划原则，具体如下。

- 由低级别系统向高级别系统探测。

- 同一系统中同等重要程度的功能区域之间要相互探测。

- 由较低重要程度区域向较高重要程度区域探测。

- 由外联接口向系统内部探测。

- 跨网络隔离设备（包括网络设备和安全设备）要分段探测。

依据以上原则，基本上可以在网络拓扑图中规划接入点的位置，编制《工具测试作业指导书》。

15.3.3　编制《工具测试作业指导书》

完成各项准备工作后，就要进行《工具测试作业指导书》的编制了。

《工具测试作业指导书》是工具测试顺利进行、测试证据准确获取的重要保证，是对之前各项准备工作所获取信息的总结，是进行现场工具测试的指导文件，进入现场之后的所有测试操作都要严格根据其中规划的步骤进行。

《工具测试作业指导书》的内容，应包含现场对工具测试过程中各个接入点的描述，各个接入点的接入 IP 地址、目标系统 IP 地址等系统信息的描述，各个测试点的测试开始/结束时间的记录，以及各个测试点出现的异常情况的记录等。

《工具测试作业指导书》应该是一个指导测试人员开展工具测试的程序文件。任何一个熟悉工具使用的人在拿到《工具测试作业指导书》之后，都可以按照其内容完成工具测试，并获得相应的测试证据。

有了《工具测试作业指导书》，并对测试工具进行必要的更新和准备，便可进入现场测试阶段。

15.3.4　现场测试

现场测试是工具测试的重要实施阶段，也是取得工具测试证据的重要阶段。

在获取现场测试权限之后，进入现场，根据《工具测试作业指导书》中的测试步骤进行现场测试。在测试过程中，必须详细记录每个接入点的测试起止时间、接入 IP 地址（包括接入设备的 IP 地址配置及掩码、网管配置等）。对测试过程中出现的异常情况要及时进行记录。对测试结果要及时整理、保存，对重要验证步骤要抓图取证，形成充足且必要的证据。如果在现场测试环节出现接入点需要调整（取消或更换）的情况，应在与配合测试的工作人员商议后进行调整并做记录。

15.3.5　结果整理

测试结果整理是指依据报告的统一格式对现场测试中取得的各种数据进行整理和统计。根据整理出来的结果，可以分析被测系统中各个被测对象存在漏洞的情况。也可以根据各个接入点的测试结果，分析各个区域之间的访问控制策略配置情况。

15.4　注意事项

由于在进行工具测试时需要将额外的测试工具接入目标系统，所以，应特别注意以下事项。

- 在将测试工具接入之前，要与被测系统相关人员确认测试条件是否具备。测试条件包括被测网络设备、安全设备、服务器设备等是否都正常运行，以及测试时间段是否合适等。

- 接入系统的测试工具的 IP 地址等配置信息，需要经过被测系统相关人员的确认（保证配置信息的有效性）。

- 要事先将测试过程可能对目标系统的网络流量及设备性能等方面造成的影响（例如口令探测可能会造成账号锁定等情况）告知被测系统相关人员。

- 对测试过程中的关键步骤、重要证据，要及时利用抓图工具等进行取证。

- 对测试过程中出现的异常情况（例如服务器故障、网络中断等）要及时进行记录，并通知被测系统相关人员。

- 测试结束后，要与被测系统相关人员确认被测系统状态正常。确认证据的有效性并签字后方可离场。

第16章　示例解析

16.1　获取系统信息

1. 网络拓扑

被测系统的网络拓扑图，如图 16-1 所示。

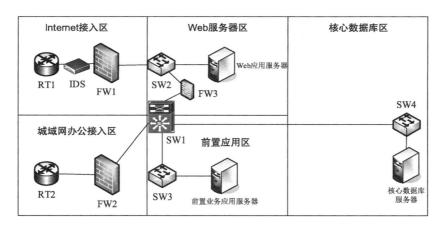

图 16-1

2. 区域划分

被测系统从逻辑上划分为五个区域，分别为 Internet 接入区、Web 服务器区、城域网办公接入区、前置应用区、核心数据库区，其中：Internet 接入区和 Web 服务器区组成了被测系统的 Web 服务子系统，为二级系统；城域网办公接入区、前置应用区、核心数据库区组成了被测系统的城域网办公子系统，为三级系统。

3. 业务流程

在被测系统中，Web 服务子系统为 Internet 用户提供 Web 服务，主要包括数据查询服务，数据通过 Web 应用服务器从核心数据库中提取。城域网办公子系统是被测系统内部各相关单位之间的互联办公系统，通过专线接入，办公服务器均放置在前置应用区，客户端通过前置服务器查询和修改核心数据库中的数据。Web 服务子系统与城域网办公子系统之间的通信由核心交换机 SW1 及防火墙 FW3 控制。

4. 网络边界

网络边界情况，如表 16-1 所示。

表 16-1

序　号	区　域	内　容
1	Internet 接入区	为 Internet 访问接入提供通信链路、接口和网络设备
2	Web 服务器区	为来自 Internet 的用户提供 Web 查询功能
3	城域网办公接入区	为城域网办公接入提供通信链路、接口和网络设备
4	前置应用区	为来自城域网的办公用户提供应用服务
5	核心数据库区	存储核心数据，为 Web 服务子系统及城域网办公子系统提供服务

注：核心交换机 SW1 是带防火墙模块的核心交换机，作为两个子系统的边界使用。

5. 测试对象

网络设备列表，如表 16-2 所示。

表 16-2

序　号	设备名称	用　途	版　本
1	Internet 接入路由器 RT1	Internet 接入	1.0
2	城域网接入路由器 RT2	城域网接入	1.0
3	核心交换机 SW1	核心交换机，将不同区域划入不同的 VLAN	1.0

安全设备列表，如表 16-3 所示。

表 16-3

序　号	设备名称	用　途	版　本
1	Internet 接入防火墙 FW1	对 Internet 接入进行访问控制	1.0
2	IDS	进行入侵检测	1.0
3	城域网接入防火墙 FW2	对城域网接入进行访问控制	1.0
4	Web 服务器区防火墙 FW3	核心交换机上的防火墙模块，为 Web 服务器区向内部的访问提供访问控制	1.0

服务器列表，如表 16-4 所示。

表 16-4

序　号	设备名称	用　途	系统版本
1	Web 应用服务器	提供 Web 应用	Windows Server 2003 + SP1 IIS
2	前置业务应用服务器	提供前置应用服务	Windows Server 2003 + SP 1 IIS + SQL Server
3	核心数据库服务器	提供核心数据库	AIX 1.0；Oracle 1.0

16.2　分析过程

1. 收集目标系统信息

通过收集相关信息获得的被测系统的网络拓扑图，如图 16-2 所示。

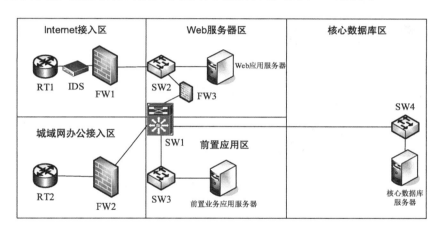

图 16-2

被测对象的详细信息，如表 16-5 所示。

表 16-5

设备名称	版本信息	IP 地址
Internet 接入路由器 RT1	1.0	待确定
城域网接入路由器 RT2	1.0	192.168.100.1
核心交换机 SW1	1.0	172.18.16.1；172.18.12.1
Internet 接入防火墙 FW1	1.0	123.123.123.1
IDS	1.0	（透明模式）
城域网接入防火墙 FW2	1.0	192.168.200.3

续表

设备名称	版本信息	IP 地址
Web 服务器区防火墙 FW3	1.0	172.18.10.1
Web 应用服务器	Windows Server 2003 + SP1 IIS	172.18.10.16；123.123.123.2
前置业务应用服务器	Windows Server 2003 + SP1 IIS + SQL Server	172.18.16.32
核心数据库服务器	AIX 1.0；Oracle 1.0	172.18.18.16

注：在前期调研阶段，有些设备的 IP 地址可能无法确认（需要进入测试现场才能确认）。

2. 规划工具测试接入点

规划工具测试接入点，如图 16-3 所示。

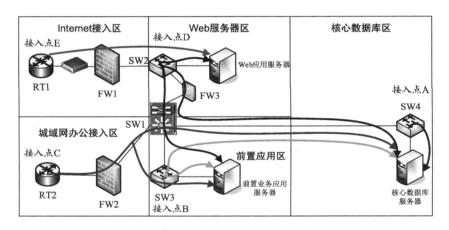

图 16-3

根据系统网络拓扑和业务访问情况，选取以下接入点。

● 接入点 A：在交换机 SW4 上接入，测试目标为核心数据库服务器。在核心数据库区本地接入工具测试，不仅可以得到较为全面的核心数据库漏洞信息，而且可以将在接入点 A 得到的测试结果与在其他接入点得到的测试结果进行比对，从而分析网络设备、安全设备的策略配置是否合理。

● 接入点 B：在交换机 SW3 上接入，测试目标为前置业务应用服务器、核心交换机 SW1 和核心数据库。将这里作为接入点，主要参考了"同一系统中同等重要程度的功能区域之间要相互探测""由较低重要程度区域向较高重要程度区域探测""跨网络隔离设备（包括网络设备和安全设备）要分段探测"三条原则。在这里对前置业务应用服务器进行测试，目的同样是获取较为全面的漏洞信息。

- 接入点 C：在城域网接入路由器 RT2 上接入，测试目标为城域网接入路由器 RT2、城域网接入防火墙 FW2、核心交换机 SW1、前置业务应用服务器、核心数据库服务器。将这里作为接入点，主要参考了"同一系统中同等重要程度的功能区域之间要相互探测""由较低重要程度区域向较高重要程度区域探测""跨网络隔离设备（包括网络设备和安全设备）要分段探测""由外联接口向系统内部探测"四条原则。

- 接入点 D：在交换机 SW2 上接入，测试目标为 Web 应用服务器、Web 服务器区防火墙 FW3、核心交换机 SW1、前置业务应用服务器、核心数据库服务器。将这里作为接入点，主要参考了"由低级别系统向高级别系统探测""由较低重要程度区域向较高重要程度区域探测""跨网络隔离设备（包括网络设备和安全设备）要分段探测"三条原则。

- 接入点 E：在 Internet 接入路由器 RT1 上接入，测试目标为 Internet 接入路由器 RT1、IDS、Web 应用服务器、Web 服务器区防火墙 FW3、核心交换机 SW1。将这里作为接入点，主要参考了"同一系统中同等重要程度的功能区域之间要相互探测""由较低重要程度区域向较高重要程度区域探测""跨网络隔离设备（包括网络设备和安全设备）要分段探测""由外联接口向系统内部探测"四条原则。

对于选取的接入点，需要在开展现场测试前与被测系统相关人员进行确认，并根据实际情况进行调整。

16.3　确定《工具测试作业指导书》

根据接入点规划和测评对象的具体情况，在开展工具测试前应完成《工具测试作业指导书》。《工具测试作业指导书》应明确每个接入点的检查对象范围及对检查对象的检查结果的记录方式。在编写《工具测试作业指导书》时可能会遇到无法确定设备 IP 地址的问题，这个问题要到现场才能解决。

在开展现场测试工作前，需要与被测系统相关人员核实《工具测试作业指导书》的内容，明确网络拓扑是否已经更改，选择的接入设备是否具备接入条件，选择的目标设备是否在线，以及前期调研获取的设备 IP 地址是否正确等。经过核实，最终确定《工具测试作业指导书》的内容。

16.4 完成工具测试

工具测试的常用工具是扫描器。

扫描器是一种能自动检测远程或本地主机安全弱点的工具。通过使用扫描器，系统管理员能够发现其所维护的服务器的各种 TCP 端口的分配情况、提供的服务、服务软件的版本及这些服务和软件存在的安全漏洞。扫描器按照扫描接入方式一般可以分为网络扫描器和主机扫描器。扫描器的重要作用在于通过程序自动完成烦琐的安全检测，不仅减轻了系统管理员的工作量，而且缩短了检测时间，使安全问题能被及早发现。使用自动扫描器，可以快速、深入地对网络或目标主机进行安全检测。

应按照《工具测试作业指导书》，选择适当的工具完成工具测试。在测试前，应确认已经完成相关被测设备的数据备份工作。在测试中，应对破坏性测试选项的使用（例如暴力破解等）进行限制，按照《工具测试作业指导书》的要求详细、准确地记录相关数据。在测试后，应确认被测设备均正常工作，将测试结果交给被测系统相关人员签字。若需在漏洞扫描的基础上开展渗透测试工作，则应获得被测系统相关人员的授权。